발칙한 진화론

KB192081

인간 행동에
숨겨진 도발적 진화 코드

발칙한 진화론

로빈 던바 지음
김정희 옮김

21세기북스

| 일러두기 |

이 책은 인기 과학잡지 〈뉴 사이언티스트New Scientist〉에 1994년부터 2006년 사이에 기고했던 글과 일간지 〈스코츠맨Scotsman〉에 2005년부터 2008년 사이에 기고했던 글을 모은 것이다. 흩어져 있던 글을 한데 모은 이유는 행동, 특히 지난 수십 년 동안 인간의 행동에 관한 진화론을 연구하면서 얻은 흥밋거리와 재미를 전달하기 위해서다.

2, 4, 5, 8, 9, 10, 12, 13, 16장의 대부분과 3, 6, 11, 14, 17, 19, 21장의 주요 내용은 〈스코츠맨〉에 실린 글들을 다듬은 것이며, 7, 13, 14, 21장과 3, 17, 18, 20, 22장의 내용은 〈뉴 사이언티스트〉에 실린 기사에서 일부를 따온 것이다. 7장의 일부는 〈옵서버〉에 실린 기사에서 인용했으며, 21장의 일부는 〈스코틀랜드 온 선데이〉에서 인용한 것이다. 15장 내용의 대부분은 〈더 타임스〉에 실었던 한 편의 글을 다듬은 것이며, 3장의 일부는 《도덕 과학The Science of Morality》(2007, G. 워커 편집, 런던 영국왕립의과대학출판부)에 실린 내용이고, 12장의 일부는 나의 책 《인간 이야기The Human Story》(2004, 파버앤파버)에서, 그리고 15장의 일부는 《인간의 조건What Makes Us Human》(2007, 찰스 파스테르나크 편집, 옥스퍼드 원월드북스)에서 인용한 것이다.

　당신과 나, 우리는 하나의 역사를 공유한다. 각자의 이야기를 따라 시간을 거슬러 올라가다 보면 마침내 공통의 조상에서 하나로 만나는 그런 역사 말이다. 그렇다면 몇 세대만 거슬러 올라가면, 혹은 1000년 전으로 되돌아가면 우리의 혈통이 하나임을 알 수 있을까? 어쩌면 너무 오래 전에 시작된 일이어서 선사시대까지 시간을 되짚어가야 할지 모른다. 그래봐야 2만 년을 넘지 않으니 지구 나이에 비하면 순간에 불과하지만 말이다. 오늘날의 인간은 겨우 1만 세대 전 아프리카 평원을 누비던 공통의 조상에게서 태어났다. 1만 명의 딸을 낳은 1만 명의 어머니……. 여기서 1만이라는 숫자는 오늘날 아주 작은 규모의 마을에 사는 인구수에 불과하다.

　이것은 두 가지 중요한 사실을 암시한다. 하나는 인간이 서로 동일한 유전형질을 공유한다는 점이다. 즉, 알래스카에서부터 오스트레일리아 남부의 섬 태즈메이니아, 남아메리카 대륙 끝의 섬 티에라델푸에고, 노르웨이 북쪽의 스피츠베르겐제도에 이르기까지 지구 어디에 살든 우리는 공통의 조상으로 묶여 있는 한 가족, 즉 하나의 생물학적 종種이다. 다른 하나는 우리가 공유한 유전형질이 인류 조상들의 생존을 위해 단련되었다는 점이다. 어떤 유전형질은 오랜 진화의 시간을 거쳐 형성되었기 때문에 인간과 동일한 생물학적 가족의 하나인 유인원에 게서도 발견된다. 하지만 어떤 유전형질은 보다 근래의 인류 조상들이 특정 환경에서 치열한 생존경쟁을 치르며 굳어진 것들이다. 인간도 수만여 종의 동물 중 하나에 불과하기 때문에 특별하다고는 할 수 없다. 하지만 유일하게 인간에게만 있는 이런 유전형질이 바로 우리를 '인간'으로 규정한다. 그리고 이런 유전형질이 인간에게만 부여한 것이 바로 문화적 능력이다. 인간 정신의 놀라운 산물인 문화적 능력은 인간을 인간의 생물학적 뿌리와 구분하고, 인류의 역사를 특별한 것으로 만든다.

하지만 이따금 우리는 경이로운 인류 문화에 눈이 멀어 인간의 행동 양식 중 얼마나 많은 부분이 진화의 산물인지 간과하곤 한다. 인간 정신이 자연의 위대한 작품임은 분명하다. 하지만 인간과 인간 이외의 영장류들 사이에서 차이점을 발견할 수 없을 때도 많다. 우리는 수천만 명이 모여 형성된 거대한 연합도시에서 살고 있다. 이것은 분명 문화적 유연성에서 비롯된 결과다. 인간은 겨우 1만 년 정도 촌락을 이루고 살았고, 봄베이나 리우데자네이루 크기의 도시에 모여 살기 시작한 것도 불과 한 세기 전 일이다. 도시는 해결책을 찾아내는 인간의 능력으로 이룩한 일대 혁신이다. 하지만 동시에 우리 사회가 몇십만 년 전에 비해 그리 달라지지 않았다는 증거이기도 하다. 우리가 개인적으로 알고 지내고, 믿고, 감정적으로 호감을 느끼는 사람 수는 최대 150명이다. 그리고 이 수를 던바의 수Dunbar's Number라고 한다. 인류가 시작된 이래로 이 숫자는 변하지 않았다. 인간의 뇌가 그 이상은 수용하지 못하기 때문이다. 이처럼 우리에게는 아직 어떤 다른 종에 못지않게 진화의 잔재가 많이 남아 있다.

　내가 진화론에 관심을 갖게 된 것은 미국인 할머니 덕분이다. 할머니는 지독할 정도로 경건하게 생활하는 장로교 선교사였지만 동시에 냉철한 외과의사이기도 했다. 뿐만 아니라 1950년대 아프리카에서부터 전파된 인류 진화에 관한 새로운 발견에 환호할 만큼 과학에도 조예가 깊었다. 할머니는 내가 열 살인가 열한 살 때 자연보호단체인 오듀본협회Audubon Society에서 발행한 소책자 시리즈를 보내주었다. 그 책들은 자연 세계와 관련하여 상상할 수 있는 모든 주제를 망라했다. 특히 진화를 다룬 책에는 공룡에서부터 인간에 이르기까지 없는 내용이 없었다. 그때 나는 인간의 진화 이야기에 푹 빠져들었다. 그리고 몇 년 뒤 학교 도서관에서 우연히 다윈의 《종의 기원Origin of Species》을 발견해 읽었다. 내용은 상당히 흥미로웠지만 다윈에 완전히 빠져들진 않았다. 과학이 아니라 철학에 훨씬 더 매력을 느끼던 시절이었기 때문이다.

　그러다가 5, 6년이 지나 대학원생이 된 나는 다시 다윈에 몰두했다. 1970년대 초에는 야생원숭이들의 행동 연구에 깊이 관여하여 현장 연구차 아프리카에서 여러 해를 보내기도 했다. 당시 행동과학을 진화론적으로 해석하는 것은 다소 부정확하고 까다로웠다. 하지만 1975년에 에티오피아에서 현장 연구를 마치고 영국으로 돌아와 보니 세상은 완전히 달라져 있었다. 에드워드 윌슨Edward O. Wilson이 《사회생물학 : 새로운 종합Sociobiology : The New Synthesis》을 출판한 직후였고, 이듬해에는 리처드 도킨스Richard Dawkins가 《이기적 유전자The Selfish Gene》를 내놓았다. 이는 나뿐만 아니라 모든 이의 삶을 통째로 뒤흔든 대사건이었다. 하룻밤 사이에 우리는 훨씬 더 냉정한 눈으로 인간의 진화 과정을 들여다보지 않을 수 없게 된 것이다. 20세기 중반 개체생물학organismic biology의 전반을 특징짓던 애매하고 불분명한 사고로 수십 년을 보낸 이후 우리는 보다 엄밀하게 다윈의 관점으로 돌아가도록 요청받고 있었다. 물론, 두 책 모두 완전히 새로운 아이디어를 제시하지는 못했다. 진화생물학자들이 지난 수십 년에 걸쳐 서서히 발전시켜 온 개념을 각자 다른 방식으로 자세히 풀어놓은 것뿐이었다.

　두 책에 반영된 커다란 지적 변화는 진화가 종에 유리한 방향으로 이루어진다는 관점에서 인간의 신체적 혹은 행동적 유전형질을 강화하는 유전자에 더 이로운 방향으로 진화한다는 관점으로 바뀐 것이다. 그렇다고 이것을 타고난 유전자에 따라 행동이 결정되고 굳어진다는 의미로 받아들여서는 안 된다. 생물학에서 그렇게 간단하게 설명할 수 있는 유전형질은 거의 없다. 하지만 어떤 유전자가 유전형질에 유리한지는 특정 유전자가 다음 세대에 나타나는 빈도에 따라 산출할 수 있다는 관점을 취하면, 다윈이 제시한 자연선택에 따른 진화론에 좀 더 가까워진다. 어쩌면 두 책에서 보다 주목해야 할 점은 유전자가 모든 행동을 결정한다는 순진무구한 관점을 버리고 인간이 자기 행동을 마음대로 결정할 수 있고 이미 직접적으로 주어진 유전자의 영향으로부터 자유로울 수 있다는 관점을 취한다 해도 우리는 그것을 여전히 다윈식 사고의 틀 안에서 이해할 수 있다는 사실이다.

　이후 수십 년은 진정한 의미로 연구를 폭발적으로 진행한 기간이었다. 우리는 이 짧은 기간 동안 정말 많은 것을 배웠다. 지금에 와서는 그때의 흥분을 제대로 전달하기가 쉽지 않다. 비록 그때는 놀랍고 새로웠지만 지금은 이미 사실이라고 인정받은 것들이기 때문이다.

물론 찰스 다윈이 진화론을 처음 생각해낸 것은 아니다. 진화론의 역사는 유럽 생물학계 내에서 적어도 다윈이 태어나기 한 세기 전까지 거슬러 올라간다. 사실 다윈이 할아버지 에라스무스 다윈Erasmus Darwin의 연구를 깊이 이해하지 않았더라면 진화론에 대한 자신의 아이디어를 발전시키기 힘들었을 것이다. 실제로 진화론 창시에 대한 공로를 인정받아야 할 사람은 조르주 퀴비에Georges Cuvier, 조르주 루이 르클레르 뷔퐁Georges-Louis Leclerc Buffon, 장 바티스트 라마르크Jean-Baptiste Lamarck 같은 18세기 프랑스의 위대한 생물학자들이다. 하지만 안타깝게도 이들은 아리스토텔레스와 플라톤의 관점에 뿌리를 두고 중세 기독교 신학자 집단 교부(church father, 초기 그리스도교의 뛰어난 스승. 현대 기독교 이론의 핵심 교리를 확립함-옮긴이)들의 지적 그물망을 통해 걸러진 중세적 사고방식에서 벗어나지 못했다. 즉, 이들은 그리스 철학자들의 사상을 바탕으로 진화를 진보라고 규정하고, 진화란 각각의 종이 원시적인 삶의 형태로부터 천천히 하지만 확실히 '존재의 거대한 위계질서(Great Chain of Being, '존재의 대사슬'이라고도 함-옮긴이)'의 위쪽을 향해 올라가는 과정이라고 생각했다. 물론 이 계층의 정점에 신이 있고, 인간은 신 바로 아래에 위치한 천사 대열에 합류하는 것을 목표로 한다는 것이다.

그러다가 1859년 다윈의 《종의 기원》이 출판되자 플라톤 이래로 진화에 관한 사고의 핵심을 이루고 있던 '단계적 자연' 혹은 '존재의 대사슬' 관점이 설 자리를 잃었다. 《종의 기원》을 통해 다윈이 자연세계

10

의 역사란 곧 생물학적 번식의 성공 스토리나 다름없다는 새로운 사고 방식을 도입했기 때문이다. 물론 그 과정에서 다윈은 몇 번이나 뼈아 픈 좌절을 맛보아야 했다. 하지만 그것은 단순히 진화를 바라보는 다 윈의 새로운 사고방식이 '고정된 위계질서'라는 당시 사람들의 확고 한 신념에 도전장을 던졌기 때문만은 아니었다. 그보다는 오히려 그들 이 다윈의 관점을 받아들일 경우 위계질서 상층부에 영국인들을 위한 자리가 용납되지 않을 뿐 아니라 정점에 있는 신의 자리까지 사라진다 는 이유가 더 컸다.

다윈의 위대한 천재성은 진화의 동력이 자연선택이라는 사실을 꿰 뚫어보았다. 그리고 그 깨달음을 바탕으로 중세 침체기에서 진화론을 이끌어내어 현대의 문을 활짝 열어젖혔다. 창조주를 개입시키지 않고 도 지구상의 모든 생명체가 진화하는 방식을 설명할 수 있는 메커니즘 을 제공한 것이다. 더욱이 이 메커니즘으로는 어떤 종이 특정 유전형 질을 진화시키는 이유, 다시 말해 개체 동물이 번식 성공률을 높이는 유전형질을 진화시키는 이유와 방법까지 설명할 수 있었다.

모든 과학적 아이디어가 그렇듯 다윈의 이론 역시 《종의 기원》 이후 수십 년 동안 눈부시게 발전했다. 그는 자연선택이라는 개념에 개체의 짝짓기, 즉 성선택에 유리한 매력을 강화하는 유전형질을 자손에게 물 려주는 특성이 포함된다고 설명하면서, 자신의 논리를 음악, 언어, 감 정, 신체적 매력 등의 주제와 관련시켜 확대해 나갔고 급기야 초기 심 리학과 인간의 진화에까지 적용하기에 이르렀다.

이 이론은 1882년 다윈이 사망한 이후에도 다른 학자들이 계속 발 전시켰다. 어쩌면 지금 우리는 진화에 대해 다윈보다 훨씬 많은 사실을 알고 있을지 모른다. 하지만 다윈의 진화론에서 뻗어나간 수많은 지적 가지들, 그리고 현대 수많은 진화 이론의 소용돌이 한가운데에는 "유기체는 자손들에게 자기 유전자를 물려주는 빈도를 높이는 방식으로 행동한다"라는 다윈의 단순명쾌한 아이디어가 확고히 자리 잡고 있다.

1970년대 열정 넘치는 신출내기 연구자였던 나는 다윈이 내놓은 이 아이디어에 완전히 사로잡혔다. 나와 내 동료들은 우리 앞에 펼쳐진 기회, 우리의 연구가 나아가야 할 방향을 제시하고 있는 강력한 예측, 과거 어느 누구도 던져볼 생각조차 못했던 참신한 질문들에 몹시 흥분했고, 마음은 한없이 분주했다. 우리가 얼마나 특권을 누린 세대인지는 이 연구를 30년 정도만 거슬러 올라가 보면 분명히 알 수 있다. 우리는 진정한 과학혁명의 현장을 목격했다. 그리고 그것을 통해 사고방식의 급격한 전환을 경험했다. 다윈이 빅토리아인들의 세계관을 바꿔놓았듯, 동물의 행동 방식과 진화를 바라보는 새로운 관점이 우리의 세계관도 바꿔놓은 것이다. 그로부터 10년 뒤 우리는 동일한 아이디어를 인간의 행동에 적용하기 시작했다.

나는 앞으로 여러 장에 걸쳐 이 연구의 흥미진진함을 전달하려고 한다. 내가 다룰 연구는 대부분 나 자신의 것이거나 연구팀 동료들의 업적이다. 하지만 일부는 지난 10년 동안 한결같았던 나의 연구 주제, 즉 '인간의 행동 방식과 인간을 인간으로 규정하는 특징'에 관한 연구에 원동력이 되었던 학자들의 업적이다.

지금부터 나와 함께 이 흥미진진한 연구를 위해 모험을 시작해보자. 이 모험은 흔히 광고 문구에서 말하듯 '가장 유명한 수입 맥주로도 맛

볼 수 없는 색다른 경험'을 선사할 것이다.

당신은 친구가 몇 명인가? 당신의 뇌는 어머니에게 물려받은 것일까 아버지에게 물려받은 것일까? 입덧이 실제로 당신에게 아니면 적어도 태아에게 좋은 영향을 미칠까? 2008년 대통령에 당선된 버락 오바마의 승리는 당연한 결과였을까? 셰익스피어가 진짜 천재인 이유는 무엇일까? 게일어와 유향의 관계는? 그리고 인간은 왜 웃는 걸까? 이러한 의문의 답을 찾는 과정에서 우리는 인간의 진화에서 종교가 하는 역할과 예상 외로 우리 대다수에게 유명한 조상이 있다는 사실, 여성과 남성이 결코 똑같은 색을 보지 못하는 이유 등에 대해서도 알아볼 것이다.

나는 진화 혹은 다윈의 위대한 통찰을 지렛대 삼아 과학에서 가장 근본이 되는 사실들을 깊이 생각해보고자 한다. 하지만 출발은 우리를 인간일 수 있게 하는 것, 바로 뇌에서부터 시작하기로 한다.

차례

2011 21세기북스 도서목록

국민 언니 김미경이
독한 애정으로 서른을 코치한다!
30대 워킹우먼을 위한 극약 처방

언니의 독설 1, 2
각 권 12,000원
★어플리케이션 8월 중 출시

아트 스피치
값 15,000원
★LG CEO 추천도서

스토리 건배사
값 12,000원
★어플리케이션 출시

말 잘하는 아이가 성공한다!
대한민국 초등학생 말하기 교과서

김미경의
키즈 스피치
값 15,000원

21세기북스 트위터 @21cbook   블로그 b.book21.com   전화 031-955-2153   홈페이지 www.book21.com   **21세기북스**

마리아비틀
이사카 고타로 소설 / 값 14,300원

『골든슬럼버』 이후 3년만의 대형 신작 장편

생사를 헤매는 아들을 위해 놓았던 총을 다시 잡은 남자, 아이의 천진난만함과 한없는 악이 공존하는 소년, 사사건건 충돌하는 기묘한 킬러 콤비, 그리고 지독하게 불운한 남자. 이 독특하고 위험한 이들의 운명이 신칸센이라는 고립된 공간 안에서 뒤엉키며 누구도 예측할 수 없는 질주가 시작된다.

수수께끼 풀이는 저녁식사 후에
히가시가와 도쿠야 지음 / 값 12,500원

2011 서점대상 1위 베스트셀러, 출간 직후 150만 부 돌파!

재벌 2세 여형사 & 까칠한 독설 집사, 본격 미스터리에 도전하다!
"이렇게 짜증나는 집사는 처음본다. 그런데 재미있다!"

유머러스한 본격 미스터리로 정평이 나 있는 저자의 진가가 발휘된 작품으로, 특히 개성 있는 등장인물이 매력적이다. 추리도 유머도 수준이 높다. _아사히 신문

늪세상
캐런 러셀 지음 / 값 13,500원

"지독한 유머와 불길한 개성, 잊을 수 없다."_스티븐 킹

2010 '뉴요커' 선정 '40세 이하 소설가 20인(20 Under 40)'에 선정되는 등 미국 문학계의 주목을 한몸에 받고 있는 젊은 작가 캐런 러셀이 선사하는 지독하고 잔인한 판타지

재워야 한다, 젠장 재워야 한다
애덤 맨스바크 지음 / 값 10,000원

아이에겐 읽어줄 수 없는 엄마·아빠를 위한 그림책

부모라면 한번쯤은 아이를 재우다가 분노를 느낀 경험이 있을 것이다. 이 책의 화자는 평소 부모들이 아무리 화가 나도 하지 못하는 '그 말'을 대신 해준다. 칭얼대는 아이를 이러지도 저러지도 못하고 달래고만 있을 부모들을 위한 통쾌한 그림책!

버리고 사는 연습

코이케 류노스케 지음 / 값 12,000원

버릴수록 넉넉해지는 행복한 무소유

당신은 이미 필요한 것들을 충분히 갖고 있는데도 끊임없이 소유하고 싶어 머릿속이 어지럽지는 않은가? 코이케 스님은 〈버리고 사는 연습〉에서 많이 '가진 것'이 얼마나 불편한 일인지 자신의 경험을 토대로 진솔하게 이야기한다. 돈에 쩔쩔매며 살기보다 우아하게 돈을 지배하며 행복하게 살 수 있는 방법에 대해서…

화내지 않는 연습

코이케 류노스케 지음 / 값 12,000원

이젠 더 이상 화내지 않는다!

"사람들은 누구나 행복해지고 싶어 합니다. 하지만 실제로는 행복을 방해하는 분노를 마음에 품고 있습니다. 자꾸만 화를 내게 되는 이유는 간단합니다. 모든 것을 자기 중심적으로 편집하는 마음의 버릇 때문이지요." _코이케 류노스케

MBC
스페셜
방영 화제

생각 버리기 연습

코이케 류노스케 지음 / 값 12,000원

매일 3000명의 인생을 바꾼 베스트셀러!

쓸데없는 생각으로부터 벗어나는 법! 생각하지 않고 오감으로 느끼면 어지러운 마음이 서서히 사라진다. 우리를 괴롭히는 잡념의 정체를 짚어내며, 일상에서 바로 실천할 수 있는 생각 버리기 연습을 제시한다.
★47만부 돌파! ★YES24 2010 올해의 책 ★조선일보 2010 올해의 책
★한국경제 2010 올해의 책 ★알라딘 2010 올해의 책

사람의 마음을 얻는 법

김상근(연세대 교수) 지음 / 값 16,000원

한국 기업은 글로벌 경쟁의 승자가 될 수 있을까?

메디치 가문이 새로운 시대를 태동시킬 수 있었던 원동력이 무엇인지 알아보고, 그들이 이룩한 성공과 실패의 부침을 살펴봄으로써 세상을 바라보는 다른 시선을 선사한다. 단순히 메디치 가문의 역사와 업적을 이야기하는 데 그치지 않고, 낡은 중세 시스템을 마감시키고 르네상스 시대를 열 수 있었던 기반과 그들의 성공 원칙과 그 탁월한 통치의 비밀을 분석한다. ★2011 삼성경제연구소(SERI) 선정 휴가철 추천도서

이명옥의 크로싱

이명옥 지음 / 값 16,500원

명화에서 배우는 생각의 연금술

'예술계의 콘텐츠 킬러'라 불리는 이명옥 사비나 미술관 관장은 서로 다른 학문이나 기술을 섞어 가치를 창조하는 융합의 시대를 살아가기 위해서는 융합적 사고가 필요하다고 강조한다. 남과 다른 생각으로 틀을 깨는 작품을 탄생시킨 예술계의 거장들에게서 그 답을 찾아낸 결과를 이 책에 담았다.

멋진 인생을 원하면 불타는 구두를 신어라

김원길 지음 / 값 14,000원

불타는 열정, 열망, 열심이 담긴 걸음들이 모여 꿈을 이룬다!

중졸 학력으로 사회에 뛰어든 지 16년 만에 연 400억 원의 매출을 올리는 콤포트 슈즈 업계 매출 1위의 기업을 이끌고 있는 김원길 대표의 열정 사용법. 명문 대학, 대기업 직장이라는 간판에 끌려 다니며 '내가 선택한 삶'에 대한 열망을 숨긴 채 청춘을 마감하는 젊은이들의 가슴속에 다시 꿈을 지핀다.

끝도 없는 일 깔끔하게 해치우기

데이비드 알렌 지음 / 값 14,000원

어떤 일도 완벽하게 처리하는 법

직장인들 대부분은 "할 일은 많고 시간은 없다"는 말을 입에 달고 산다. 이 책은 바로 끝도 없이 쌓여가는 일을 물흐르듯이 해결하기 위한 원리와 그 방법론에 관해서 얘기한다. 원리 원칙을 먼저 제시하고 각 단계별로 책상정리부터 파일링, 스케줄관리와 같은 구체적인 사안까지 알려준다. 이 책의 역자인 공병호 박사가 핵심을 짚어 놓은 핵심 포인트도 도움이 된다.

마음을 여는 기술

대니얼 J. 시겔 지음 / 값 15,000원

심리학이 알려주는 소통의 지도

나-너-우리를 연결하는 내면의 지도, 마인드사이트. 혹시 내 마음도 알지 못하면서 타인을 이해하려 했던 것은 아닐까? 재능 있고 세심한 임상의이며, 신경과학과 아동발달 분야의 권위자인 대니얼 J. 시겔 교수(현 UCLA 정신과 임상교수)가 광포하고 산란해지는 인간 감정의 소용돌이를 잠재우고 다스리는 신경과학의 새로운 이론을 소개한다.

위험한 생각 습관 20

레이 허버트 지음 / 값 15,000원

인간 행동을 지배하는 생각의 함정, 휴리스틱!

인간은 하루에도 약 150번의 선택을 하고 산다고 한다. 25년 이상 과학 분야 저널리스트로 일해온 이 책의 저자 레이 허버트는 삶을 편리하게 만들지만 때로 '죽음'을 부를 만큼 위험한 무의식적 선택 습관들을 20가지로 정리해 이 책에서 소개한다.

전략의 제왕

월터 키켈 3세 지음 / 값 20,000원

위기를 기회로 바꾼 경영의 해결사들

이 책은 비즈니스 세계에 가장 큰 영향을 미친 기업전략의 탄생과 진화에 대해 이야기한다. 그리고 그 '전략'을 기업 경영의 핵심으로 만든 컨설팅 기업들과 그 기업을 설립하고, 성공으로 이끈 주요인물 4명의 스토리와 그들의 철학을 들려준다.

음양의 경제학

하라다 다케오 지음 / 값 13,000원

팍스 아메리카나의 시대는 끝났다!

지금 일본 뿐만아니라 동아시아를 괴롭히고 있는 것은 바로 지금까지 급격하게 확산되었던 미국식 금융자본주의의 흐름이다. 저자는 이러한 상황에서 새로운 무언가를 도출해내기 위해서는 그릇된 역사를 바로잡고 동아시아에 공통된 논의의 토대를 구축해야 한다고 말한다. 그리고 그 논의의 중심에 미국식 금융 자본주의를 초월할 동아시아의 근본 원리인 음양 사상을 끌어당긴다.

대한민국 대표 경영학 강의 시리즈

기업가 정신의 힘 한정화 지음 / 값 18,000원
영업은 기획이다 진병운 지음 / 값 14,000원
미래형 리더의 조건 백기복 지음 / 값 15,000원
재무관리 전략 박종원 지음 / 값 16,500원
글로벌 경영전략 박영렬 지음 / 값 15,000원
B2B마케팅 한상린 지음 / 값 16,000원

21세기북스 트위터 @21cbook 블로그 b.book21.com 전화 031-955-2153 홈페이지 www.book21.com

책, 그 살아있는 역사

마틴 라이언스 지음 / 값 35,000원

종이의 탄생부터 전자책까지

한 권으로 읽는 거의 모든 책의 역사. 인류가 창조한 최고의 발명품, 책! 그 살아 있는 2500여 년의 역사에서 책의 미래를 발견한다. 화려한 삽화가 곁들여진 이 책은 첨단 전자 기술에 열광하는 이들에게는 영감을, 전통적인 애서가들에게는 멋진 책의 향연을 선사할 것이다.

니얼 퍼거슨의 시빌라이제이션

니얼 퍼거슨 지음 / 값 22,500원

왜 세계는 서양 문명에 지배받았는가?

600년간의 세계사를 정치, 경제, 문화 등 다양한 방면에서 되짚어가며, 서양 문명의 비밀을 밝혀내는 거대한 프로젝트, 「시빌라이제이션」은 출간과 함께 영국방송 Channel 4 특별 시리즈로 방영되어 큰 파장을 불러왔다. 서양 문명이 지난 500년 간 세계를 지배할 수 있었던 원인은 물론, 서양 문명의 황혼까지 예견하며 세계사뿐 아니라, 현대의 정치경제까지 풀어낸다.

키스의 과학

셰릴 커센바움 지음 / 값 13,000원

입술을 가장 멋지게 사용하는 방법

생물학자이자 과학기자인 저자는 너무나 사적이라 차마 다른 사람에게 물을 수 없었던 키스와 관련된 다양한 궁금증들에 답한다. 진화 생물학, 고대사, 심리학, 대중문화 그리고 신경과학을 총망라했다. 기원에서부터 테크닉까지 키스의 모든 것을 해부한다.

상상에 빠진 인문학 시리즈

얼굴, 감출 수 없는 내면의 지도 벵자맹 주아노 지음 / 값 14,000원
얼굴을 통해 들어가는 내면의 세계를 안내한다

상상 한계를 거부하는 발칙한 도전 임정택 지음 / 값 13,000원
몸 멈출 수 없는 상상의 유혹 허정아 지음 / 값 13,000원
지도 세상을 읽는 세상의 프레임 송규봉 지음 / 값 13,000원

Dr. 손유나의 종이컵 다이어트
손유나 지음 / 값 12,000원

1년 동안 100명 도전, 100명 모두 성공!

입소문으로 인정받은 기적의 다이어트 법 대 공개! 밥 1컵, 채소 1컵, 단백질 0.5컵으로 끝내는 종이컵 다이어트! 칼로리 계산도, 운동도 필요없는 종이컵 다이어트 2주 프로그램으로, 요요현상 없는 기적의 살빼기를 시작하라.

안현주 다이어트
안현주, 김한상 지음 / 값 15,000원

40대 몸짱의 기적!

개그맨 배동성의 아내 안현주는 한 TV프로그램을 통해 다이어트에 도전했다. 석달 뒤 안현주씨는 40대라고는 믿기지 않는 동안 외모에 늘씬한 팔다리, 탄탄한 복근을 가지게 되었다. 이 경험을 통해 배운 평생 살찌지 않는 핵심 운동법 44가지를 공개한다.

나는 초콜릿과 이별 중이다
윤대현, 유은정 지음 / 값 12,000원

먹고 싶은 충동을 끊지 못하는 여자들의 심리학

왜 여자들은 남자보다 당분과 탄수화물, 그리고 맛집에 열광하는 것일까? 여자들은 배를 불리려고 음식을 먹지 않는다. 다만 맛과 분위기에 취할 뿐이다. 그만큼 여자들의 음식이란 다른 무엇보다도 심리적 요인이 강하게 작용한다. 음식 때문에 힘들어하고, 그러면서도 음식으로 위로 받으려는 당신에게 지금 당장 필요한 것은 무엇일까.

여행 사진의 모든 것
박태양, 정상구 지음 / 값 18,000원

찍으면 바로 작품이 된다!

인기 여행작가와 사진작가가 만나, 여행과 사진에 관한 모든 것을 담았다. 어떻게 여행 정보를 얻어야 하는지, 어디로 떠나야 내가 원하던 사진을 찍을 수 있는지, 어떻게 카메라를 다뤄야 하는지 등 여행 사진을 멋지게 남기기 위해 꼭 필요한 정보들을 자세히 소개한다.

리세기북스 고객님들께 드리는 특별한 지식선물~

🍃 프로직장인을 위한 대한민국 최고의 스마트 연수원

SERIPro는 삼성경제연구소가
지난 10년간 대한민국 CEO와 오피니언 리더
1만 9천여명을 열광시킨 SERICEO 콘텐츠의
제작, 서비스 노하우를 바탕으로
대한민국을 이끌어갈 프로직장인을 위한
최적의 콘텐츠와 서비스를 제공하는
'인터넷 기반의 동영상 지식서비스'입니다.
(SERIPro 연회비 : 40만원/VAT 별도)

🍃 2주간의 짜릿한 무료체험(웹사이트+모바일), 지금 바로 신청하세요!

- 매일 제공되는 아이디어 씨앗(日3편 E-Mailing 서비스)
- 바쁜 직장인들에게 최적화된 콘텐츠 서비스(평균 6분)
  (온라인+모바일 : 출근시간, 점심시간, 자투리시간 활용)
- 경제, 경영부터 인문학까지 어우르는 다양한 분야의 콘텐츠

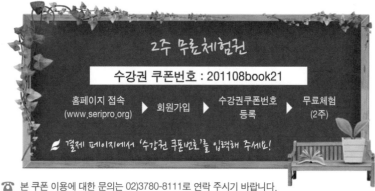

2주 무료체험권

수강권 쿠폰번호 : 201108book21

홈페이지 접속 ▶ 회원가입 ▶ 수강권쿠폰번호 ▶ 무료체험
(www.seripro.org)   등록   (2주)

🍃 결제 페이지에서 '수강권 쿠폰번호'를 입력해 주세요!

☎ 본 쿠폰 이용에 대한 문의는 02)3780-8111로 연락 주시기 바랍니다.
(고객센터 운영시간 : 주중 09:00~17:00, 토.일.공휴일 휴무)

2011년 8월 20일 발행

1장

인류 진화의 키워드는
부부싸움이다?

자연선택이 인류를 위해 어렵사리 진화시킨 모든 특성 중 가장 가치 있는 것은 단연 인간의 뇌다. 뇌는 진화의 역사상 가장 훌륭한 발명품이다. 뇌의 구조는 우리의 행동을 환경에 맞추어 정교하게 조정하여 다른 생명체들이 겪는 최악의 진화 과정을 피할 수 있도록 설계되었다. 우리는 여러 가지 대안을 비교할 수 있고, 찬반양론의 장단점을 평가할 수 있으며, 사람들의 다양한 행동에 숨은 의미를 파악할 수 있기 때문에 그 상황에 가장 적절한 대응 전략을 선택할 수 있다. 덕분에 우리는 혹독한 자연을 극복하고 진화의 모범 사례가 되었다. 아니면 최소한 그렇게 보인다. 사실 뇌는 우리가 생각하는 것보다 훨씬 복잡하다. 하지만 기대만큼 적응력이 뛰어나거나 전능하지는 않다. 그리고 우리가 짐작하는 것보다 훨씬 많은 부분이 진화의 역사에서 일어난 뜻밖의 변화에 기인한 결과다.

당신 이름은 왜 하필 로미오인가요?

인간의 뇌는 몸무게에서 약 2퍼센트밖에 차지하지 않지만 몸에서 만들어내는 에너지 중 약 20퍼센트를 소비하는 고비용 기관이다. 20퍼센트는 몸이 감당하기에 상당히 엄청난 비용이다. 따라서 뇌가 이 가치에 맞먹는 일을 하려면 경이에 가까울 정도로 효율적이어야 한다. 이와 관련하여 학자들은 적어도 영장류의 뇌는 사회의 복잡성을 처리할 수 있을 정도의 크기라는 점에 합의했다. 그런데 이러한 합의는 나와 수잔 슐츠Susanne Shultz가 새와 그 밖의 포유동물을 대상으로 진행한 연구 결과를 통해 새롭고 흥미로운 전환점을 맞았다. 연구 결과 뇌에서 가장 에너지가 많이 필요한 때는 암수가 관계를 형성할 때인 것으로 나타났기 때문이다.

여러분에게 이런 질문을 한번 해보겠다. 당신은 번번이 배우자의 결점 때문에 배우자와 싸우지 않는가? 관계 맺기의 어려움을 깨닫고 있다면 당신은 누군가의 짝으로서 훌륭한 조건을 갖춘 셈이다. 조류와 포유류처럼 일반적으로 몸집에 비해 뇌가 큰 종은 일부일처의 습성을 가진다. 반면 뚜렷한 특색 없이 거대한 무리를 지어 생활하며 짝짓기를 무작위로 하는 종들은 확실히 뇌의 크기가 작다.

특히 새는 결속력이 강하고 탄력적이며 오래 지속되는 관계가 뇌의 크기와 밀접한 관련이 있음을 단적으로 드러내는 대표적인 예다. 일부일처의 습성을 가진 새는 크게 두 종류로 나뉜다. 하나는 울새나 박샛과의 여러 작은 새들처럼 번식기마다 새로운 짝을 찾는 부류고, 다른 하나는 올빼미, 앵무새, 까마귀 등 한 쌍의 암수가 평생 같이 사는 맹금류다. 모든 조류를 통틀어 뇌가 가장 큰 새들이 바로 이 두 번째 그룹이다. 이 새들의 뇌는 번식기마다 새로운 짝을 찾는 새들의 것보다 훨씬 크다. 그리고 이 차이는 종에 따른 습성, 식습관, 몸통 크기 등의 변수를 통제했을 때에도 달라지지 않는다.

포유류는 약 5퍼센트만이 일부일처의 습성을 띤다. 개와 늑대, 여우과의 수많은 종과 바위타기영양, 아프리카산 작은 영양을 비롯해 일부일처로 짝을 짓는 포유류는 대규모 군집생활을 하면서 무작위로 짝짓기를 하는 포유류에 비해 뇌의 크기가 훨씬 크다.

사실 뇌가 크기에 비해 성장하고 유지하는 데 많은 에너지를 소비하는 기관이라는 점만 아니면 생물학자들이 뇌 크기에 그토록 관심을 보이지는 않을 것이다. 왜냐하면 뇌만 제외하면 심장이나 간, 장이 뇌보다 에너지를 더 많이 소비하는 기관이기 때문이다. 뇌를 더 크게 진화시킨 것은 진화론적으로 의미가 있다. 더욱이 뇌가 하는 일을 감안했을 때 일부일처의 습성은 물떼새나 사슴, 초원영양같이 그것을 따르지 않는 동물들보다 그것을 따르는 동물들에게 더 큰 부담으로 작용한다는 것을 암시한다. 그렇다면 일부일처의 습성이 인지적으로 그토록 부담이 되는 이유는 무엇일까?

한 가지 그럴듯한 대답은 평생을 한 명의 배우자와 살려면 엄청난 위험이 따른다는 사실이다. 일부일처의 습성을 따르는 종이 짝을 잘못 선택하면, 예를 들어 생식 능력이 없거나 양육을 소홀히 하거나 부정을 저지르는 경향이 있는 배우자를 선택하면 같은 종의 유전자 풀Pool에 자기 유전자를 기여할 수 있는 가능성이 현저히 낮아진다. 생물학적으로 보자면 이보다 더 중요한 문제는 없다. 따라서 나쁜 징조를 알아차리기에 충분할 정도로 뇌의 크기를 진화시키기 위해 치르는 대가는 엄청난 진화적 이득으로 보상받는다. 이런 식으로 우리는 수많은 문제를 피하고 진화와 관련된 이해관계에서 우위를 차지하는 것이다.

또 한 가지 중요한 이유가 있다. 바로 일부일처의 습성이 자기 행동과 배우자의 행동을 조화롭게 만드는 능력을 요구하기 때문이다. 예를 들어 정원이나 가로수에서 흔히 보는 새들을 생각해보자. 이 새들은 배우자 선택을 끝내면 알을 낳는다. 그리고 그 뒤에는 바야흐로 힘든 시기가 찾아온다. 둘 중 어느 한쪽은 알을 품기 위해 오랜 시간 꼼짝없이 둥지에 앉아 있어야 하고 다른 한쪽은 곧 태어날 새끼를 위해 쉴 틈 없이 사냥을 해야 한다. 만약 사냥을 나간 새가 하루 종일 딴짓을 하느라 둥지로 돌아오지 않으면 둥지에 남아 있는 새는 배를 채우기 위해 알을 버리고 떠나거나 알을 품고 있다가 굶어 죽는 수밖에 없다. 살기 위해서 매일 자기 몸무게만큼 먹이를 먹어야 하는 작은 새에게 이것은 선택의 여지가 없다. 즉, 이 새들에게는 상대에게 무엇이 필요한지 알고 둥지로 돌아와 역할을 교대해야 할 때를 알 정도로 영리한 배우자가 필요하다.

따라서 일부일처의 습성이 인지적으로 부담이 되는 것은 아마도 배우자의 관점을 자신의 관점에 반영해야 하는 능력이 필요하기 때문일 것이다. 우리는 경험을 통해 수년 동안 관계를 순조롭게 유지하는 것이 얼마나 까다로운지 안다. 또한 순조로운 관계를 유지하려면 서로 의견이 일치하지 않았을 때 발생하는 잠재적 요인을 예측하고 미리 제거하는 뛰어난 능력이 필요하다는 사실도 안다. 즉, 이런 능력을 갖추고 있으면 미처 예상치 못한 곳에서 그런 일이 생겼을 때 어떻게 관계를 개선해야 하고 어떻게 균형을 되찾을지 알 수 있다.

그러니 다음번에 배우자가 왜 또 그렇게 되먹지 못한 행동을 하는지 그 이유를 알아내려고 고심할 일이 생기면, 진화가 나쁜 행동에서도 최고의 것을 얻을 수 있는 방법을 알려주는 뇌로 당신을 축복했다는 사실을 떠올리며 위안을 삼기 바란다. 그 후에 남은 것은 순조로운 항해뿐이다. 정원용 식탁에 앉아 있는 새와 같은 미물도 그 정도는 분간한다.

수다 떠는 여자, 투쟁하는 남자

당신에게 부모가 있다고 가정해보자. 그들은 당신에 대한 모든 정보를 담고 있는 유전자를 각각 한 세트씩 당신에게 물려주었다. 하지만 당신의 유전자는 부모에게서 물려받은 유전자를 정확히 50 대 50으로 섞은 것이 아니다. 대부분의 유전형질은 부모 중 어느 한쪽을 닮으려는 경향이 있기 때문이다. 따라서 당신은 어머니의 코, 아버지의 턱, 심지어 격세유전의 영향으로 할아버지의 머리카락을 물려받아 전체적으로 보면 일종의 모자이크 작품 같다. 오늘날 우리는 이 모든 과정을 꽤 잘 이해하고 있다. 1850년대에 사제 신분으로 유전 연구에 몰두했고, 그 결과 오늘날 현대 유전학의 아버지로 불리는 그레고르 멘델 Gregor Mendel의 선구적인 노력 덕분이다.

이제 당신은 이런 지식을 바탕으로 절반은 아버지에게서 절반은 어머니에게서 무작위로 유전자를 물려받았고, 이 과정에는 개인마다 큰 차이가 있다고 짐작할 것이다. 하지만 실제로는 그렇지 않다. 연구 결과 어떤 유전자는 항상 어머니에게만 물려받는가 하면 어떤 유전자는 항상 아버지에게만 물려받는다. 또한 이렇게 유전된 유전자는 자기가 누구에게서 유전되었으며, 언제 자신의 스위치를 꺼야 하는지 기술적인 용어로는 언제 '침묵'해야 하는지 안다.

정말 놀라운 것은 당신 뇌 안에서 벌어지는 일들이다. 케임브리지 대학교의 배리 케번Barry Keverne과 그의 동료들은 자연적 유전자 결손에 관한 연구를 위한 쥐 실험 결과 모계 염색체가 없는 동물들은 완전히 성장한 대뇌신피질이 부족한 반면 부계 염색체가 없는 동물들은 완전히 성장한 대뇌변연계가 부족하다는 사실을 입증했다. 둘 중 어느 한쪽의 유전자군이 항상 '침묵'하고 있는 이 과정을 '유전체 각인genomic imprinting'이라고 한다. 이 과정에 개입되는 메커니즘을 전부 밝힌 것은 아니지만, 개별 유전자는 사실상 자기가 모계 유전자인지 부계 유전자인지를 '아는' 듯하다.

이러한 연구 결과는 최근의 또 다른 연구를 통해 상당히 명확해졌다. 던햄대학교의 롭 바톤Rob Barton과 그의 동료들은 영장류의 광범위한 종을 대상으로 연구하여 한 종 내의 신피질 크기는 그 집단 내 암컷의 수와 연관성이 큰 반면, 감정 처리를 담당하는 대뇌변연계의 크기는 그 집단 내 수컷의 수와 연관성이 더 크다는 사실을 증명했다. 전형적인 집단 내에서 해당 종이 부양할 수 있는 암컷의 수는 대개 암컷들의 사교적 기술social skills을 반영하며, 이는 곧 신피질이 사교적 기술과 관련이 있다는 위의 연구 결과를 타당하게 한다. 한편, 대부분의 영장류 종에 속하는 수컷들 사이의 관계는 서열을 놓고 벌이는 경쟁관계다. 서열이 높은 수컷이 짝짓기 경쟁에서 유리하기 때문에 수컷들은 다른 수컷과의 승부를 마다하지 않는다.

유전체 각인이 이렇게 특별한 방식으로 이루어진다는 사실은 매우 흥미롭다. 영장류 중 암컷이 번식에 성공할지는 자매들이 얼마만큼 지원하느냐에 달려 있다. 관계가 복잡하게 얽혀 있는 사회에서 암컷이 사회적 친분을 쌓기 위해서는 자기 방식을 타협할 수 있는 능력이 필요하다. 케냐의 암보셀리국립공원에서 개코원숭이들의 가족력을 30년 이상 추적한 결과 사회적으로 성공한 암컷일수록 죽음을 눈앞에 두었을 때 자손의 수가 많은 것으로 나타났다.

하지만 수컷은 사교적 기술보다 끝까지 맞서 싸우는 근성이 번식 성공도에 훨씬 큰 영향을 미친다. 똑똑한 개체는 싸움에 휘말렸을 때 신중하게 행동하는 것이 오히려 용기 있는 행동이고 하루라도 더 살려면 혹은 훗날을 도모하려면 점잖게 물러나는 것이 더 현명하다는 것을 재빨리 깨달을 것이다. 하지만 짝짓기 경쟁에서는 꽁무니를 빼면 암컷을 차지할 수 없다. 따라서 그 개체가 생각은 적게 하고 재빨리 싸움에 뛰어들게 하는 기제가 언제나 더 효과적이다. 싸우다가 상처를 입거나 목숨을 잃을 수도 있지만 승자가 모든 것을 차지하는 승부에서 2인자가 설 자리는 없다. 수컷에게 필요한 것은 작은 대뇌신피질과 커다란 대뇌변연계다. 생존을 위해 싸워야 한다면 일단 상대를 때려눕힌 다음 생각하는 것이 상책이다.

실제로 암컷의 경우 신피질 조절 능력이 뛰어난 개체들이 승부에서 승리했다. 암컷에게는 사교적 기술이 더 중요하기 때문이다. 반면 수컷의 경우 변연계 조절 능력이 뛰어난 개체들이 승리했다. 싸움에서 생각을 너무 많이 하는 것은 아무런 도움이 되지 않기 때문이다. 결국 진화의 과정에서 일어나는 성 전쟁은 뇌를 통제하는 능력이 얼마나 뛰어난가 하는 문제로 귀결된다. 비록 그 원리는 여전히 수수께끼로 남아 있지만 말이다.

진화는 남성에게 더 가혹하다

눈이 뇌의 일부라는 사실을 아는가? 눈은 신체 바깥으로 드러나 있는 뇌의 부속기관으로, 빛에 민감하게 반응하도록 발달되어 만지거나 냄새를 맡지 않고도 외부 세계에서 벌어지는 일을 뇌로 전달하는 역할을 한다. 노화나 사고로 시력을 잃은 사람이라면 잘 알듯이 우리는 시각, 특히 색각의 지배를 받는다.

지금부터 남자들에게만 은밀하게 할 이야기가 있다. 혹시 아내가 옷 색깔이 마음에 들지 않는다며 호들갑 떠는 통에 울화가 치민 적이 있는가? 아무리 보아도 괜찮기만 한데 말이다. 그런데 어쩌면 아내의 호들갑이 터무니없는 것만은 아닐 수도 있다. 실제로 여성 중 약 3분의 1은 세상을 네 가지 색으로 보는 반면 남성은 세 가지 표준색인 빨강, 파랑, 초록으로 세상을 본다. 네 가지 색깔을 인지할 수 있는 테트라크로마틱tetrachromatic 시각을 가지고 있는 여성은 초록 혹은 빨강과 미묘하게 다른 색을 구분할 수 있다. 개중에는 다섯 가지 색을 모두 구분하는 여성도 있다. 요컨대 일부 여성이 보는 세상은 나머지 사람들이 보는 세상과 전혀 딴판이라는 말이다.

생물 시간에 배웠듯이 인간의 망막(빛의 자극에 민감한 안구벽 가장 안쪽에 위치한 얇고 투명한 막)에는 두 종류의 시각세포가 있다. 흑백 명암을 인식하는 간상세포는 주로 밤에 활성화되고, 사물의 색을 구별하는 원추세포는 주로 낮에 활성화된다. 일반적으로 원추세포는 약간씩 다른 빛의 파장, 즉 빨강, 파랑, 초록에 민감하게 반응하는 적추체, 청추체, 녹추체로 이루어져 있다는 것이 통설이다. 예를 들어 우리가 매일 보는 텔레비전 화면도 이 세 가지 색의 조합으로 이루어지고 무지개의 일곱 가지 색도 이 세 가지 색의 혼합을 명암에 따라 인지하는 것이다. 빨간색과 초록색 광색소 유전자는 성염색체인 X염색체에 존재하며, 파란색 광색소 단백질을 형성하는 유전자는 상염색체인 7번 염색체에 존재한다. 이것을 통해 일반적으로 남성이 여성보다 색맹이 많은 이유와 적색 색맹은 많아도 청색 색맹은 거의 없는 이유를 알 수 있다. 남성은 어머니에게 물려받은 X염색체가 하나뿐이기 때문에 X염색체에 약간의 이상이 있으면 그것을 만회할 방법이 없다. 하지만 여성에게는 어머니와 아버지에게 각각 하나씩 물려받은 X염색체가 두 개 있기 때문에 어느 한쪽에 문제가 생기면 다른 X염색체로 대체할 수 있다.

이러한 사실은 넷 또는 다섯 가지 색깔 효과를 아주 간단히 설명한다. 즉, 망막 내부에서 색에 민감한 색소에 대한 유전 암호를 지정하는 유전자에 약간의 변이가 생겼다는 것은 그 사람이 빨강 혹은 초록색 명암을 다른 사람들과 약간 다르게 본다는 의미다. 남성은 하나뿐인 X염색체에서 얻은 색조가 전부다. 그것을 통해 세상을 본다. 하지만 여성은 두 개의 X염색체를 통해 빨간색 혹은 초록색에 민감하게 반응하는 유전자를 모두 가진다. 만약 눈이 발달하는 동안 두 개의 X염색체가 모두 활성화된다면 두 가지 색소에 모두 민감하게 반응하도록 유전 암호가 지정된 유전자를 갖는 것이다. 따라서 이런 여성은 기본적인 세 가지 색 이외에 한 가지 또는 두 가지 색을 더 인식할 수 있다.

그런데 여기서부터 문제는 약간 복잡해진다. 사실 지금까지 서술한 내용에는 흠잡을 데가 없다. 단지 여성이 남성보다 약간 더 다채로운 세상을 본다는 것을 의미하기 때문이다. 도대체 누가 그런 것에 신경을 쓰겠는가. 하지만 이와 관련하여 캘리포니아공과대학교의 마크 챈기지Mark Changizi와 그의 동료들이 우리를 불편하게 하는 새로운 결론을 내놓았다. 성별에 따른 이런 식의 색 민감도 차이는 영장류에게서 발견된 사실과 전혀 다르다는 것이다. 신세계원숭이가 그 대표적인 예다. 이 원숭이들의 암컷은 삼색자(세 가지 색깔을 모두 볼 수 있는 정상 개체)이지만 수컷은 두 가지 색깔밖에 보지 못한다. 이러한 사실에서 챈기지와 그의 동료들은 영장류에게서 나타나는 성별에 따른 색 민감도 차이가 외부로 노출된 얼굴 피부의 양과 관련이 있다는 사실을 알아차렸다. 얼굴에서 혈류의 양을 증가시키거나 감소시켜 색을 바꿀 수 있는 맨살 부위가 넓은 종은 세 가지 색을 모두 정확하게 인식한다. 따라서 외부로 노출되어 있는 피부의 양과 색에 대한 민감도는 분명히 연관성이 있다. 그렇다면 인간의 뛰어난 색 인식 능력도 인간이 '털 없는 원숭이'라는 사실과 관련이 있는 것일까?

이쯤에서 남성들이 들으면 좀 쓰라린 사실을 이야기해야겠다. 전날 저녁 내내 어디 있었는지 아무리 열심히 거짓말을 해도 그것이 거짓임을 귀신같이 잡아내는 여자들이 있다. 이러한 신기한 능력은 어쩌면 색, 그것도 특히 빨간색에 민감한 여성의 능력과 관련이 있을 것이다. 즉, 여자들이 남자들의 거짓말에 도통 속지 않는 것은 남자들의 얼굴에 은연중 드러나는 색의 변화를 남자들보다 훨씬 예민하게 감지하기 때문 아닐까? 진화는 어쩌면 이처럼 남자들에게 더 가혹할지도 모른다.

2장

당신의 진짜 친구는
몇 명입니까

　최근 불과 몇 년 사이에 등장한 페이스북, 마이스페이스, 베보 같은 소셜 네트워킹 사이트가 우리 사회를 재정의하는 거대한 사회적 혁명이 진행되고 있다. 다윈이나 그와 동시대 사람들은 아무리 원대한 꿈을 꾸었더라도 상상할 수 없었던 일일 것이다. 당시에 다윈처럼 세계 곳곳에 친구를 둔 소수의 특권층들은 1페니 우편(1680년 런던의 상인 윌리엄 덕러가 만든 사적인 우편 업무. 1페니의 수수료로 무게 1파운드 이내의 모든 편지와 소포를 배달—옮긴이)을 이용하여 편지를 주고받으며 우정을 돈독히 하고 교제 범위를 넓혔다. 반면 나머지 사람들은 대개 교제 범위가 개인적으로 아는 사람들로 한정되어 있었다. 하지만 오늘날 소셜 네트워킹 사이트가 등장하면서 다윈 시대 교제 범위의 시간적, 공간적 제약은 허물어졌다.

　이런 기술 혁명은 엉뚱한 결과를 낳기도 한다. 예를 들어 개인 사이트에 등록된 친구 수를 놓고 사람들이 터무니없는 경쟁을 벌인다는 것이다. 그중에는 등록된 친구만 수만 명에 달하는 사람도 있다. 우리는 이 작고 독특한 세계를 대충 한번 쓱 보기만 해도 두 가지 사실을 알수 있다. 첫째, 친구 수의 분포가 상당히 왜곡되어 있다. 대부분 친구 목록에 등록된 사람 수는 평균 약 200명 정도를 웃도는 수준으로 상당히 비슷하다. 둘째, 진정한 친구를 어떻게 구분할 것인지 하는 문제다. 등록된 친구 수는 200명이 넘지만 정작 사람들은 등록된 친구들에 대해 거의 아는 것이 없다.

뇌를 키우는 선택

딜런 토마스(Dylan Thomas, 1930년대를 대표하는 영국 시인—옮긴이)의 대표작 〈젖빛 나무 아래서Under Milk Wood〉의 도입부는 웨일스의 러레거브 (Llareggub, 이 지명을 거꾸로 쓰면 'bugger all'이다. 이 표현은 영국에서 '개뿔도 없어'라는 의미다—옮긴이)라는 희한한 이름으로 불리는 가상의 해변 마을을 소개하는 것으로 시작된다. 이 마을 사람들의 얽히고설킨 관계는 5월 축제의 상징인 대형 기둥maypole을 장식한 리본처럼 딜런 토마스의 이야기 전반을 휘감는다. 이 작은 마을 사람들은 저마다 자신의 입장이 있고, 도통 남의 일에는 관심이 없으며, 또 각자 남모르게 간직한 비밀이 있다. 이 비밀들은 다른 사람이 알면 그들의 작은 세계를 산산조각 내버릴 만큼 위험한 것들이다.

여기서 우리는 사적인 관계로 복잡하게 얽힌 사회가 영장류로부터 물려받은 유산이라는 사실을 간단히 확인할 수 있다. 포유류나 조류에 비하면 지나치게 얽혀 있고 상호 의존적인 사적인 관계 말이다. 그리고 영장류의 이러한 유산은 원숭이와 유인원의 뇌가 몸집에 비해 어떤 다른 동물보다 훨씬 크다는 사실에서 출발한다.

영장류의 뇌는 왜 그렇게 클까? 이 의문에 관한 이론은 일반적으로 두 가지로 나뉜다. 하나는 영장류가 세상에 적응하는 방식을 알아내고 매일 먹이 찾는 문제를 해결해야 했기 때문에 커졌을 것이라는 전통적인 관점이다. 다른 하나는 영장류 사회의 복잡성이 커다란 뇌 진화의 원동력이었을 것이라는 관점이다. 한때 마키아벨리 지능가설Machiavellian intelligence hypothesis로 알려지기도 했던 이 사회적 지능이론은 영장류를 다른 모든 동물과 구분하는 사실, 즉 영장류 사회의 복잡성을 증명한다는 장점이 있다.

영장류 사회는 두 가지 면에서 다른 동물의 사회와 구분된다. 하나는 강력한 사회적 유대 관계에 대한 의존도다. 영장류 집단이 고도로 구조화된 집단처럼 보이는 것도 바로 이 강력한 유대 관계 덕분이다. 영장류는 기후에 따라 이동하는 영양이나 수많은 곤충처럼 비교적 무질서하게 군집생활을 하는 동물들만큼 쉽게 집단을 이탈하거나 단독 행동을 할 수 없다. 영장류 이외에도 상당히 체계적으로 무리생활을 하는 종들이 있다. 코끼리나 프레리도그가 대표적인 예다. 하지만 이런 동물들은 두 번째 면에서 영장류와 다르다. 영장류는 다른 동물들에 비해 자기가 속한 사회에 관한 지식을 복잡한 동맹 관계를 맺는 데 더 많이 사용한다.

인간을 제외한 영장류 집단의 규모, 그에 따른 사회의 복잡성, 주로 의식적인 사고를 담당하는 뇌 피질의 한 부분인 대뇌신피질의 상대적 크기 사이의 밀접한 상관성이 사회적 지능가설을 뒷받침한다. 이러한 결론은 한 개체가 동시에 지속적으로 관리할 수 있는 관계의 수(그리고 질)에 한계가 있다는 사실을 반영한다. 복잡한 과업을 처리하는 컴퓨터의 능력이 메모리와 프로세서에 따라 제한을 받는 것처럼, 지속적으로 변화하는 사교 범위에 대한 정보를 능수능란하게 다루는 뇌의 능력도 신피질 크기에 따라 제한을 받을지 모른다.

진화론적으로, 집단의 규모와 신피질 크기의 상관관계는 영장류가 보다 크게 뇌를 진화시키기 위해 보다 큰 규모의 집단에서 생활해야 했을 것이라는 사실을 암시한다. 몇몇 종이 큰 집단을 선호하는 것은 포식자로부터 방어하기 위함 등 몇 가지 이유가 있다. 집단의 크기도 가장 크고 신피질의 크기도 가장 큰 영장류가 개코원숭이, 짧은꼬리원숭이, 침팬지라는 사실은 주목할 만하다. 이들은 대초원의 삼림지대나 숲의 가장자리처럼 비교적 개방된 서식지에 살면서 대부분의 시간을 땅에서 보낸다. 따라서 이들은 깊은 숲에 사는 다른 종에 비해 포식자의 공격을 받을 가능성이 훨씬 높다.

던바의 수

인간을 제외한 영장류에게서 나타나는 신피질과 집단 규모 사이의 이러한 상관관계는 한 가지 의문을 떠오르게 한다. 인간의 신피질이 유난히 크다는 점을 고려할 때 인간 집단은 과연 얼마나 커야 하는 걸까? 원숭이와 유인원을 통해 확인한 신피질과 집단 규모의 상관관계를 바탕으로 추정해보았을 때 인간 집단의 적정 크기는 약 150명이다. 따라서 150은 한 개인이 맺을 수 있는 사회적 관계의 최대치이며, 이것을 던바의 수라고 한다. 하지만 실제로 인간 사회에서 이를 주장할 만한 근거가 있을까?

언뜻 보기에 이를 증명할 근거를 찾기는 어려워 보인다. 어쨌든 오늘날 우리는 수백만 명을 수용한 도시, 국가에서 살고 있지 않은가. 여기서 우리는 좀 더 예리한 잣대를 들어야 한다. 인간을 제외한 영장류에서 나타나는 신피질과 집단 규모 사이의 상관관계는 동물의 한 개체가 일대일 관계를 일관성 있게 유지할 수 있는 다른 개체들의 수와 관련된 것이다. 가령 런던 시민 한 사람이 나머지 1000만 시민과 개인적인 관계를 맺고 있지 않은 것은 분명하다. 사실 거의 대다수 시민이 태어나서 서로 이름도 모른 채 살다가 죽는다. 이 정도로 거대한 규모의 집단이 존재함은 분명 우리가 설명하고 넘어가야 할 현상이다. 이런 집단의 형성은 영장류에게서 관찰할 수 있는 자연스러운 집단 형성과 상당히 거리가 멀다.

'자연스럽게' 형성된 인간 집단의 크기를 알려면 산업혁명 이전 사회, 그중에서도 특히 수렵채집민들의 집단을 들여다봐야 한다. 수렵채집민들은 대개 다양한 규모의 집단을 운영하는 복잡한 사회에서 생활한다. 가장 작은 집단은 사냥이나 채집을 위해 임시로 꾸리는 집단으로 보통 30명에서 40명 정도다. 이런 집단은 물이나 다른 수렵채집 지역을 찾아 이동하는 동안 개인 또는 일가족이 새로 합류하거나 떠나는 경우가 많아서 비교적 불안정하다. 가장 큰 집단은 보통 하나의 부족 그 자체며, 문화적 정체성에 따라 엄격하게 정의되기보다 집단을 특징 짓는 언어 중심으로 형성되는 것이 일반적이다. 부족 중심의 집단 구성은 전형적으로 남성, 여성, 어린이를 통틀어 500명에서 2500명 정도로 이루어진다. 전통사회의 이러한 두 집단 규모는 인류학에서 널리 인정받고 있다. 하지만 이 두 집단 사이에 자주 거론되기는 하지만 거의 관심을 받지 못한 세 번째 집단이 있다. 세 번째 집단은 주기적으로 치르는 성인식 같은 의례를 특징으로 하는 씨족 형태일 때도 있고, 사냥 지역이나 샘물을 공동 소유하는 씨족 형태일 때도 있다. 인구조사 자료를 구할 수 있는 약 20여 개 부족사회를 대상으로 조사한 결과 이런 씨족 집단의 규모는 평균 153명인 것으로 나타났다. 이 중에서 한 곳을 제외한 모든 마을 또는 부족의 규모는 100명에서 230명 사이였다. 이것은 통계적으로 150명 기준에서 허용할 수 있는 범위 내의 규모다. 반대로 사냥 등을 위해 임시로 만든 소집단이나 부족 집단의 평균 크기는 이 허용 범위에서 벗어난다.

그렇다면 기술적으로 발전된 사회는 어떨까? 150이라는 숫자가 사회적 단위와 관련이 있다고 주장할 만한 근거가 있을까? 대답은 '그렇다'이다. 찾으려고만 들면 그런 규모의 집단은 어디서나 볼 수 있다. 나는 나의 동료 러셀 힐Russell Hill과 함께 수많은 사람을 대상으로 연말에 몇 명에게 크리스마스카드를 보내는지 적어달라고 부탁했다. 그 결과 평균 1인당 68곳의 가정에 크리스마스카드를 보냈는데, 그 가정의 구성원들을 모두 합하면 약 150명이었다.

비즈니스 분야에서도 같은 결과가 나왔다. 흔히 기업 조직 이론에 사용되는 '경험의 법칙'은 직원 수가 150명 이하이고 직접 대면하는 업무 방식을 기본으로 하는 조직에는 적합하다. 그러나 150명 이상의 조직에서는 업무의 효율성을 위해 공식적인 계층제가 필요하다. 1950년대 이래로 사회학자들은 150명에서 200명 정도 크기의 집단에 중요한 경계가 있으며, 집단의 규모가 이보다 커지면 무단결근과 병가의 양이 불균형해져 문제가 생긴다는 사실을 익히 잘 알고 있다. 가장 성공적인 중소기업으로 꼽히는 고어텍스의 설립자 빌 고어Bill Gore는 사업이 성장하여 제품의 수요가 늘어났을 때 생산 공장의 규모를 키우기보다 각각 150명 정도의 근로자로 구성된 하위단위로 나누어 운영해야 한다고 주장했다. 나는 이것이 그가 사업에 성공한 결정적인 요인이라고 생각한다. 그는 공장 조직의 단위를 150명 이하로 유지한 덕분에 계층제와 관리 시스템을 도입하지 않아도 되었다. 근로자와 관리자가 경쟁하는 분위기를 만들기보다 상호 의무감이 뒷받침되어 서로 협력하는 사적인 관계로 공장을 운영한 것이다.

군사기획가들 역시 경험의 법칙을 찾아냈다. 예를 들어 최신식 군대의 가장 작은 독립 단위는 기업과 마찬가지로 보통 30명에서 40명가량의 군인으로 이루어진 세 개 전투 소대와 각 소대의 지휘관, 몇몇 지원부대를 합하여 대략 130명에서 150명 정도다. 로마공화국 시대의 로마군 기본 전투 단위(보병 중대, 또는 더블센추리)도 약 130명으로 이와 비슷한 규모였다.

심지어 학자 공동체도 비슷한 규모로 제한된다. 서섹스대학교 교육학과의 토니 베허Tony Becher 교수는 과학과 인문학을 통틀어 12개 학과를 대상으로 실시한 조사에서 교수 한 명이 관리할 수 있는 연구자 수가 100명에서 200명 사이라는 사실을 알아냈다. 한 학과의 규모가 이보다 커지면 둘 혹은 그 이상의 학과로 나뉘는 경향이 있다.

전통사회의 마을 규모 역시 이와 비슷하다. 중동지역에서 발견된 기원전 약 6000년경의 신석기시대 촌락은 집의 수로 따져보았을 때 보통 120명에서 150명 정도를 수용했던 것으로 보인다. 1086년 윌리엄

1세의 명령으로 작성된 〈토지대장Domesday Book〉의 기록으로 미루어 잉글랜드 마을의 규모 역시 약 150명 정도였던 것으로 추정된다. 마찬가지로 켄트(잉글랜드 남동부 카운티)를 제외한 18세기 잉글랜드 모든 마을 주민 평균이 약 160명이었다. (켄트에 있는 마을의 평균 주민 수는 100명이었다. 이것이 우리에게 시사하는 바는 무엇일까?)

공동생활과 재산의 공동소유를 강조하는 북아메리카의 종교적 근본주의자 집단 후터파(Hutterite, 기독교 재세례파의 한 종파―옮긴이)와 아미시(Amish, 보수적인 프로테스탄트교회의 한 교파―옮긴이)는 둘 다 공동체 구성원 수가 평균 약 110명이다. 이들은 한 공동체의 구성원이 150명을 넘으면 그 공동체를 둘로 나눈다. 흥미로운 점은 이들이 150명을 기준으로 공동체를 나누는 이유다. 이들은 한 집단 구성원이 150명을 넘으면 동료 집단의 압력만으로 개인의 행동을 통제할 수 없다는 사실을 알고 있다. 공동체를 하나로 유지시키는 힘은 상호 의무감과 호혜주의인데, 150명이 넘으면 이 두 가지가 효과를 발휘하지 못한다. 그들이 추구하는 근본적인 윤리가 계층제도와 강제력에 상반되기 때문에 그런 것들이 필요한 단계에 이르기 전에 공동체를 나누는 것이다.

던바의 수를 쉽게 정의하는 방법이 하나 있다. 여행 중에 비행기를 갈아타기 위해 경유지인 홍콩에 잠시 들렀다고 가정해보자. 당신이 새벽 3시에 여객용 라운지에서 누군가를 보고 다가가 "여기서 만나네. 여행은 어땠어? 오늘 진짜 젊어 보이는데!"라고 말을 걸어도 전혀 어색하지 않을 사람들이 바로 던바의 수에 포함시켜야 할 사람들이다. 사실 그들은 당신이 그런 식으로 말을 걸지 않으면 약간 화를 낼 수도 있다. 당신은 상대방에게 당신을 소개할 필요가 없다. 이미 서로 사회적 공간에서 어느 위치에 있는지 알고 있기 때문이다. 또한 필요하다면 5만 파운드 정도는 망설임 없이 빌려줄 수도 있다.

망토개코원숭이의 외도

던바의 수는 인간의 기억 용량과 관련한 인지적 한계의 문제(우리는 최대 150명까지만 기억할 수 있거나 아니면 150명으로 이루어진 공동체 내에서의 관계만 지속할 수 있다)일까 아니면 좀 더 미묘한 문제, 즉 개체 간 관계에 대한 정보의 제약에서 오는 문제일까. 지금부터 나는 두 번째 가정을 뒷받침하는 두 가지 증거를 제시하려고 한다.

두 가지 증거 중 하나는 영장류에게는 공통적으로 수컷의 서열과 그 수컷이 짝짓기할 수 있는 암컷의 수 사이에 커다란 상관관계가 있다는 사실에서 출발한다. 여기서 우리는 신피질의 크기가 비교적 큰 종은 이 상관관계가 훨씬 느슨할 것이라고 가정할 수 있다. 신피질의 크기가 크면 이 대용량 컴퓨터를 자신에게 유리한 전략을 짜는 데 사용할 수 있기 때문이다. 따라서 우리는 한편으로는 신피질 크기 사이의 부의 상관관계를 찾으면서 다른 한편으로는 수컷의 서열과 짝짓기 성공도의 상관관계를 밝혀야 한다. 그리고 이것이 바로 원숭이와 유인원 연구로 얻은 데이터가 보여주는 내용이다. 서열은 낮지만 신피질이 비교적 큰 수컷들은 교묘한 사회적 전략을 구사하여 서열이 높은 수컷의 권위를 손상시키고 암컷을 차지해 짝짓기를 할 수 있다. 이들은 일인자 수컷을 끌어내리기 위해 다른 수컷들과 동맹관계를 맺기도 하고 짝짓기 성공률을 높이기 위해 암컷의 취향을 탐색하기도 한다.

두 번째 증거는 세인트앤드루스대학교의 딕 번Dick Byrne이 분석한 자료에서 얻을 수 있다. 딕 번과 그의 동료 앤디 화이튼Andy Whiten은 영장류에 관한 문헌을 조사해 전술적 속임수에 관한 광범위한 사례를 모았다. 전술적 속임수란 얻고자 하는 것을 손에 넣기 위해 다른 동물을 이용하는 것을 의미한다. 신피질의 크기가 큰 종일수록 전술적 속임수도 다양하게 구사한다.

전술적 속임수의 고전적 사례로 꼽히는 것은 망토개코원숭이 암컷의 예다. 망토개코원숭이는 하렘(harem, 한 마리의 수컷과 여러 암컷으로 이루어진 어느 정도 지속성 있는 집단)식 가족 단위를 이루며, 이렇게 구성된 10~15가족이 무리를 지어 생활한다. 수컷들은 배우자 암컷을 과도하게 보호하는 성향이 있으며 암컷이 다른 수컷과 가까이 있는 것을 용납하지 않는다. 수컷은 암컷이 자기에게서 멀어졌을 때, 그리고 특히 자기와 암컷 사이에 다른 수컷이 끼어들었을 때 암컷에게 벌을 준다.

스위스 동물학자 한스 쿠머Hans Kummer는 망토개코원숭이 암컷 하나가 가족들이 식사를 하고 있는 틈을 타 커다란 바위 뒤로 천천히 이동해 20분 동안 머무는 상황을 목격했다. 바위 뒤에는 이웃에 사는 젊은 수컷 한 마리가 있었는데 암컷은 거기서 그 수컷의 털을 고르고 있었다. 그런데 쿠머가 보기에 이 암컷은 바위 뒤에 숨어 젊은 수컷의 털을 골라주는 동안에도 몇 미터나 떨어져 있는 남편이 자기를 볼 수 있도록 기를 쓰는 것 같았다.

이 암컷의 행동은 두 가지로 해석할 수 있다. 하나는 철저한 행동주의자 관점에서 암컷이 경험을 통해 수컷의 시야에서 벗어났을 때 겪을 곤란함을 학습하여 자기 행동의 결과를 걱정하는 모습을 보였다는 것이다. 한편 인지적 관점에서는 암컷이 다음과 같은 생각을 하고 있었다고 해석할 수 있다. "이렇게 머리를 내밀고 있으면 저 영감탱이가 나를 의심하지는 않을 거야. 무슨 짓을 하든 적당히 넘어갈 수 있겠지." 두 번째 해석은 이 암컷이 수컷을 교묘하게 속이고 있다는 것을 암시한다.

최근 몇 년 동안 동물의 행동과 인지 능력을 연구하는 학자들은 두 번째 해석을 지지하는 분위기다. 그러나 나는 두 번째 해석처럼 암컷이 바위 뒤에서 그렇게 교활한 생각을 했을 것이라고는 생각지 않는다. 하지만 어떤 설명이 옳든, 암컷의 이 묘한 행동은 원숭이와 유인원 세계에서는 전혀 특이한 행동이 아니지만 영장류 이외의 종들에게서는 거의 나타나지 않는 행동이다. 동물의 인지 능력에 관한 연구에서는 이것을 '다른 개체의 마음을 유추하는 능력mentalising'이라고 한다. 이 능력은 단순히 다른 개체의 행동을 해석만 하는 것이 아니라 그 개체의 마음까지 읽는 능력을 포함한다. 원숭이와 유인원은 행동의 의도를 조금만 이해해도 그에 맞게 태도나 행동을 바꾼다.

이러한 증거는 집단 구성원의 절대적인 수가 중요한 것이 아니라 구성원들 사이의 관계의 '질'이 중요하다는 사실을 암시한다. 우리는 집단이 어느 정도까지 커질 수 있는지 안다. 그 상한선이 동물이 감당할 수 있는 복잡성의 수준이기 때문이다. 이것은 단지 집단 구성원들을 개별적으로 기억하고, 가령 X와 Y의 관계를 파악하고 그 관계를 자신과 연관시켜 생각하는 능력의 문제가 아니다. 오히려 다른 동료의 도움이 필요할 때 둘 사이의 관계를 조종하기 위해 그 상황에 개입된 개체들에 관한 지식을 어떻게 이용하는가의 문제다.

무엇보다 영장류는 사회적 동물이다. 그러한 사회적 특성이 그들을 위한 진화적 돌파구 역할을 했다. 덕분에 영장류는 지금만큼 성공적으로 진화할 수 있었다. 물론 넓게 보면 인간이 지금처럼 성공적으로 진화할 수 있었던 결정적인 요인 역시 영장류의 사회성이라 할 수 있다. 우리는 영장류와 같은 사회적 경험을 물려받았다. 영장류를 다른 모든 동물과 구분하는 특징은 사회적 상호작용에 온전히 집중할 수 있는 능력이다. 우리와 나머지 영장류들 사이의 차이는 단지 우리가 이러한 특성을 완전히 새로운 차원으로 받아들였다는 사실뿐이다.

3의 배수로 친구 세기

노아는 홍수에 대비해 지상의 모든 동물을 암수 한 쌍, 즉 두 마리씩 데려와 방주에 태웠다. 상황을 고려해볼 때 번식을 염두에 두고 내린 결정이었다는 것은 의심의 여지가 없다. 하지만 노아가 사회적인 면을 고려해 결정을 내렸다면 아마 둘이 아니라 셋씩 방주에 태웠을 것이다. 인간의 사회구조가 3의 배수를 기본 골격으로 한다는 사실을 암시하는 최근의 연구가 이러한 주장을 뒷받침한다.

상대방에게 느끼는 감정에 따라 친구와 단순한 지인을 구별한다는 것은 누구나 아는 사실이다. 친구는 함께 시간을 보내고 싶은 사람이지만 지인은 편의상 일시적으로 함께하는 동료다. 하지만 실제로 우리는 이것보다 더 나은 판단을 한다. 더 흥미로운 사실은 만약 당신이 우리 사회를 구성하는, 150명으로 구성된 집단 내 관계의 패턴을 본다면 친밀한 관계의 범주에 포함시킬 수 있는 사람이 몇 명인지 알 수 있을 것이라는 점이다. 우선 가장 작은 내집단은 약 3명에서 5명 사이로 이루어진다. 여기에 속한 사람들은 당신이 정말 곤란한 상황에 처했을 때 조언이나 위로, 또는 돈이나 도움을 요청할 수 있는 정말 친한 사람들이다. 또한 이 사람들은 당신이 맺는 모든 관계의 핵심이다. 한 단계 위의 집단은 15명, 그 다음 단계의 집단은 약 30명 정도로 구성된다.

각 단계 내집단의 구성원 수에는 뚜렷한 패턴이 없어 보인다. 하지만 이들을 순서대로 나열해보면 아주 분명한 패턴이 눈에 띌 것이다. 대략 5, 15, 50, 150으로 증가하는 수열이 보이는가? 사실 여기에는 최소한 두 단계가 더 있다. 각각 500명과 1500명 집단이다. 그리스 철학자 플라톤은 이 다음 단계의 집단도 언급했다. 그는 민주주의에 가장 이상적인 집단의 크기를 5300명이라고 보았다. (300명 정도는 기분 좋게 넘어갈 수 있다.)

이런 각각의 집단이 현실에서 어떤 관계 범주에 대응하는지, 혹은 왜 3의 배수로 증가하는지에 대해서는 확실히 말할 수 있는 것이 없다. 하지만 몇몇 단계의 집단은 현실에서도 쉽게 찾을 수 있다. 예를 들어 사회심리학자들은 12명에서 15명 규모의 집단을 '공감 집단'이라고 부른다. 이 집단 구성원 중 한 명이 오늘 느닷없이 죽는다면 당신은 상심이 너무 커서 제정신을 잃을 것이다. 희한하게도 배심원단, 예수를 따르던 사도들, 대부분의 스포츠 팀이 모두 이 정도 규모다. 공감 집단의 예를 들자면 끝이 없다. 한편, 오스트레일리아 원주민이나 우리가 부시맨Bushmen이라고 알고 있는 남아프리카의 산San족 같은 전통적인 수렵채집민들의 전형적인 일박 캠프는 대개 50명 정도로 이루어진다. 그리고 수렵채집민 부족(일반적으로 같은 언어, 혹은 상당히 널리 보급된 언어, 같은 방언을 사용하는 사람들로 이루어진 집단) 자체의 규모는 평균 1500명이다.

이런 각각의 사회적 범주는 우리가 친구들과 관계를 맺는 방식에 관하여 두 가지 특징을 드러낸다. 하나는 우리가 친구들과 접촉하는 빈도수다. 다섯 명 범주에서는 최소한 일주일에 한 번, 15명 범주에서는 최소한 한 달에 한 번, 150명 범주에서는 최소한 일 년에 한 번이다. 한편 이것은 우리가 친구들에게 느끼는 친밀감의 정도와 일치한다. 즉, 5명 범주에서는 모든 구성원과 매우 친하게 지내지만 범주가 넓어질수록 친밀감 정도는 점점 약해진다.

이렇듯 우리가 특정 수준의 친밀감을 유지할 수 있는 사람의 수에는 한계가 있다. 만약 당신이 만족시켜야 하는 내집단 구성원의 수가 한계치인 상황에서 새로운 인물이 당신 삶에 들어오면, 누군가는 그 사람을 위해 한 단계 낮은 범주로 내려가야 한다. 흥미로운 것은 친척들이 각각의 범주 안에서 예상 외로 자주 발견된다는 사실이다. 이것은 친척이면 누구나 그 범주 안에 받아들여야 하고 좋아해야 한다는 의미가 아니다. 다만 우리가 그들에게 우선권을 주는 것 같다는 말이다. 다른 모든 조건이 동일하다면 피는 물보다 진하고, 실제로 우리는 그들을 더 많이 돕는다.

3장

피 는 물 보 다   진 하 다 ?

공동체는 세상을 돌아가게 하는 원동력이다. 그런 점에서 우리는 영장류에게 물려받은 사회성이라는 유산을 상당히 잘 활용하고 있다. 사회성(때로 상당히 집약된 형태의 사회성)은 원숭이와 유인원의 대표적인 특징이다. 또한 그들과 우리가 성공적으로 진화할 수 있었던 결정적 요인이기도 하다. 공동체 소속감, 특히 인간 사회에서 공동체 소속감의 핵심은 친족 관계다. 친족 관계는 우리의 사교 생활에 놀라울 정도로 깊이 관여하고, 때로 인식하기조차 힘든 프레임을 제공한다. 이는 전통적인 소규모 사회뿐 아니라 오늘날 현대인의 사회에서도 마찬가지다.

1900년경, 나의 할아버지는 고향인 스코틀랜드 북동부 머리Moray에 가족을 남겨두고 머나먼 동쪽 나라 인도로 떠나 칸푸르(Kanpur, 당시에는 Cawnpore라고 표기)라는 작고 생기 없는 마을에 정착했다. 칸푸르는 갠지스 평원에서 약간 외딴 지역에 위치해 있었다. 그곳에 자리를 잡은 할아버지는 스코틀랜드로 돌아오지 않은 채 갠지스 평원 북부와 근처 히말라야 산기슭에서 여생을 보냈다. 그래도 고조할아버지는 아들이 고향과의 끈을 놓지 않기를 바라는 마음에서 스페이 강(연어와 위스키로 유명함) 어귀에 가족 오두막을 지어놓았다.

나는 가끔 도대체 어떤 힘이 우리 대가족 중 유일하게 할아버지를 타지로 향하게 만들었는지 궁금했다. 물론 한 세기 전 고조할아버지가 스페인에서 1년여를 보낸 것과 그 이후 나폴레옹이 영국을 쳐들어왔을 때 돈을 벌기 위해 워털루에 갔던 것은 제외다. 몇 해 전에 나는 우연히 이 질문의 답을 찾았다. 답은 간단했다. 할아버지가 인도로 떠나기 몇 해 전에 그의 외사촌이 먼저 그곳에 자리를 잡고 있었는데, 그분이 그 지역 회사에 석공 일자리를 소개해주면서 인연이 되었던 것이다.

궁금했던 의문이 풀리고 나니 또 다른 의문이 떠올랐다. 그렇다면 할아버지의 외사촌은 왜 인도의 산간벽지로 떠났던 것일까? 이 의문의 답 역시 그가 다니던 엘진 방직공장에 있었다. 과연 이 공장의 소유주이자 운영자는 누구였을까? 칸푸르에는 때마침 뮤어 공장, 칸푸르 방직공장, 스튜어트 마구 및 마차용품 공장, 그 밖의 다양한 산업 공장이 들어서 있었다. 이름에서 알 수 있듯이 세포이 항쟁의 여파가 남아 있던 시기에 스코틀랜드 북동부 지역 주민들은 산업 시장으로서 칸푸르의 가능성을 예측하고 칸푸르로 이주했다.

그런데 문제는 여기에 있었다. 공장이 바쁘게 돌아가자 직원이 더 많이 필요하게 된 고용주들은 먼저 일하고 있던 직원들을 그들의 고향으로, 그들이 원래 몸담고 있던 공동체로 보내 믿을 만한 사람들을 데려오게 했던 것이다. 그리고 그들은 의도했던 대로 고향과 모든 것이 똑같으며 단지 규모만 작은 사회 집단에 소속되어 있다는 공동체의식 덕분에 서로를 믿고 의지했다. 또한 그런 공동체는 고향에 있는 가족의 눈과 귀 역할을 하며 어떤 식으로든 연락이 끊기지 않도록 도움을 주었다. 하지만 동시에 친족 관계나 공동체의식은 거의 모든 사람에게 윗사람이 시키는 대로 해야 한다는 부담을 지웠다.

이 패턴은 스코틀랜드인들의 이주 역사에 수없이 되풀이되어 나타난다. 미국 건국 초기에 프린스턴대학교 설립에 참여한 스코틀랜드인들은 총장을 맡을 적임자를 현지에서 물색하지 않고 에든버러로 사람을 보내 데려오게 했다. 즉, 족벌주의는 스코틀랜드인들의 이주 역사에서 매우 중요한 역할을 했고 그들에게 엄청난 이익을 가져다주었다. 18, 19세기에 영국제도에서 미국으로 건너간 이주민들 중 스코틀랜드인이 가장 성공적으로 정착한 민족의 전형이 된 것이 좋은 예다. 런던에 뿌리를 둔 신대륙 왕국은 사실상 스코틀랜드인들이 이끌었다고 해도 과언이 아니다. 그들은 이 신흥국가를 관리하고 그곳의 치안을 유지하고 선교활동을 펼쳤으며 학생들을 가르치고 지질을 조사했다. 또한 환자를 치료하고 간호하며 장사를 하고 물건을 운송했다. 그렇다고 스코틀랜드인들이 족벌주의를 핑계 삼아 잉글랜드, 웨일스, 아일랜드인들보다 더 많은 보수를 요구하거나 높은 수준의 삶을 원한 것은 아니다. 하지만 같은 고향 사람이라는 공동체의식이 그들을 하나로 묶어 훨씬 더 능률적으로 일했던 것은 사실이다.

할아버지는 후임 고용주들, 정확하게는 반 영국 모토를 표방하던 미국 장로교 선교회에 속한 고용주들이 분명하게 금지했음에도 불구하고 그 지역 스코틀랜드인협회 관리자들과 어울리기 위해 브리티시클럽 정규회원으로 계속 활동했다. 평생 술을 입에 대지 않은 그가 고집스럽게 그 모임에 참석한 이유는 단지 그 사람들과 어울리며 고향을 떠올릴 수 있는 밤을 즐기기 위해서였다.

스코틀랜드인들이 그런 모임을 갖는 것은 매우 오랜 전통이었다. 17세기 중반 이후 스코틀랜드인들 중에는 런던으로 이주하는 사람들이 많았는데, 이것은 당시 런던에 스코틀랜드인 클럽과 단체가 우후죽순 설립된 현상과 무관하지 않다. 1750년 런던에 설립된 하일랜드협회 Highland Society의 설립 목적은 스코틀랜드 이주민들을 지원하고, 무엇보다 스코틀랜드의 문화, 복식, 음악, 언어를 보존하는 것이었다. 물론 말을 할 때는 의도적으로 게일어를 사용했다. 19세기 말경에는 런던에 서른 개 이상의 스코틀랜드인 협회, 공동체, 클럽들이 생겨났고, 대부분이 아길쉬어협회, 런던 머리클럽 등 출신 지역을 기반으로 하는 모임이었다. 이들의 목적은 상호 원조뿐 아니라 고향과 똑같은 지역사회 관계를 유지하기 위함이었다.

한마디로 공동체는 그들 생활의 중심이었다. 그런데 우리는 위험을 무릅쓰고 그것을 무시해왔다. 전통사회에서 공동체가 효율적이었던 이유는 구성원들이 거의 모두 친척이었기 때문이다. 작은 배를 타고 드넓은 바다에 나가 고래를 잡는 이누이트족은 한치의 망설임도 없이 이렇게 말한다.

"위험한 상황이나 얼음장같이 차가운 북극 바다에 빠졌을 때 누가 자기 목숨을 담보로 나를 도와주겠습니까? 가까운 친척이 아닌 이상 말이죠."

친척이어서 고마워

전통적인 소규모 사회 전반의 분위기에는 모든 것을 포용하는 동질감이 깔려 있었다. 하지만 오늘날 현대사회에서는 그런 동질감을 찾아보기 힘들다. 전통사회에서는 공동체 구성원이 모두 친척이다. 그들을 연구하기 위해 방문한 인류학자 같은 낯선 사람들을 위해 친족 관계라는 것을 만들어낸 것이 아니라 정말 모두가 거미줄처럼 복잡한 생물학적 관계로 얽힌 친척이라는 의미다.

전통적인 소규모 공동체로 유입된 사람들은 머지않아 그 공동체 관계망의 일부가 된다. 그 안에서 배우자를 만나 자식을 낳기 때문이다. 친척 관계를 만들어주는 것은 공통의 조상을 두었다는 사실이 아니라 앞으로 세대를 이어갈 자손들에 대해 공통된 관심사를 가지고 있다는 사실이다. 우리는 인척(혼인으로 맺어진 친척)도 친척이라고 생각한다. 적절한 과정을 거쳐 다음 세대의 부모가 될 자손에게 공통의 유전적 이득을 나누고 있기 때문이다.

친족의 중요성을 상징적으로 잘 그려낸 미국 민담이 있다. 서부 개척과 금광에 대한 열기가 최고조에 이르렀던 1846년 무렵, 도너 파티(Donner Party, 서부 개척시대에 동부에서 서부로 이동하는 과정에서 참혹하게 희생된 개척자들—옮긴이)의 대담무쌍한 이주자들이 새로운 삶을 찾아 캘리포니아로 향한 여정이 막바지에 다다랐다. 그들은 와이오밍 리틀샌디 강을 뒤로 하고 눈앞에 있는 새로운 삶의 터전을 향해 나아갔다. 일리노이 주 스프링필드에서 이 여행을 시작한 지 한 달 이상 지났을 때였다. 이주민은 남녀노소를 합하여 모두 87명이었다. 여행은 질서가 잡혀 있지 않은 상태에서 출발한 데다 경솔한 경로 선택, 인디언들의 습격 등 몇몇 불행한 사건으로 지체되었다. 그래도 어쨌든 그들은 마침 내 시에라네바다 산맥에 도착했다. 하지만 눈 덮인 봉우리들이 위협적 으로 솟아 있는 이 험준한 산맥이 서쪽으로 향하는 그들의 길목을 또 한 번 가로막았다. 이번에도 예상보다 일정이 늦어질 것은 불 보듯 뻔 했다.

기를 쓰고 서두르기는 했지만 결국 그들은 현재 '도너 패스Donner Pass'라고 불리는 낯선 산속에 꼼짝없이 갇힌 신세가 되었다. 때는 눈 보라가 몰아치는 한겨울이었다. 그들은 그곳에서 겨울을 나야 했다. 출발할 때만 해도 겨울이 오기 전에 무사히 산을 넘을 것이라고 예상 했기 때문에 겨울 날 준비를 한 사람은 아무도 없었다. 식량은 바닥났 고 굶주림에 지쳐 인육을 먹는 사람까지 생겨났다. 이듬해 2월과 3월, 캘리포니아에서 출발한 구조팀들이 도착했을 때 살아남은 사람은 87 명 중 46명뿐이었다. 41명이 목숨을 잃은 것이다. 그런데 우리가 이 단순한 숫자에 주목하는 이유는 무엇일까? 바로 죽은 사람들과 살아 남은 사람들 사이의 차이점 때문이다. 가족 단위로 여행을 나선 사람 들의 생존율은 무척 높았지만 혈혈단신으로 이주 행렬에 동참한 사람 들의 생존율은 현저히 낮았다. 노인일지라도 가족과 동행한 사람들은 무사히 목적지에 도착한 반면 혼자 여행하던 건장한 젊은이들은 그러 지 못했다. 여행도 친척과 함께하는 것이 훨씬 유리하다는 의미다.

또 다른 이야기도 있다. 1160년 12월, 영국 뉴잉글랜드 최초의 이민 자들을 태운 메이플라워호가 북아메리카 본토에 도착했다. 이 배에 타 고 있던 이민자들 역시 미국 북동부 뉴잉글랜드(메인, 뉴햄프셔, 버몬트, 매사추세츠, 로드아일랜드, 코네티컷의 6개 주를 포함하는 지역—옮긴이)의 혹독한 겨울을 맞을 준비를 미처 하지 못했다. 그들은 영양실조와 질병에 걸렸고 자원 부족에 시달렸다. 결국 신대륙에서 맞는 첫해 겨울에 이주민 103명 중 53명 이상이 사망했다. 그나마 본토 인디언들의 너그러운 보살핌이 없었다면 아무도 살아남지 못했을 것이다. 이 이야기에서도 가족과 함께 여행한 사람들보다 혼자 배를 탄 사람들의 사망률이 훨씬 높았다.

여기서 핵심은 가족 구성원들이 서로를 적극적으로 돕는다는 사실이 아니라 친족 집단에 이득을 안겨주는 어떤 힘이 작용한다는 점이다. 병에 걸린 사람은 아무리 아옹다옹하는 사이라도 가족의 보살핌을 받는 편이 친구의 간호를 받을 때보다 더 빨리 건강을 되찾는다. 이러한 사실은 유아기 질병과 사망률에 관한 두 가지 연구에서도 확인할 수 있다. 두 연구 중 하나는 1950년대 뉴캐슬에서 이루어졌으며, 다른 하나는 1980년대 도미니카의 캐리비안 섬에서 이루어졌다. 연구 결과 가족이 있는 아이가 병을 앓거나 목숨을 잃을 확률은 친척 집단의 규모와 직접 연관이 있는 것으로 나타났다. 대가족의 일원으로 태어난 갓난아이는 병에도 훨씬 적게 걸리고 사망률도 훨씬 낮았다. 이러한 현상은 단순히 적극적으로 나서서 친척을 돕는 사람의 수가 많아서가 아니었다. 복잡하게 얽힌 친척 관계의 그물망 중심에 자리한 심리적인 요인이 중요한 역할을 했기 때문이다. 혈연 관계는 더 안전하다고 느끼게 하며 더 큰 만족감을 주고 예측하기 힘든 상황에 더 잘 대처하도록 한다.

똑같은 이름들

친족 관계로 뒷받침되는 동질감이 얼마나 강한지는 개인의 이름이 미치는 영향력을 보면 알 수 있다. 대략 한 세기 전까지만 해도 스코틀랜드인은 옛 게일인이 사용하던 전통적인 작명 방식을 따랐다. 즉, 첫째 아들은 친할아버지, 둘째 아들은 아버지, 셋째 아들은 아버지 형제의 이름을 따서 이름을 지었다. 딸의 이름은 똑같은 규칙을 모계로 적용했다. 사실 내 이름은 어머니가 가족의 이름을 따 '조지'라고 짓는 것을 딱 잘라 거절한 덕에 구원받았다. 만일 아버지의 주장대로 했다면 나는 1790년에 태어난 고조부 때부터 시작된 '조지 던바 5세'가 되고 말았을 것이다.

그런데 도대체 무엇 때문에 이런 규칙을 따라야 할까?

한 가지 분명한 대답은 똑같은 이름을 사용하면 한가족이라는 사실이 여실히 드러나기 때문이라는 것이다. 이것은 우리가 성을 사용하는 방식을 보면 분명하게 알 수 있다. 성이 베이커나 스미스인 게일인이 같은 성을 가진 이방인들과 연관이 있을 가능성은 낮다. 하지만 게일인들 사이에서 이 두 성은 같은 조상을 둔 한 핏줄임을 증명하는 확실한 증거나 다름없는데, 게일인이 같은 성을 약간씩 변형해서 쓰는 일이 많은 것도 부분적인 이유다. 그들이 사용하는 이름은 그 수가 많지 않고 대개 자기가 사는 지역에 기반을 둔다. '던바'라는 성은 수 세기 동안 거의 머리Moray 지역에서만 사용되었고 다른 지역에서는 찾아보기 힘들었다. 에든버러와 이어지는 항구도시였음에도 불구하고 말이다.

때로 이름은 관계에 관한 정보를 함축하기도 한다. 다른 사람의 아이에게 이름을 지어주는 관습은 이름을 지어준 사람과 이름을 받은 아이 사이에 유대감을 형성하여 이름을 지어준 사람이 아이에게 평생 관심을 쏟거나 투자할 가능성을 열어준다. 독일인들은 전통적으로 대부 혹은 대모가 지어준 세례명을 하나씩 가지고 있다. 이름을 지어준 대부나 대모는 단순히 아이가 주일학교에 착실히 나가는지 아닌지 같은 문제만 염려하는 것이 아니라 그 아이가 어른이 될 때까지 마치 가족처럼 여러 면에서 세심하게 보살핀다. 기센대학교의 역사 인구통계학자 에카르트 볼란트Eckart Voland가 독일 북서부 크룸호른의 교구 기록부를 분석한 결과, 생후 첫해를 넘긴 아이들 중 세례명을 받은 아이가 그렇지 못한 아이보다 많았다. 세례명은 아이가 태어난 지 8일째 되는 날 세례를 받으면서 주어지는 것이기 때문에 이 분석 결과는 부모가 이미 죽을 아이와 생존할 아이를 직감하고 있다는 것을 암시한다. 따라서 이것은 부모가 대부와 대모에게 아이의 이름을 지어달라고 부탁할 가치가 있는 아이와 그렇지 않은 아이를 구분했다는 의미다.

이런 식의 유대감은 오늘날까지도 계속되는 듯 보인다. 최근 캐나다 맥마스터대학교의 진화심리학자들이 이를 뒷받침하는 실험을 했다. 이들은 미국 센서스 자료를 이용해 흔한 영어 이름과 성, 그리고 드문 영어 이름과 성을 몇 개 고른 다음 이 이름들을 서로 다르게 조합하여 핫메일 계정에 등록된 사람들 중 이름이 같은 3000명에게 메일을 보내 지역 스포츠 팀 마스코트 제작 프로젝트에 참여해달라고 요청했다. 이때 발신인 이름 역시 센서스 자료에서 고른 이름들을 서로 다르게 조합하여 임의로 만들었다. 실험 내용은 수신인의 답장 여부를 확인하는 것이었다. 실험 결과 수신인의 이름과 성이 발신인과 일치하지 않으면 전체 수신인 중 2퍼센트만이 답장을 했고 수신인과 발신인의 성과 이름이 모두 일치하면 전체 수신인 중 12퍼센트가 답장을 했다. 또 발신인과 성만 같은 수신인(답장한 수신인 중 6퍼센트)이 이름만 같은 수신인(답장한 수신인 중 4퍼센트)보다 더 답장을 많이 보냈다. 하지만 극히 드문 이름의 경우, 발신자와 수신자의 성과 이름이 모두 같으면 수신자 중 27퍼센트, 성만 같으면 13퍼센트로 급격히 상승했다. 그리고 답장을 보낸 사람들 중 3분의 1이나 되는 사람들이 한참 후에 원가족family origin이냐고 물어왔다.

나 또한 이런 답장 패턴의 경향이 있다. 나와 같은 '던바'라는 성을 쓰는 사람을 만나면 곧바로 관심이 생긴다. 하지만 스코틀랜드에서 가장 흔한 '맥도날드'라는 성을 쓰는 사람을 만나면 별 다른 관심이 생기지 않는다. 고조모의 성이 맥도날드여서 몇 세대에 걸쳐 우리 가족의 가운데 이름으로 사용하고 있는데도 말이다.

진화생물학자들은 아주 오래 전부터 인간을 포함한 동물의 생물학에서 혈연 관계(공통의 조상에게 물려받은 혈통을 공유)가 차지하는 중요성을 깨달았다. 그 핵심은 현대 진화생물학의 초석 중 하나인 '해밀턴 규칙Hamilton's Rule'으로 요약된다. 이 용어는 1960년대에 이 규칙을 발견한 해밀턴William Donald Hamilton의 이름을 따서 지은 것이다. 당시 해밀턴은 박사 과정을 밟던 학생이었다. 그는 다음과 같이 지적했다. 두 개인은 공통의 조상을 둔 동일 혈통일 가능성이 높을수록 서로 유전적으로 이득이다. 따라서 모든 조건이 같다면 자신과 무관한 사람들보다 서로에게 더 이타적으로 행동할 가능성이 높다. 옛말에도 있듯이 피는 물보다 진하다. 이것은 올챙이를 비롯해 인간에 이르는 유기체들을 관찰하고 실험한 결과 광범위하게 증명된 사실이다.

우리가 이름을 짓는 패턴은 이것을 이용한 듯하다. 사실 자기와 관련된 사람을 알아채는 생물학적 직관은 너무 강력해서 다른 단서가 전혀 없다면 실제로는 혈연 관계가 아니더라도 이름이 같으면 그런 감정을 유발할 수 있다.

이름이 가족 관계를 확인하는 유일한 방법은 아니다. 방언도 그런 역할을 한다. 사실 이것은 약간 색다른 방법이기는 하다. 쉽게 짐작할 수 있듯 언어는 공동의 과업을 더 잘 수행할 수 있도록 우리의 의사소통을 돕는 도구로 진화했다. 하지만 언어에는 서로 이해할 수 없는 방언을 구분하는 뛰어난 능력이 있다. 이때 사람들이 이해할 수 있는 언어의 범위는 1000년 단위가 아니라 불과 몇 세대다. 직설적으로 말하면 각 세대는 언어로 구별되는 개체군의 일부다. 그런데 의사소통을 돕도록 진화한 언어에 상호 이해를 차단하는 본질적인 특성이 있는 이유가 무엇일까?

이 진화론적 수수께끼에 대한 답은 방언이 출생지를 알려주는 매우 확실한 단서라는 사실이다. 비교적 최근인 1970년대만 해도 영어를 모국어로 사용하는 사람의 말을 들으면 그 사람의 출생지를 반경 48킬로미터 이내에서 맞힐 수 있었다. 사실 방언은 어렸을 때 배우는 것이지 어느 정도 나이가 들어서는 쉽게 익힐 수 없다. 그래서 방언을 태어난 공동체나 혈연 관계의 유용한 단서로 사용할 수 있는 것이다. 방언은 지역 공동체의 구성원을 확인하는 수많은 사회적 식별 표지 중 하나다. 따라서 방언으로 의지할 수 있는 사람과 도와야 할 사람을 구별할 수 있다.

우리 실험실 학생이었던 제이미 길데이Jamie Gilday는 라나크 지역 억

양을 사용하는 사람과 글래스고나 잉글랜드 북부 등 다른 지역의 억양을 사용하는 사람이 무작위로 전화를 걸었을 때 나타나는 반응을 연구했다. 그 결과 전화받은 사람이 발신자와 같은 라나크 지역 억양을 사용하면 발신자의 임무 완수에 더 많은 도움을 준 것으로 나타났다. 한편 나의 제자인 다니엘 네틀Daniel Nettle은 또 다른 연구를 통해 방언이 빠르게 변하기만 한다면 외부인이 해당 지역 사람들의 사회적 의무감을 이용해 무임승차하는 것을 막을 수 있다는 사실을 증명했다.

4장

우리는 모두
칭기즈칸의 자손들이다?

유전자에는 당신의 과거가 새겨져 있다. 왜 빤한 소리를 하느냐고? 당신 말이 맞다. 하지만 현대 유전학이 역사책에서는 결코 찾아낼 수 없는 인간의 최근 과거에 관한 몇 가지 흥미로운 통찰을 제시한 것은 사실이다. 염색체를 구성하는 DNA는 말 그대로 개인의 가계家計에 관한 역사다. 인간의 유전자는 부모에게서 반반씩 물려받은 것이지만, 일부 염색체는 하나의 성을 통해서만 유전된다. 예컨대 Y염색체는 아버지에게서 아들에게로만 전해지기 때문에 부계 혈통을 알려준다. 반면 미토콘드리아유전자는 어머니에게서만 유전된다. 미토콘드리아는 세포 활동에 필요한 에너지를 만드는 아주 작은 발전소에 비유할 수 있다. 원래 미토콘드리아는 '적당한' 동물세포에 안락한 집을 마련해 독립적으로 생활하는 바이러스였다. 그때 그들이 자리 잡은 곳이 염색체가 있는 핵을 둘러싼 세포질이었다. 그 결과 미토콘드리아가 난자에만 전달되어 언제나 어머니에게서만 유전되는 염색체로 분류된 것이다. 따라서 미토콘드리아를 추적하면 모계 혈통을 확인할 수 있다.

내가 칸의 자손이라고?

만약 당신의 성이 '칸Khan'이라면 역대 모든 칸(약 5세기 초 이후 몽골고원에 세워진 여러 유목국가 군주의 칭호-옮긴이) 중에서 가장 위대한 칭기즈칸Genghis Khan의 자손일 확률이 높다. 칭기즈칸은 13세기 초 30여 년 동안 자신의 군대를 이끌고 타슈켄트와 파키스탄 북부에 이르는 중앙아시아의 넓은 지역을 장악했다. 하지만 성이 칸이 아니라도 실망하기는 이르다. 현대 유전학을 통해 당신도 칸의 자손일 가능성이 있다는 사실이 밝혀졌으니 말이다. Y염색체 유전자에 관한 최근 조사에서 현재 살아 있는 모든 남성 중 0.5퍼센트가 위대한 몽골 전사 혹은 그의 형제에게서 Y염색체를 물려받았다는 사실이 밝혀졌다. 그리고 만약 당신의 조상이 옛 몽골제국의 심장부였던 중앙아시아에 살았다면 확률은 모든 남성 중 12분의 1, 약 8.5퍼센트로 늘어난다.

이 놀라운 사실은 일본에서부터 흑해에 이르기까지 중앙아시아에서 채취한 2000명 이상의 남성 DNA 표본 연구를 통해 확인한 사실이다. 이 표본이 포함된 남성 대부분의 Y염색체는 일반적으로 광범위한 DNA 유형을 나타낸 반면, 그중 약 200여 명이 매우 흡사하거나 동일한 유전적 특징 한 세트를 공유했다. 약 18개의 하플로타입(haplotype, 일련의 특이한 염기서열이나 여러 유전자들이 가깝게 연관되어 한 단위로 표시될 수 있는 유전자형. '단일형'이라고도 함-옮긴이)으로 이루어진 이 세트는 표본 내의 다른 60여 개의 하플로타입과 뚜렷이 구분되는 집단을 형성한다.

조사를 실시한 연구팀은 이 특별한 단일형 집합에 관하여 두 가지 사실에 흥미를 느꼈다. 첫째, 이 단일형들은 오늘날 몽고 지역에 특히 집중되어 있다. 둘째, 중앙아시아 도처에 이들의 고립 지역이 산재해 있다. 반대로 나머지 단일형들은 기온이 상당히 높은 지역 중심으로 나타났다.

이렇듯 공통적인 특징을 나타내는 하나의 유전자 계열genetic lineage 이 지리적으로 넓은 지역에 분산되어 있는 이유를 진화적인 관점에서 보면 세 가지 가능성을 생각해볼 수 있다. 첫째, 이런 현상은 단순히 우연일 뿐이고, 유전자를 물려받은 단일형에 특별한 강점이나 약점이 없어서 유전적 부동(genetic drift, 유한한 크기의 집단에서 세대를 되풀이할 경우 세대마다 배우자가 유한하기 때문에 유전자의 빈도가 변하는 것을 말한다—옮긴이)이라는 과정을 통해 점진적으로 퍼졌다는 것이다. 둘째, 해당 유전자에 특별한 강점이 있어서 자연선택될 가능성이 상당히 높았기 때문이라는 것이다. 셋째, 성 선택의 관점에서 일반적으로 이런 단일형을 가지고 있는 남성들의 유전자 번식 성공도가 높다는 것이다.

조금만 생각해봐도 첫 번째 가능성은 금방 제외할 수 있다. 줄잡아 따져보아도 동일한 유전자 계열이 우연히 지리적으로 그렇게 넓은 지역에 확산될 가능성은 1억 분의 1 미만이다. 두 번째 가능성은 첫 번째보다 훨씬 더 터무니없어 보인다. Y염색체는 크기가 매우 작아서 태아의 성을 남성으로 결정하는 유전자 외에 다른 유전자는 거의 포함하고 있지 않다. (여기에 관해서는 나중에 더 자세히 다룰 것이다.) 따라서 남은 것은 세 번째 가능성뿐이다. 여기서 역사가 우리에게 결정적인 단서를 제공한다. 바로 칭기즈칸의 제국 말이다.

이 이야기의 전체적인 그림은 두 개의 퍼즐 조각으로 구체적인 모습을 드러낸다. 하나는 위에서 언급한 단일형이 오로지 칭기즈칸이 통치하던 지역에서만 나타난다는 사실이다. 이들은 몽골제국을 제외한 다른 아시아 지역에서는 전혀 발견되지 않는다. 다른 하나는 이 단일형 집단이 발생한 시기다. 인간의 유전자 대부분은 기능이 거의 없기 때문에(예를 들어 실제로 몸을 구성하는 단백질이 암호화되어 있지 않다) 시간의 흐름에 따라 무작위로 돌연변이가 일어나야만 변화한다. 생물학자들이 유전자를 일종의 분자시계(molecular clock, 진화 과정에서 단백질의 아미노산 배열에 생기는 변화—옮긴이)로 이용할 수 있는 것이 바로 이 때문이다. 서로 다른 개체 사이에 각각 변화가 일어난 중성 유전자 또는 '쓰레기' 유전자('junk' gene, DNA에서 유전 정보를 가지고 있지 않다고 추정하는 유전자—옮긴이)의 차이를 조사하여 그들이 얼마나 오랫동안 공통의 조상을 공유했는지 확인하는 것이다. 연구자들이 분자시계 계산법을 이용하여 이 독특한 단일형 집합에 포함되는 18개의 단일형을 조사해보았더니 860년이라는 답이 나왔다. 칭기즈칸이 태어난 해는 약 840년 전인 1160년경이다. 셜록 홈스라면 당연히 칭기즈칸을 유력한 용의자로 지목했을 것이다. 더 흥미로운 사실은 문제의 단일형을 만들어낸 최초의 돌연변이가 칸에게서 비롯된 것이 아니라 그보다 한 세대 앞선 그의 아버지 예수게이Yesügei에게서 비롯되었다는 사실이다.

예수게이의 어린 아들 테무진Temüjin이 1206년에 분열되어 있던 몽골 부족을 통일하고 스스로 칭기즈칸이라고 칭했을 때 그는 어마어마한 군사력을 손에 넣었다. 태풍처럼 적진을 휩쓴 일련의 공격 끝에 그는 중국 북쪽에 위치한 두 개의 제국을 정복했다. 그러고 나서 그는 역사상 가장 거대한 제국을 세우겠다는 야심을 품고 오늘날 카자흐스탄이 있는 지역을 관통하여 서쪽으로 나아가 흑해 주변국까지 공격했다. 항상 수적으로 우세하기는 했지만 어쨌든 전투로 단련된 그의 군대는 그의 앞길을 가로막는 적들을 모조리 쓸어버렸다.

칭기즈칸은 승리의 기쁨을 다음과 같이 표현했다. "적을 쓰러트렸을 때 가장 큰 행복은 달아나는 적들을 추격하고, 그들의 재산을 훔치고, 그들이 비탄에 잠긴 모습을 구경하고, 그들의 아내와 딸들을 품에 안는 것이다." 현대 유전학 관점에서 보았을 때 칭기즈칸과 그의 형제들은 칭기즈칸이 한 말대로 했던 것 같다.

동쪽에서 온 이주자들

1320년, 스코트족 지도자들은 스코틀랜드의 독립을 도와달라는 요지의 〈아브로스 선언Declaration of Arbroath〉을 로마교황청에 제출한다. 이 선언문은 다음과 같이 시작된다. "스코트족은 대 스키타이에서 와서 …… 서쪽에 위치한 스페인에서 오랫동안 살았다." 그런데 스키타이인이 도대체 누구란 말인가? 사실 그들은 기원전 약 3000년경 몽골 지역 서쪽에 가장 먼저 출현하여 아랄 해 근처에 있는 오늘날의 우즈베키스탄 지역으로, 그 이후 그루지야의 코카서스 지방으로, 마지막으로 우크라이나를 통해 동유럽으로 진입하며 점점 서쪽으로 진출한 매우 성공적인 유목민족이다.

그렇다면 스코틀랜드인들은 정말 스키타이 민족의 자손일까? 아마 사실은 그렇지 않을 것이다. 아브로스 선언문에 그들이 스키타이에서 왔다고 밝힌 것은 그들이 잉글랜드와 전혀 관련이 없고, 따라서 에드워드 2세의 지배를 받을 수 없다는 것을 교황에게 납득시키기 위한 정치적 구실이었을 것이다. 그런데 재미있는 것은 그들의 주장이 억지스럽기는 해도 진실에서 크게 벗어나지 않는다는 사실이다. 물론 그들이 이 사실을 알고 선언서를 작성한 것인지는 별개의 문제다. 사실 유럽인 대부분은 기원전 3000년경 러시아 남부 스텝 지역에서 팽창을 시작한 인도유럽어족의 자손이다. 공정하게 말해서 스키타이인들은 인도유럽어족의 이동에서 출발이 다소 늦었던 집단이며, 그것도 아마 우크라이나에서 아주 멀리 벗어나지는 못했을 것이다. 하지만 현대 유전학의 놀라운 발전 덕분에 우리는 유럽인들 대부분이 인도유럽어족의 침입 이후 2000년에 걸쳐 동쪽에서 이주해온 사람들이라는 사실을 알게 되었다. 오늘날 유럽인이 사용하는 수많은 언어는 초기 인도유럽어족 이주민이 사용하던 언어에서 유래한 것이다.

그런데 국가 정체성 혹은 유전자 같은 것에 의지해 이 인간 쓰나미에서 유일하게 살아남은 민족이 바로 바스크인이다. 바스크인의 조상은 성벽처럼 둘러쳐진 피레네 산맥의 보호를 받기는 했지만, 삶의 터전으로 삼고 있던 피레네 산기슭을 수많은 침략자가 밀물처럼 덮쳤다가 썰물처럼 빠져나가는 침략과 정복의 역사를 지켜보아야 했다. 다행히 그들의 거주 지역은 지형이 험준해 유럽의 판도를 바꿔버린 대혼란의 소용돌이 속에서도 비교적 상처 없이 살아남을 수 있었다.

이것이 언어와 유전자를 통해 얻은 증거를 토대로 내린 결론이다. 언어학자들은 오래 전부터 바스크어가 독특한 언어라는 사실을 알고 있었다. 바스크어는 인도유럽어족에 속하는 다른 유럽어와 전혀 관련이 없는 예외 중의 예외다. 비슷한 예로 핀란드어와 헝가리어가 있다. 특히 헝가리어는 훈족의 왕 아틸라와 그의 동료들과 연관이 있는 것으로 유명하다. 인도유럽어는 서쪽 끝 게일어를 비롯해 오늘날 이란과 아프가니스탄에서 사용하는 페르시아어와 파슈토어, 산스크리트어와 우르두어, 그리고 여기서 파생된 인도 북부 언어, 동쪽 끝 방글라데시의 벵골어까지 현대 유럽의 거의 모든 언어를 포괄하는 어족이다.

이 언어들 사이의 밀접한 관계는 일상 어휘에서 발견되는 수많은 유사성을 보면 잘 알 수 있다. 산스크리트어로 '형제'를 의미하는 'bhrater'는 게일어의 'bràthair'나 영어의 'brother'와 비슷하다. 하지만 아프리카 동부에서 사용하는 스와힐리어 '카카kaka'와는 확연히 다르다. 스와힐리어와 달리 산스크리트어, 게일어, 영어는 인도유럽어족 중에서도 비교적 최근에 공통의 조상에서 갈라져 나왔기 때문이다.

바스크어는 인도유럽어족 중에서 유일하게 예외다. 바스크어로 '형제'를 뜻하는 '아나이아anaia'에서도 알 수 있듯 바스크어는 인도유럽어족에 속하는 어떤 언어와도 공통점이 없다. 일부 언어학자들은 러시아 남부 스텝 지역에 흩어져 있는 카프카스 지역의 몇몇 소규모 고립어들, 예를 들어 데네코카시안어족에 속하는 언어들이 바스크어의 친족어라고 주장하지만 아무튼 언어로서 바스크어는 완벽한 고립어다.

그런데 여기서 흥미로운 점은 데네코카시안어족의 절반이 나데네 미국 인디언 언어로 이루어져 있다는 사실이다. 나데네어는 태평양과 접한 오늘날 캐나다와 미국 국경 내륙에서부터 오대호가 있는 동부 지역에 걸쳐 산발적으로 사용된다. 만약 우리가 인도유럽어족과 데네코카시안어족 사이의 연결고리를 찾고자 한다면 아주 먼 길을 돌아가야 할지 모른다.

이 흥미진진한 이야기의 새로운 돌파구는 유전학에 있다. 바스크인들이 초기 켈트족과 몇몇 유전자 복합체를 공유하기는 해도 (다시 말해 인도유럽어족에 속하기는 하지만) 이들과 유럽의 다른 인종을 이어줄 유전적 연결고리는 거의 없는 듯하다. 예를 들어 설명해보자. 오늘날 인도유럽어족에게서 RH 음성형 유전자가 발생하는 비율은 약 2퍼센트에 불과하다. 아프리카계 미국인에게서 발생하는 비율은 약 4~8퍼센트다. 반면 바스크인에게서는 거의 35퍼센트 정도의 비율로 나타난다. 즉, 바스크인이 사용하는 언어와 코카서스인이 사용하는 언어의 기원이 같을지 모른다는 이야기다. 이러한 사실로 미루어 바스크인은 인도유럽어족 조상들이 출현하기 직전 유럽에 살던 원주민들의 몇 안 되는 후손일지 모른다. 일부 학자들은 스페인 북부와 프랑스 남부에서 발견된 동굴 벽화들(3만 년 전부터 1만 2000년 전 사이의 것으로 추정됨)도 바스크인의 조상들이 남긴 것이라고 주장한다.

바스크인과 유럽 원주민에 관하여 아직은 생각의 여지를 남겨두어야 한다. 만약 바스크인이 정말 유럽 원주민의 후손이라면 유럽 대륙에 대한 그들의 권리를 합법적으로 인정해야 할까? 그들이 정중하게 우리에게 원래 있던 러시아 남부로 돌아가라고 한다면 어떻게 해야 할까?

유전자 족보

대규모 이동은 고향에서 쫓겨난 불행한 사람들의 절멸이나 이주로 이어지는 경향이 있다. 과거 유럽 원주민들은 멀리 동쪽에서 온 인도유럽어족의 강요에 못 이겨 서쪽으로 이동해야 했다. 이들도 어쩌면 바스크인들처럼 어딘가 사람의 발길이 닿지 않는 외딴 곳에 생존해 있을지 모른다. 이러한 가정은 인도유럽어족 유전자 신호의 집중도가 오늘날 유럽의 동쪽 끝에서 서쪽으로 갈수록 낮아진다는 사실로 뒷받침된다. 물론 이러한 현상은 보다 최근의 역사에서 북아메리카와 오스트레일리아에서 더 많이 발생하고 있다. 이들 지역 원주민들은 사회적으로나 경제적으로 고립된 공동체 생활을 하며 그 수가 점차 줄어들고 있다. 윤리적 공동체의 특징을 선명하게 나타내는 이들의 미래는 회색빛일 가능성이 크다.

반면 무역이나 군사적 정복으로 발생한 이주에는 또 다른 특징이 있다. 즉, 무역이나 군사적 정복이 지역 공동체의 단절을 초래하는 경우는 매우 드물지만 무역업자나 정복자들은 그 지역에 자신들의 유전자를 남긴다. 그들 대부분이 남성이기 때문에 이것은 어쩌면 당연한 일인지 모른다.

실제 자기 조상을 알고 있는 사람들도 있다. 예를 들어 파키스탄 북부의 브루쇼족, 칼라시족, 파탄족은 하나같이 자기 민족이 기원전 326년 세계를 재패한 알렉산더 대왕이 이끌던 그리스 군사들의 자손이라고 주장한다. 파키스탄은 알렉산더가 소용돌이처럼 빠른 속도로 점령해 나간 지역 중 가장 동쪽에 있던 나라다. 알렉산더와 그의 군대가 파키스탄 주변 지역에서 그렇게 오래 머물지 않았던 것을 고려하면 (이것은 알렉산더가 서른둘의 젊은 나이에 갑작스럽게 죽은 탓이 크다) 그들이 언제나처럼 강간하고 약탈한 피정복민들에게 그들의 이름 이상의 것을 남겼다는 것이 놀랍다. 그럼에도 불구하고 최근 파탄족(아프가니스탄의 다수 인종-옮긴이) 남성 약 1000명을 대상으로 유전자를 분석한 결과, 오늘날 그리스와 마케도니아 지역에서 집중적으로 나타나는 특별한 유전자를 가진 사람들이 극소수 있는 것으로 나타났다. 알렉산더와 그의 군사들이 남긴 흔적이 희미하지만 여전히 남아 있다는 확실한 증거인 셈이다. 이런 의미에서 보면 민간 전설은 사실인 듯하다.

같은 시기에 이루어진 무역은 군사 정복과 대조적으로 페니키아인들에게 동기를 부여했다. 기원전 1500년부터 기원전 330년경까지의 약 1000년 동안 페니키아의 갤리선(2단으로 노가 달린 돛배-옮긴이)은 오늘날 레바논과 시리아 서부에 자리한 고향을 중심으로 지중해를 누비며 활발하게 무역 활동을 펼쳤다. 하지만 기원전 마지막 세기에 벌어진 대 로마 전쟁(포에니 전쟁을 의미함-옮긴이)에서 페니키아가 패하자 그들은 역사에서 자취를 감추고 말았다. 페니키아인들은 성경을 포함한 동시대 역사와 가장 초기 형태의 알파벳을 만들었다는 사실을 제외하면 자신들의 흔적을 거의 남기지 않았다. 가나안의 페니키아 알파벳은 오늘날 수많은 알파벳의 직접적인 조상으로 알려져 있다. 페니키아인들은 정복을 목표로 삼지 않았지만 대신 힘들이지 않고 지중해 도처에 수많은 무역 식민지를 건설했다. 심지어 일부 학자들은 영국제도도 여기에 포함된다고 주장한다.

최근 지중해 연안에서 채취한 남성 Y염색체 유전자 샘플을 분석한 한 연구에서 페니키아인들의 몇 가지 구체적인 유전자 계열을 밝혀냈다. 직접적인 기능(가령 몸을 구성하는 데 관여하는 단백질을 암호화하는 기능)이 없는 유전자는 그런 기능이 있는 유전자보다 돌연변이를 일으킬 확률이 더 높고, 시간이 지남에 따라 특정 지역에서 특정 남성 혈통을 특징짓는 경향이 있다. 크레타, 몰타, 사르데냐, 시칠리아 서부, 스페인 남부, 튀니지 연안 등 페니키아인들이 무역의 거점으로 삼았던 지역과 역사적으로 페니키아인들이 살았다는 기록이 없는 주변 지역, 그리고 나중에 그리스가 정복한 지역을 비교해본 결과 몇 가지 특이한 Y염색체가 페니키아인들로부터 유전되었을 가능성이 있는 것으로 확인됐다. 여기에는 J_2, PCS_1+, PCS_2+, PCS_3+가 포함된다. 만약 당신이 이 중 하나의 유전자라도 가지고 있다면 당신은 분명 페니키아 민족의 자손이다.

노예의 역사

최근 뉴스에 노예 이야기가 자주 등장한다. 2007년이 영국 노예제도 폐지 200주년이 되는 해이기 때문이다. 그런데 우리는 떠들썩하게 노예 이야기를 다루면서도 사실 그것이 과거의 역사이자 현재의 역사라는 점을 간과하고 있다. 또 영국 국민 역시 유사 이래 삶의 터전을 빼앗기고 강제 추방당해 노예의 삶을 살아야 했던 불행한 민족의 역사에서 예외가 아니라는 사실을 망각하고 있다. 확실히 스코틀랜드 주민들은 이러한 고통을 상당 부분 모면했지만, 로마제국이 영국을 지배하던 오랜 시간 동안 잉글랜드 출신의 켈트족 대부분은 자신의 의지와 상관없이 로마로 이주해야 했다. 로마제국 전성기에는 이탈리아 주민 중 3분의 1에서 4분의 1가량이 노예였던 것으로 추정된다. 로마 경제는 전적으로 노예들의 노동력에 의존했는데, 당시 로마의 노예들은 세상에 알려진 모든 나라에서 로마로 끌려온 사람들이었다.

로마제국이 멸망한 뒤에도 켈트족의 형편은 나아지지 않았다. 기원후 410년, 로마의 마지막 군단이 영국에서 다소 갑작스럽게 철수한 이후 약 200여 년 만에 북해 지역 곳곳에서 앵글족, 색슨족, 프리지아인, 주트인들이 영국으로 밀고 들어왔다. 그로 인해 현지에 살고 있던 로만브리티시인과 로만켈틱인들은 삶의 터전을 버리고 살길을 찾아 떠나지 않을 수 없었다.

오늘날 영국 남부 지역 주민들의 유전자 구성을 연구한 결과 웰시마체스Welsh Marches에서부터 동앵글리아East Anglia에 이르는 경로를 따라 켈트족 유전자는 점점 감소하고 유럽대륙의 앵글로색슨족 유전자는 증가하는 것으로 나타났다. 그러나 Y염색체의 50퍼센트가 앵글로색슨족 조상을 둔 남동부 주민들에게서 유전된 반면, 여성 유전자는 그렇지 않았다. 유니버시티칼리지런던University College London의 마크 조블링Mark Jobling과 그의 동료들이 컴퓨터 시뮬레이션을 한 결과 비교적 소수의 앵글로색슨족 남성이 켈트족 남성을 제치고 켈트족 여성을 더 많이 차지했다는 결론이 나왔다. 그렇다면 이 지역에서 대체 무슨 일이 있었던 것일까? 이 대답은 역사에서 찾을 수 있다. 예를 들어 'Welsh'라는 단어는 '외국인', '노예' 등 다양한 의미로 번역되는 앵글로색슨어(고대영어) 'wealasc'에서 왔다. 이주민인 앵글로색슨족에게도 아마 거의 같은 뜻으로 쓰였을 것이다. 게다가 'wealasc'에 해당하는 외국인이나 노예들은 앵글로색슨족과 같은 권리를 보장받지 못했으며, 이러한 차별은 사회나 법 양쪽 모두에서 사라지기 전까지 약

500여 년 동안 지속되었다.

스코틀랜드인과 아일랜드인은 로마인이나 앵글로색슨족에게 이 정도의 고통을 당하지는 않았지만 사실 이들이 상대적으로 외압에서 자유로웠던 기간은 그리 길지 않았다. 이들의 진실은 현대 유전학자들이 역사적으로 고립된 이 공동체에 관심을 보이기까지 10세기가량 아이슬란드인의 유전자 속에 숨어 있었다. 유전학자들은 아이슬란드인의 Y염색체가 평범한 노르웨이인이나 스칸디나비아인에게서 유전된 것인 반면, 아이슬란드 여성 유전자 중 50퍼센트는 켈트인에게서 유전되었다는 사실을 발견했다. 그렇다면 그들은 과연 어디서 온 것일까? 그렇다. 스코틀랜드와 아일랜드다. 이 두 곳은 노르웨이인이나 스칸디나비아인 남성들이 새 출발을 위해 아이슬란드로 가는 길에 잠시 들러 여자를 고르기에 안성맞춤인 장소였다. 특히 스칸디나비아 여성들이 불길한 바다 항해와 화산활동으로 생긴 노두(암석이나 지층이 토양이나 식물로 덮여 있지 않고 직접 지표에 드러나 있는 곳—옮긴이)에서의 고된 삶에 흥미가 없을 경우에는 더욱 그러했다.

지금까지 살펴본 사실들은 역사와 우리가 역사를 바라보는 관점에 몇 가지 흥미로운 문제를 제시한다. 예컨대 켈트인은 아이슬란드인에게 자국의 여성들을 되돌려 보내라고 요구해야 하지 않을까? 만약 그들이 여자들을 돌려보내는 대신 손해배상을 청구해야 한다면 누구에게 해야 할까? 서른 세대가 지난 지금 손해배상을 청구하기에는 현대 아이슬란드에 유전적·사회적 이해관계가 너무 복잡하다. 아무튼 아이슬란드 여성들의 절반이 켈트인이라는 사실은 무엇을 의미할까? 그들 속에 흐르고 있는 고대 노르웨이인의 피는 이것을 어떻게 받아들일까? 그들은 아마 아이슬란드에 남고 싶을 것이다.

1000년 전 영국 노예의 자손들이 로마제국 고위 관리들의 집사로 남기로 결정한 것은 어떤가? 그들의 후손 대부분이 이탈리아 사회 하층민으로 남았다 할지라도 문제될 것은 없다. 어쨌든 그들은 지금 모두 이탈리아인이 아닌가. 역사와 한 민족의 발자취를 따라가 보는 것은 매력적인 일이지만 여기서 더 다룰 문제는 아닌 듯하다.

5장

당 신 은   나 의   **엔 도 르 핀**

종의 관점에서 보면 인간은 다소 살갑지 않은 무리다. 우리는 접촉을 싫어한다. 아니, 이 말은 정정해야겠다. 우리는 누가 만지는 것을 싫어한다. 그도 그럴 것이 촉각은 인간의 모든 감각 중 가장 강력하게 친밀감을 전달하는 감각이다. 한 번의 접촉이 천 마디 말보다 많은 정보를 전달한다. 우리는 타인이 온갖 방식으로 하는 말보다 우리를 만지는 방식을 통해 그 사람이 전달하고자 하는 진정한 의미와 의도에 관해 훨씬 많은 정보를 얻는다. 말은 변하기 쉽고 언제나 오해의 소지가 있으며 중의적인 의미를 띠거나 새빨간 거짓말일 때도 많다. "그런 뜻으로 한 말이 아니야"라는 말을 하거나 들을 때가 얼마나 많은가. 하지만 다정한 접촉은 사람들 사이의 의사소통을 완전히 다른 차원으로 끌어올린다.

부드럽게 만져주세요

우리는 포옹을 하거나 쓰다듬거나 어루만지거나 다독거리는 등 다양한 형태로 친밀한 접촉을 한다. 우리가 하는 이런 유형의 접촉은 원숭이나 유인원들이 많은 시간을 할애하는 털 고르기와 비슷한 면이 많다. 원숭이의 털 고르기는 사람들이 흔히 생각하듯 벼룩을 잡는 것이 아니다. 먹이를 찾으러 돌아다니는 동안 털에 들러붙은 풀이나 잔 나뭇가지를 떼어내는 것도 아니다. 원숭이의 털 고르기는 상대방에게 친밀감을 표현하는 메시지에 가깝다.

피부를 통해 전달되는 물리적 자극은 뇌에 엔도르핀 분비를 유발한다. 앤도르핀은 화학적으로 모르핀이나 아편과 유사한 내인성 오피오이드endogenous opioid계에 속한다. 즉 엔도르핀은 우리 몸에 약하지만 만성적인 통증이 느껴질 때 개입하는 통증조절 메커니즘으로 뇌가 자체적으로 만들어내는 진통제라고 할 수 있다. 우리가 느끼는 강렬하고 날카로운 통증은 빠르거나 느린 두 가지 신경통증회로로 완화되는 반면, 조깅이나 규칙적인 운동 혹은 가벼운 정신적 스트레스로 발생하는 약한 통증은 엔도르핀계 호르몬으로 완화된다. 조깅을 할 때나 목덜미에 따뜻한 물이 닿을 때 느끼는 행복감과 느긋한 만족감은 엔도르핀계 호르몬 작용의 결과다. 규칙적으로 조깅을 하는 사람이 어쩌다 조깅을 하루 거르면 이상하게 몸이 찌뿌듯하고 평상시와 다르게 신경질적이 되는 것도 조깅을 못 해서 나타난 아주 가벼운 형태의 금단현상 때문에 생기는 증세다.

모든 원숭이나 유인원에게 그렇듯, 접촉은 인간에게도 상당히 중요한 역할을 한다. 인간에게는 가깝다고 느끼는 사람들을 쓰다듬거나 만지고 싶은 강렬한 욕구가 있다. 그 욕구는 우리가 어쩔 수 있는 것이 아니다. 어떤 유형의 친밀한 관계에서든 접촉은 우리가 제일 먼저 하고 싶어 하는 행위다. 접촉에는 서로 강렬한 친밀감을 느끼게 하는 요소가 있다. 그런 감정은 단순히 손을 잡거나 팔을 두르는 정도의 접촉만으로도 충분히 느낀다. 한편 감정이 전혀 실리지 않은 접촉은 접촉을 통해 상대방에게 그대로 전달된다. 어떤 사람을 보고 '냉혈한'이라고 하는 것도 아주 무의미한 말은 아니다. 이런 사람은 아무리 다정한 말을 해도 전혀 의미가 없다. 접촉 방식에서 온정이나 배려심이 없다는 것이 빤히 들여다보이기 때문이다.

접촉은 우리가 생각하는 것보다 사회적 삶에 훨씬 많은 역할을 해왔고 그것은 지금도 마찬가지다. 그 이유는 말은 의식적이고 적극적으로 생각을 하게 만들지만 접촉은 의식 저 아래 있는 감정적이고 본능적인 부분을 건드리기 때문이다. 감정을 말로 어떻게 표현할지 막막할 때는 있어도 접촉의 의미를 어떻게 이해해야 할지 모를 때는 거의 없다. 접촉은 본능적이고 직감적이며 우리의 정신 아주 깊은 곳에 있는 원초적인 감각을 건드린다. 촉각은 진화적으로 좀 더 나중에 발달한 언어 중추, 즉 좌뇌와는 별로 관계가 없고 감정을 담당하는 우뇌와 관련이 있다.

우리는 접촉의 중요성을 낮잡아 보는 경향이 있다. 하지만 거기에는 그럴듯한 이유가 있다. 접촉은 감정의 뇌와 아주 단단하게 묶여 있어서 쉽게 우리를 자극하고 순식간에 섹스로까지 몰고 갈 가능성이 있다. 당신만 유난히 섹스에 관심이 많은 것이 아니다. 잠깐의 애무와 약간 긴 듯한 키스. 이런 간단한 접촉만으로도 당신의 신체 시스템 전체

모드는 완전히 바뀌어버린다. 앞에서도 말했지만, "그럴 생각이 아니었는데……"라는 말을 우리는 얼마나 자주 하는가?

낯선 사람이나 특별히 친하지 않은 사람과 접촉하기를 꺼리는 이유는 아마 접촉의 이런 특성 때문일 것이다. 신체적 접촉은 침착하고 심사숙고해야 할 순간에 결코 넘어서는 안 될 선을 넘게 만든다. 그래서 우리는 갑작스럽고 제어할 수 없는 감정적 변화를 겪는 위험을 감수하기보다 한 발 물러서서 거리를 유지하는 쪽을 택하는 것이다.

믿을 수 있는 사람

매일 아침 당신은 차를 몰고 직장으로 향한다. 물론 차도에 들어서면 다른 운전자들이 교통법규를 잘 지키고, 차선을 넘어오지 않으며, 당신의 차를 들이받지 않을 것이라고 믿는다. 물론 이것이 당연하기는 하지만 우리는 우리 삶의 질서를 잡아주는 신뢰가 얼마나 고마운지 그 가치를 제대로 깨닫지 못하는 듯하다. 사실 우리 사회는 신뢰로 유지된다. 세계 최대의 규모를 자랑하는 암스테르담 다이아몬드 시장은 '신사의 보증'이라는 것으로 유명하다. 수백만 파운드짜리 다이아몬드가 단 한 번의 악수로 거래되는 것이다. 하지만 이런 관행이 유지될 수 있는 결정적인 요인은 스무 명 안팎의 사람들로 이루어진 아주 작고 폐쇄적인 공동체 내에서의 개인적 신뢰다. 이들은 공동체 내에서만 거래를 하기 때문에 만약 당신이 그 공동체의 구성원이 아니라면 다이아몬드는 구경도 못 할 것이다.

신뢰는 우리의 일상 면면에 스며 있다. 우리는 항상 신뢰가 일종의 호혜주의를 바탕으로 한다고 암묵적으로 가정해왔다. 하지만 연구 결과 신뢰는 호혜주의가 아니라 옥시토신이라는 화학물질을 바탕으로 한다는 사실이 밝혀졌다. 최근 스위스 취리히대학교의 경제학자들이 비강분무제로 옥시토신을 분사했을 때 사람들의 반응을 실험했다. 그 결과 옥시토신이 타인을 더 신뢰하도록 만든다는 결론을 얻었다.

이들은 실험에 참여한 사람들을 투자자 그룹과 수탁자 그룹으로 나누어 투자자에게 돈을 주고 그 돈을 수탁자와 나눠 갖게 했다. 이때 투자자가 수탁자에게 돈을 주면, 그 돈은 액수에 상관없이 두 배로 불어났다. 그런 다음 수탁자에게 불어난 돈을 다시 투자자에게 나눠주게 했다. 물론 수탁자는 그 수익을 혼자 독식할 수도 있다. 따라서 투자자에게는 수탁자를 믿고 돈을 나눠준다 해도 수탁자가 수익금을 나누지 않을 위험이 뒤따랐다. 그런데 만약 투자자가 수탁자를 확실히 믿을 수 있다면, 투자자는 자기가 가진 돈 전부를 수탁자에게 주고, 수탁자는 두 배로 불어난 돈의 절반을 다시 투자자에게 돌려줌으로써 두 사람 다 최상의 결과를 얻을 수 있었다. 그러나 실험 결과 대부분의 투자자들이 신중을 기하기 위해 수탁자에게 가진 돈의 일부만 나눠줬다.

특이한 것은 수탁자에게 얼마를 나눠줄지 결정하기 전에 비강분무제로 분사한 옥시토신에 노출된 투자자가 가짜 화학물질(위약)에 노출된 투자자들에 비해 17퍼센트 더 많은 돈을 수탁자에게 주었다는 점이다. 이것이 신뢰에 관한 문제임을 단적으로 드러내는 것은 실험자가 컴퓨터로 수탁자의 결정을 무작위로 조작하여 실험을 다시 한 결과(이전 실험에서 수탁자가 배신하는 확률, 즉 돈을 독식할 확률은 그대로 두었다), 투자자가 흔쾌히 수탁자와 돈을 나누는 데에는 옥시토신에 노출된 투자자와 가짜 화학물질에 노출된 투자자 사이에 전혀 차이가 없었다는 사실이다. 즉, 투자자가 수탁자에게 돈을 나눠주는 것은 단순한 도박이 아니라 인간 행동에 관한 개인적인 이해를 바탕으로 한다는 것이다.

이 실험이 유난히 눈길을 끄는 이유는 다른 중요한 사회적 맥락에서도 옥시토신이 등장하기 때문이다. 옥시토신은 섹스 전후에 상당한 양이 분비되어 우리 몸 구석구석으로 상대에 대한 깊은 애정을 전달한다. 일부일처 들쥐와 일부다처 들쥐 종을 비교해보면, 일부일처의 습성을 가진 암수 한 쌍의 관계 역시 옥시토신에 대한 민감성이 원인이라는 사실을 확인할 수 있다. 또 옥시토신은 동물이 둥지를 틀고 새끼를 되찾아 오는 행동, 어미 양과 새끼 양 사이의 특별한 유대 관계와도 연관이 있다.

물론 그렇다고 해서 우리 삶이 통째로 화학물질의 지배를 받는다는 뜻은 아니다. 요지는 이러한 화학물질이 분비되었을 때 특정 단서에 민감하게 반응하는 신경 체계를 창조한다는 것이다. 우리가 익히 아는 사례도 많다. 가령, 우리는 이미 반세기 전에 인간에게서 나타나는 공격과 회피 반응이 부신 호르몬인 에피네프린(아드레날린이라고도 함)에 의해 활성화된다는 사실을 알아냈다. 즉, 호르몬은 운동을 하기 위해 우리 신체를 준비시키지만 호르몬 분비로 활성화되는 행동(공격 또는 도피 행동)은 개인이 상황을 어떻게 인지하느냐에 따라 달라진다는 말이다.

취리히대학교 실험에서 옥시토신에 노출되었던 일부 투자자들이 통제 집단의 투자자들보다 훨씬 덜 관대하게 행동한 것도 마찬가지 이유다. 이들의 행동은 두 가지 특징을 반영한다. 하나는 옥시토신에 대한 민감도에서 나타나는 개인적 차이다. 예를 들어 여성은 남성보다 옥시토신에 더 민감하며 같은 성별 내에서는 훨씬 다양한 차이가 존재한다. 다른 하나는 일단 호르몬 분비로 투자자가 수탁자에게 관심을 기울일 준비가 된 다음 수탁자가 은연중에 드러내는 정직성 단서에 보이는 민감도다.

웃음, 최고의 명약

런던에서 각계각층의 기업인과 정치인 60여 명을 대상으로 열린 기업 컨설팅에 참여한 적이 있다. 잠깐의 휴식 시간이 끝난 뒤 몇몇 참가자들이 객실로 자리를 옮겨 둥그렇게 놓인 의자에 자리를 잡고 앉았다. 하지만 입을 여는 사람이 아무도 없었다. 5분 정도 지나자 방 안에 점점 긴장이 감돌았다. 사람들은 어리둥절해하기 시작했다.

마침내 행사 주최자가 일어나 '나는 (이런저런 일을) 믿는다'라는 주제로 이야기를 시작했다. 그의 말이 끝나자 한 사람씩 자기 이야기를 이어갔지만 언제나 몇 분 정도 침묵이 흐른 뒤였다. 이것이 오히려 사람들을 더욱 긴장하게 만들었다. 시간이나 때우려고 참석한 나이 지긋한 공무원들은 특히 더했다. 그들은 아마 속으로 '생산적인 일을 해도 모자랄 시간에 내가 대체 여기서 뭘 하고 있는 거지?'라고 반문했을 것이다.

그때 문득 한 사람이 일어서더니 이렇게 말했다. "저는 여기 계신 분들이 전부 '도대체 내가 여기서 뭘 하고 있는 거야?'라고 생각하고 있다고 믿습니다." 말이 끝나자마자 방 안에 웃음보가 터졌다. 객실 안 분위기가 완전히 달라졌다. 얼음장이 깨진 것이다. 갑자기 우리는 낯선 이들로 구성된 집단에서 형제애(당연히 자매애도 포함된다)로 맺어진 집단으로 탈바꿈한 것이다.

웃음, 특히 여러 사람이 함께 나누는 웃음에는 유대감을 형성하는 탁월한 능력이 있다. 웃음은 단순히 긴장을 완화하는 역할만 하는 것이 아니다. 극장에서 보았던 코미디언의 스탠딩쇼를 떠올려보라. 1시간 정도 실컷 웃고 난 뒤 극장을 나설 때쯤에는 한껏 고양된 기분을 느끼지 않았던가? 모르긴 몰라도 아마 긴장이 풀리고 세상에 대한 불평불만이 사라지며 낯선 사람들에게 알 수 없는 친밀감을 느꼈을 것이다. 선뜻 낯선 사람에게 다가가 활기차게 말을 건넨 사람도 있을지 모른다. 대화를 나누는 그 몇 분 동안은 몇 가지 사적인 일도 스스럼없이 이야기할 수 있다. 쇼가 시작하기를 기다리던 한 시간 반 전만 해도 어림도 없을 그런 이야기들을 말이다. 심지어 그들을 대하는 태도도 너그러워진다.

켄트대학교의 마크 반 부트Mark van Vugt와 그의 동료들이 실험을 했다. 참가자들에게 파트너와 돈을 나누라고 했을 때, 참가자들은 낯선 사람보다 친구에게 훨씬 관대했다. 하지만 코미디 영화를 보면서 함께 웃으며 즐거운 시간을 보낸 뒤에는 낯선 사람이나 친구를 대하는 태도가 거의 같았다. 이렇듯 웃음은 꼬집어 설명할 수 없는 묘한 방식으로 낯선 사람을 친구로 바꾼다.

사실 웃음은 결코 미스터리가 아니다. 엘리엇Thomas Sterns Eliot의 시에 등장하는 '찻잔 사이에서 달그락거리는 예의 바른 웃음'(엘리엇의 1910년 작품 〈J. 알프레드 프루프록의 연가The Love Song of J. Alfred Prufrock〉 참조—옮긴이)이 아니라 눈물이 쏙 빠지도록 웃는 웃음은 엔도르핀 분비를 촉진하는 데 매우 효과적이다. 아마도 웃으면서 가슴을 들썩거리는 행동이 물리적으로 근육에 상당히 무리가 가는 운동이기 때문인 듯하다.

우리는 엔도르핀 분비 검사로 통증역치pain threshold를 이용하여 설명했다. 먼저 피실험자들에게 각각 지루한 여행 비디오와 코미디 비디오를 보여준 뒤 비디오를 보기 전과 후의 통증역치를 측정했다. 엔도르핀은 체내 통증조절계pain control system의 일부이기 때문에 만약 웃음이 뇌에서 엔도르핀 분비를 유발한다면 통증역치는 웃고 난 뒤에 훨씬 높아야 한다. 실험 결과 역시 코미디 비디오를 보는 동안 신나게 웃었던 참가자들은 나중에 통증역치가 올라간 반면 지루한 비디오를 본 참가자들의 통증역치에는 변화가 없었다.

나는 웃음을 인간의 상당히 오래된 특성 중 하나라고 생각한다. 심리학자 로버트 프로빈Robert Provine이 관찰했던 것처럼 침팬지에게도 이러한 특성이 있지만 우리와는 방식이 약간 다르다. 침팬지는 단순히 들숨과 날숨을 반복하며 '하-우-하-우-하'라는 소리를 내지만 인간은 들숨 없이 날숨만 반복하여 '하-하-하-하'라는 소리를 내며 훨씬 격렬하게 웃는다. 또 다른 두 가지 차이가 있다. 첫째, 우리는 둘 이상이 모인 곳에서 사교적으로 웃지만 침팬지는 일반적으로 혼자 웃는다. 침팬지도 사회적 상황, 특히 다른 동료와 놀이를 하거나 혹은 그렇게 노는 상황을 기대하면서 웃지만 우리처럼 다른 개체와 동시에 웃지는 않는다. 둘째, 우리는 웃음을 유발하기 위해 농담 형식으로 언어를 사용한다. 농담을 곁들이지 않은 대화란 얼마나 맥 빠지는가?

두 번째 차이점은 분명 인간이 언어를 사용하기 시작한 이후에 생겨났다. 즉 비교적 최근에 나타난 차이라는 의미다. 하지만 첫 번째 특성인 웃음의 사회적 본질은 아마 현생인류인 호모사피엔스 직전 형태인 호모에렉투스(homo erectus, 직립보행하는 인간) 시기에 발생한, 그러니까 지금으로부터 약 100만 년 정도 이전 무렵에 나타난 특성일 것이다. 내 생각에 당시 웃음은 털 고르기를 할 때 엔도르핀이 분비되는 것과 마찬가지로 엔도르핀을 솟구치게 하는 역할을 했을 것이다. 그리고 일단 웃을 수 있게 되자 좀 더 침팬지다운 웃음의 특성을 띠었을 것이다. 그리고 사회적 기능을 하는 털 고르기가 하나의 관습으로 완전히 정착하자 웃음은 유대 관계를 형성하는 메커니즘으로써 털 고르기를 보완하는 역할을 했을 것이다.

그렇다고 웃음이 엔도르핀을 다량으로 방출시키는 유일한 방식은 아니다.

세레나데를 불러봐

멀리서 희미하게 들려오는 옛 노래에 복잡한 감정이 어스름처럼 떠올라 가슴이 아릿해지는 순간이 있다. 나는 버디 홀리Buddy Holly의 노래나 바흐의 브란덴부르크협주곡, 백파이프 연주를 들으면 그런 경험을 한다. 도대체 왜 우리는 음악에 그토록 커다란 감동을 받는 것일까?

놀랍게도 음악은 최근까지도 현대 과학에서 진정한 과학자가 손을 대기에는 너무 사소한 주제였다. 그럼에도 불구하고 진화생물학자들이 지치지 않고 지적하듯 어떤 종이 많은 시간과 돈을 기꺼이 투자하는 대상은 결코 별 볼일 없는 주제일 수 없다. 생물학적인 관점에서 동물이 무언가에 그 정도의 시간과 노력을 들이는 이유는 그것이 해당 종에 본질적으로 중요한 것이기 때문이다.

우리가 음악을 듣고 감동하는 이유로 가장 먼저 생각해볼 수 있는 가정은 음악이 성적인 자기 과시의 한 형태라는 것이다. 음악이 성적인 자기 과시가 아니라면 창의적으로 음악을 작곡하고 연주하는 능력이 어떻게 우리가 사람을 판단하는 데 그토록 커다란 영향을 미치겠는가? 어려운 곡을 부르거나 연주할 수 있는 능력을 갖춘 사람의 유전자가 배우자를 찾기에 유리하다는 것은 확실하다. 따라서 이 가정은 상당히 그럴듯하다.

약 140년 전, 다윈이 그의 위대한 저서 《인류의 유래와 성 선택Sexual Selection and Descent of Man》에서 지적했듯이 성 선택은 가장 하찮은 특성을 골라내고 그런 특성을 소유하고 있는 것이 실제로 해로운 영향을 미칠 때까지 과장하는 능력이 있어서 진화에 엄청난 영향을 미친다. 예를 들어 공작새는 꼬리의 무게 때문에 높이 날 수 없고, 포식자의 눈에 쉽게 띄어 사냥당할 가능성이 현저히 높다. 하지만 크고 아름다운 꼬리는 짝짓기에 성공할 가능성을 월등하게 높인다. 요컨대 멋진 꼬리를 가진 수컷 공작새는 몸으로 이렇게 말한다. "나를 좀 봐! 난 이런 불리한 조건을 가지고도 포식자 정도는 거뜬히 이길 수 있다고!" 꼬리가 화려하고 눈꼴 무늬가 많을수록 수컷은 암컷의 관심을 더 많이 끈다.

음악의 이런 기능이 인간, 특히 팝스타에게 커다란 성적 매력을 제공한다는 사실을 어느 정도 뒷받침하는 증거가 있다. 진화심리학자 제프리 밀러Geoffrey Miller는 재즈 음악가, 팝 음악가, 클래식 작곡가 모두 성적으로 왕성한 시기에 가장 생산적이라는 사실을 발견했다. 그리고 비발디의 역작 또한 베네치아의 자선기관인 오스페달레 델라 피에타Ospedale della Pieta 부속 여자음악학교 교사 재직 시절 젊은 여학생들을 위해 맹렬하게 작업한 결과물인 것은 결코 우연이 아니다. (이들 대부분은 비발디의 지휘 아래 뛰어난 연주를 선보인 실력 덕분에 부유한 남편을 만났다.)

밀러의 가설을 더 정확하게 알아보기 위하여 나의 제자 코스타스 카스카티스Kostas Kaskatis는 베토벤에서 밀러에 이르는 19세기 유럽의 모든 클래식 작곡가와 1960년대 록스타들의 작품 활동 시기를 조사했다. 그 결과 이들이 남긴 작품 수는 결혼 이후에 극적으로 떨어졌다가 배우자 혹은 연인과 결별한 뒤 새로운 짝을 찾는 기간에 다시 상승했다. 그러다 마침내 새로운 짝을 만나면 작품 수가 다시 줄어들었다.

이 가설이 맞을 수도 있다. 하지만 음악의 발생이 사회적 유대 관계와 관련이 있을 가능성도 배제할 수는 없다. 음악이 우리의 감정을 자극한다는 사실로 미루어볼 때 음악에 무언가 원초적이고 정제되지 않은 특성이 있는 것이 분명하다. 군대 지휘관이라면 누구나 음악이 신병 집단 사이에 동지애를 형성하는 가장 좋은 방법이라는 사실을 알 것이다.

최근 뇌 스캔 연구 결과 음악이 우대뇌반구의 제일 앞쪽 원초적인 감정을 담당하는 부분을 강하게 자극한다는 사실이 밝혀졌다. 즉, 좌뇌는 의식적인 사고 과정, 특히 언어 능력과 관련이 깊고 우뇌는 무의식적이고 원초적인 감정과 관련이 깊다.

또 다른 연구에서는 음악이 엔도르핀 분비를 촉진시킨다는 사실을 밝혀냈다. 엔도르핀은 유대 관계 형성에 매우 중요한 행복한 느낌과 만족감을 준다. 따라서 노래와 춤이 어떻게 소속감이나 공동체의식을 형성하는 계기가 될 수 있는지 확인하기는 어렵지 않다. 정말이지 사람들을 하나로 묶는 데 케일리(스코틀랜드 북부 고지대의 전통적인 음악 축제. 게일어로 'ceildh'는 '방문'이라는 의미다)만 한 것이 어디 있겠는가!

물론 이것은 다윈이 틀렸다는 말이 아니다. 성 선택이 장래의 목적을 위해, 전혀 다른 이유로 진화한 음악을 창조하는 기술과 인간의 감정을 이용하는 데는 다 이유가 있다. 이런 일에는 진화가 선수다. 동물의 세계에서 이러한 예는 수없이 많다. 하지만 본질적으로 음악의 진정한 기원과 기능은 아마 사회집단을 결속하는 데 있을 것이다. 그리고 아마 언어의 기원도 같은 곳에 있을 것이다.

6장

남 이야기가
재미있는 이유

왜 우리는 남의 일에 그토록 관심이 많을까? 왜 우리는 잘 알지도 못하는 왕족, 정치인, 유명인들의 사생활 들추기를 즐기는 것일까? 왜 그런 이야기들이 다르푸르의 굶주린 아이들이나 전쟁으로 폐허가 된 소말리아 소식을 제치고 신문 1면을 장식하는 것일까? 대답은 간단하다. 가십거리가 세상을 돌아가게 하는 원동력이기 때문이다.

남자는 자기 얘기, 여자는 남 얘기
어제 당신은 신나게 남 얘기를 하면서 시간을 얼마나 낭비했는가? 나는 족히 반나절은 된다고 본다. 그렇다면 그 시간 동안 당신은 무엇을 얻었는가? 모르긴 몰라도 거의 없다고 대답할 공산이 크다. 그러나 안심하라. 당신의 수다가 완전히 쓸모없는 것은 아니었으니. 소위 잡담이라는 언어의 기능에는 묘한 구석이 있다. 둘 이상 모인 자리에서 한 동안 침묵이 흘러 당황스러웠던 경험은 누구나 한 번쯤 했을 것이다. 바로 그럴 때 우리는 쓸데없는 말로 말문을 연다. "음……, 여기 자주 들르나 보지?"

우리는 왜 이런 행동을 할까?

한 가지 대답은 언어에 털 고르기 같은 기능이 있기 때문이라는 것이다. 원숭이나 유인원에게는 털 고르기가 몸단장이 아닌 상대방에 대한 헌신의 표현에 가깝다. 거기에는 "제니퍼랑 털 고르기를 하는 것보다 너랑 하는 게 더 좋아." 이상의 의미가 담겨 있다. 물론 우리는 지금도 털 고르기와 비슷한 방식으로 타인과 접촉을 한다. 그것이 친밀한 관계의 본질적인 특징이기 때문이다. 우리는 아무렇지 않게 자식의 머리를 쓰다듬고 연인의 손을 잡거나 머리를 쓸어 넘겨주며 친구들과 팔짱을 끼고 어깨동무를 한다. 요컨대 신체적 접촉이 우리 생활 리듬의 본질적인 요소라는 말이다.

인간은 여기에 '언어'라는 요소를 추가했다. 말은 일종의 털 고르기와 같다. 털 고르기와 비슷한 목적을 다양한 방법으로 달성하기 때문이다. 일단 말은 상대방에게 헌신하겠다는 의도를 여러 가지 표현으로 전달할 수 있게 한다. 셰익스피어나 괴테의 거창한 표현들은 싹 다 잊어라. 일상생활의 생생한 대화야말로 진정한 의미의 털 고르기다.

또 말은 단순히 헌신의 신호들만 보내는 것이 아니라 정보 교환의 수단이 되기도 한다. 원숭이나 유인원이 믿을 만한 친구와 그렇지 않은 친구, 혹은 누가 누구의 짝인지 학습할 때 유일하게 의지할 수 있는 것은 자기 눈으로 직접 관찰한 정보뿐이다. 하지만 인간은 입소문이나 다른 사람의 말을 통해서도 그런 것을 학습할 수 있다.

지금 옆에 있는 사람이 나누는 대화를 한번 잘 들어보라. 대화 내용이 주로 사회 활동에 관한 것이라는 점을 눈치챘는가? 그것은 자신에 관한 이야기일 수도 있고 다른 사람에 관한 것일 수도 있다. 어쨌든 내용은 "해리는 샐리를 만났고, 샐리는 수잔을 만났는데……" 식으로 전개되는 사람들의 행동 양식에 관한 것이 대부분일 것이다.

진화에 공짜란 없다. 누가 누구와 무슨 일을 하는지 등의 정보를 말로 주고받다 보면 비도덕적인 의도로 언어를 사용하는 일이 생기기 마련이다. 이런 점에서 볼 때 광고는 어쩌면 인류 역사상 가장 오래된 직업인지 모른다. 인간은 사실을 부풀리고 말을 퍼뜨리는 데 명수이기 때문이다. 나의 말을 못 믿겠다면 지금 옆 사람의 대화를 더 자세히 들어보라.

그런데 남자의 대화와 여자의 대화 사이에는 미묘한 차이가 있다. 예를 들어 남자는 자기 자신에 대해서 이야기하고 여자는 다른 사람에 대해서 이야기하는 성향이 있다. 여기에 당신은 "아, 그러면 그게 사람들의 전형적인 행동방식이라는 말이군요"라고 대답할지 모른다. 그 말은 반은 맞고 반은 틀리다. 물론 아니 땐 굴뚝에 연기가 날 리는 없다. 그런데 여기서 정말 흥미로운 점은 남녀 사이에 그런 차이가 나는 이유다.

남자가 선호하는 대화 주제와 여자가 선호하는 대화 주제는 완전히 다를 때가 많다. 그들이 하는 게임 자체가 다르기 때문이다. 여자들의 대화는 주로 자기가 형성하고 있는 사회적 관계망을 점검하고 변화무쌍한 사교 범위 안에서 복잡한 대인관계를 형성하고 유지하는 것에 초점을 맞춘다. 여자들에게는 관계를 맺고 있는 사람들의 근황을 꿰뚫고 있는 것이 내집단 구성원이라는 의미와 일맥상통하기 때문에 중요하다. 그런 이야기들은 잡담이 아니다. 그것은 얽히고설킨 대인 관계의 척추이자 사회를 지탱하는 버팀목이다.

반대로 남자들의 대화는 주로 자기 과시에 집중한다. 남자들은 자기 자신이나 자기가 잘 아는 주제에 관해 이야기하기를 좋아한다. 예컨대 남자들의 대화는 공작새 꼬리의 언어 버전인 셈이다. 수컷 공작은 자기 짝의 영역을 배회하다가 다른 수컷이 시야에 나타나면 멋진 꼬리를 활짝 펼쳐 한껏 뽐낸다. 암컷 공작은 수컷 공작들의 꼬리를 보고 수컷을 고르며, 더 마음에 드는 수컷이 나타나면 망설임 없이 새로운 짝에게 가버린다.

인간은 이 모든 것을 말로 한다. 근처에 암컷이 나타나면 갑자기 꼬리를 활짝 펼치는 수컷 공작처럼 남자도 여자가 나타나면 자기 과시 모드로 태도를 바꾼다. 두 남자가 대화를 나누는 도중에 여자가 나타나면 그들의 대화가 어떻게 바뀌는지 잘 들어보라. 여자가 등장하면 남자들의 대화 방식은 극적으로 바뀐다. 이를테면 표현이 과장되고 여자의 웃음을 유도하려는 경향이 강하다. 뿐만 아니라 대화 내용에 특정 분야에 관한 주제나 '지식'이 난무한다. 남자들의 대화는 경쟁이자 상대방에게 던지는 도전장이다. 같은 맥락에서 정치는 승부의 다른 이름이라 할 수 있다. 언어란 얼마나 근사한 도구인가.

모성어의 비밀

미국의 인류학자 딘 포크Dean Falk는 언어가 엄마가 아기에게 불러주는 노래에서 유래했을지 모른다는 가능성을 제시했다. '모성어motherese'

란 여성들이 갓난아기에게 말할 때 쓰는 자연스러운 말투를 의미하는데, 이 독특한 말투는 음악과 공통점이 많다. 예를 들어 단순한 규칙성, 2옥타브를 넘나들 정도로 과장된 억양, 보통 때보다 현저히 높은 음조 같은 것들이다. 기회가 된다면 엄마가 아기에게 말하는 것을 주의 깊게 들어보라. 태곳적 메아리가 들리는 듯하지 않은가. 그리고 아기의 반응도 눈여겨보라. 이 독특한 형태의 음악은 아기를 차분하게 만든다. 아기들은 이 음악이 아주 매력적이며 마음에 위로가 된다는 사실을 아는 듯하다. 이 음악은 미소를 자아낸다. 엔도르핀의 기적을 일으키며 엄마와 아이 사이의 유대감을 형성하는 데에도 한몫을 한다.

하지만 모성어에는 아기를 달래는 것보다 훨씬 중요한 기능이 있다. 모성어는 아이가 발달지표developmental milestone에 도달하는 속도에 엄청난 영향을 미친다. 심리학자 메릴리 모노트Marilee Monnot는 케임브리지대학교 생물인류학과 대학원생 시절, 어머니들과 생후 1년 미만의 아기들을 관찰했다. 연구 결과 모성어를 많이 사용하는 어머니의 아기가 모성어를 적게 사용하는 어머니의 아기보다 성장 속도가 빨랐고 미소 같은 발달지표도 더 빨리 나타났다.

원숭이와 유인원 어미는 새끼에게 자장가를 불러주지 않는다. 달래주지 않는 것은 말할 것도 없다. 아마도 이런 행동은 인간의 전유물인 듯하다. 이러한 모성애가 언제 어떻게 시작되었는지 구체적으로 밝히기는 어렵지만, 그 발단을 짐작하기는 어렵지 않다. 만약 콧노래가 아기를 안심시키고, 짜증을 덜 내는 아기가 더 건강하다면, 어머니들에게는 틀림없이 이런 유형의 행동을 하게 만드는 상당한 선택압이 작용했을 것이다. 그렇다면 왜 인간에게는 그런 선택압이 있고 우리의 사촌 격인 유인원에게는 없었을까? 이것은 인간과 뇌 크기가 비슷한 원숭이나 유인원의 새끼에 비해 인간 아기가 미성숙한 상태로 태어난다는 사실과 무관하지 않다. (여기에 관해서는 나중에 다시 이야기하기로 하자.) 새끼 원숭이는 인간 아기에 비해 비교적 자기 자신을 잘 돌본다. 하지만 인간 아기는 태어난 후 일정 기간 자기보다 나이 많은 사람의 집중적인 보살핌 없이는 생존하기 힘들다. 또한 인간 아기는 새끼 침팬지가 1년 동안 거치는 발달 단계를 같은 기간 내에 거치지 못한다. 따라서 인간 부모는 원숭이나 유인원 어미들보다 훨씬 오랜 기간 양육의 부담을 져야 한다. 따라서 울며 보채는 아기를 달래는 메커니즘이 인간에게 훨씬 절실했다는 것은 어렵지 않게 짐작할 수 있다.

만약 그렇다면 바로 이것이 모성어 발단의 단서일 수 있다. 만일 인간이 뇌 크기에 일어난 마지막 진화를 겪으면서 출산 패턴에 급격한 변화가 생겼고, 모성어가 그러한 변화의 결과 중 하나라면, 그러한 변화가 일어난 시기는 구인류가 출현한 약 50만 년 전으로 추정할 수 있다. 어쩌면 음악의 기원도 이와 비슷한 시기가 아닐까? 모성어가 음악의 기원이거나 언어와 음악의 중간 단계일 가능성이 있으니 말이다.

모성어를 진정한 의미에서의 언어라고 할 수는 없다. 모성어는 언어의 형태를 띨 때도 있지만 반드시 그런 것은 아니다. 어떤 경우에는 말이 되지 않는 단순한 음절로만 이루어질 때도 있다. 또한 리듬, 운, 두운 등에서 〈시계와 쥐Hickory, dicory, dock〉 같은 전래동요와 비슷한 특징이 나타난다. 이것은 모성어가 언어보다 훨씬 이전에 발생했다는 사실을 암시한다. 모성어는 가사가 없는 노래나 콧노래, 즉 순수 음악과 흡사하다. 또한 매우 색다르고 독특한 형태의 성악, 특히 헤브리디스 제도 중 아우터헤브리디스 여성들이 부엌에 둘러앉아 옷감을 손질하며 부르던 고대의 와울킹 송waulking song과 유사점이 많다. 가난과 고된 노동으로 얼룩진 서민들의 삶을 고스란히 담아낸 이 특별한 노래는 때로는 의미 없는 음절로, 때로는 질펀한 농담으로 구성진 가락을 풀어낸다. 나는 이 노래들이 언어가 사용된 최초의 상황, 즉 사람들이 모닥불 주위에 둘러앉아 있을 때나 혹은 아낙네들이 과일이나 감자 같은 덩이줄기를 채집하고 있는 상황을 단적으로 드러내는 것이 아닌가 생각한다. 무엇보다 여러 사람이 함께 부르는 노래는 엔도르핀 분비에 매우 효과적인 촉매제 역할을 한다. 그들은 함께 노래를 부르며 일의 능률을 올렸던 것이다.

건전한 수다는 몸에도 좋다

결국 우리 인간은 언어의 진화 덕분에 수많은 사회적 관계를 통합할 수 있었다. 언어를 통해 다른 사람들에 관한 정보를 얼마든지 습득할 수 있기 때문이다. 즉, 우리는 타인과 대화를 나누면서 다른 사람의 행동 양식, 그들이 하는 행동에 대한 적절한 반응, 제삼자 사이의 관계 등을 파악한다. 또 그러한 이해를 바탕으로 집단 내에서 좀 더 효율적으로 사회적 관계를 맺는다. 오늘날처럼 거대하고 분산되어 있는 인간 사회에서 이보다 중요한 것이 어디 있겠는가.

사람들이 사회적 가십거리에 열광하고 대인 관계가 대화의 주를 이루는 현상은 이와 같은 사실로 설명할 수 있을지 모른다. 우리가 나누는 대화는 대학 구내 커피숍같이 위엄 있는 장소에서조차 학구적인 주제와 사적인 소문 사이를 오갈 때가 많다. 사적인 소문의 중요성을 확인하기 위해 대학 구내식당에서 30초 간격으로 대화 내용을 체크해 본 결과 사회적 관계와 개인적 경험에 관한 주제가 전체 중 약 70퍼센트를 차지했다. 또한 그중 절반은 제삼자(그 자리에 없는 사람)의 경험이나 그가 맺고 있는 관계에 관한 이야기로 채워졌다.

한편, 앞에서도 언급했듯 남성은 대화를 자신의 경험과 자기가 맺고 있는 인간관계 중심으로 이끌려는 경향이 강하고 여성은 다른 사람들의 경험과 그들이 맺고 있는 인간관계 중심으로 풀어가는 경향이 강하다. 이러한 사실로 미루어 언어는 여성들 사이의 사회적 관계 맥락 안에서 진화했을 가능성이 있다. 지금껏 인류학자들은 대부분 언어가 남성들 사이의 관계 맥락, 가령 사냥 같은 활동을 하는 동안 진화했을 것이라고 가정했다. 하지만 인간을 제외한 영장류들의 사회구조를 고려할 때 언어는 관계를 무엇보다 중요시하는 여성 대 여성의 관계 맥락에서 진화했다는 관점이 훨씬 더 타당하다.

대화를 통해 제삼자에 관한 정보를 교환한다는 사실은 무척 중요하다. 우리는 대화를 통해 낯선 상대와 관계 맺는 방법, 불가피한 상황에 부닥치기 전에 그것을 처리하는 방법을 배운다. 또한 언어는 사람들의 유형을 쉽게 범주화한다. 덕분에 우리는 다른 영장류들과 달리 개인의 한계를 벗어나 다양한 부류의 사람들과 관계 맺는 방법을 터득한다. 낯선 사람을 만나더라도 이미 알고 있는 지식에 근거해 적절하게 대처할 수 있다. 그런 지식이 없다면 새로운 사람을 만날 때마다 관계 맺기에 관한 기본적인 요소들을 알아내기 위해 몇 날 며칠을 허비해야 할 것이다. 우리는 범주화와 사회적 관습을 통해 관계망에 관계망을 덧붙여나가는 방식으로 개인의 사교 범위를 확대해나간다. 물론 이렇게 형성된 관계망의 층위가 약간 느슨한 것은 사실이다. 하지만 범주화와 사회적 관습이 낯선 사람과 처음 만났을 때 사소하지만 기본적인 실수를 저지르지 않도록 하는 것은 분명하다. 우리는 상대방과 특별한 관계일수록 말수를 줄이고 몸으로 다가가는 영장류들의 원초적인 방법을 택한다.

이것이 우리가 이끌어낸 언어 진화에 관한 이론이다. 이 이론은 인간의 다양한 행위를 설명한다. 왜 우리가 다른 사람들에 관한 소문에 그토록 집착하는지, 지금껏 왜 인간 사회가 그토록 자주 계층제적인 구조를 택했는지도 설명한다. 또 이 이론에 따르면 소단위 대화 집단의 규모를 예측할 수 있다. 뿐만 아니라 이 이론은 영장류의 뇌가 다른 포유동물의 뇌보다 큰 이유와도 잘 맞아떨어진다. 마지막으로 이 이론은 언어가 현대 인류인 호모사피엔스의 출현과 동시에 진화하기 시작했다는 보편적인 관점과도 일치한다.

물론 이 이론으로는 왜 우리 조상들이 150명 정도의 규모로 집단을 이루고 살았는지 설명할 수 없다. 다만 그것이 인간을 제외한 모든 영장류들이 무리 생활을 하는 주된 이유인 포식자로부터 자신을 보호하기 위한 방어 수단이었을 가능성은 제외할 수 있다. 인간 집단의 규모는 다른 모든 영장류 집단 규모보다 훨씬 거대하기 때문이다. 오히려 인간 집단의 규모는 항상 먹을 것을 찾아 이동하던 수렵채집민들이 일정한 간격으로 일정 기간 동안 의존해야 했던 작은 연못 같은 자원을 지키고 관리하는 문제와 관련되어 있을 가능성이 더 크다.

또 다른 이야기

언어는 인간의 가장 특이한 활동 중 하나인 '스토리텔링'에도 매우 중요한 역할을 한다. 우리는 누구나 이야기를 하고 이야기하기를 즐긴다. 이야기는 태곳적부터 이어져온 행위다. 그것은 단순히 옛날이야기에 그치는 것이 아니라 의식 절차의 일부를 담당하거나 사람들이 모닥불 주위에 둘러앉아 하던 행위였으며 대부분 형식적인 구조를 갖추고 있었다. 예컨대 약 2000년 전에 쓴 인도의 대서사시 《마하바라타Mahabharata》나 《구약성서》에 기록된 이야기들, 또는 호머의 대서사시 《일리아드Iliad》와 《오딧세이Odyssey》, 이보다 몇 세기 뒤 그동안 구전되어 오던 이야기들을 모아 완성한 《바가바드기타Bhagavadgita》 같은 것들이 있다. 오스트레일리아 원주민들 사이에 전해져 내려오는 이야기들 중에는 이보다 더 오래되었을 것으로 보이는 이야기도 있다. 그 이야기에는 1만 2000년 전 오스트레일리아 본토(당시 이곳은 사막이었다)와 태즈메이니아 섬을 갈라놓고 있는 배스해협Bass Strait의 해저 지형을 놀라울 정도로 정확하게 묘사해놓았다.

우리는 왜 그런 이야기들을 좋아할까?

한 가지 이유는 그런 이야기들이 만물의 기원에 관한 내용을 담고 있기 때문이다. 즉, 그들은 우리가 어디서 왔고 어떻게 지금과 같이 살게 되었는지에 대한 단서를 제공한다. 또한 인간 공동체에 관한 이야기를 들려주고 소속감을 일깨운다. 사람들이 공유하고 있는 지식은 그 자체로 공동체의 일원이라는 증명서나 다름없다. 크리켓 경기(배트와 공을 사용하는 단체 경기. 야구와 비슷한 영국 스포츠—옮긴이)에서 당신과 내가 같은 팀이라고 가정해보자. 투수 오른쪽에 있던 야수가 공을 어이

없이 놓쳐버렸다. 이때 내가 그 장면을 보는 것을 목격한 당신이 곧바로 내 생각을 알아챌 수 있는 것은 우리가 같은 팀이거나 둘 다 크리켓을 좋아하는 사람들 집단의 구성원이기 때문이다. 이런 단순한 사실만으로도 우리는 서로에게 서슴없이 호의를 베푼다. 서로 같은 세계관을 공유하고 있으며 인간의 행동 양식에 대해 동일한 암묵적 규칙을 적용한다는 것을 안다. 어쩌면 이것이 아주 오래 전 우리 조상들도 같은 지식을 공유한 사람들끼리 모여 살았고, 둘 사이에 확실한 연결고리가 있다는 증거일지 모른다. 그래서 우리는 특정 지식을 공유한 사람을 만나면 곧바로 유대감을 느끼고, 그것이 다른 모든 사람과 우리를 구분하는 것 아닐까? 또한 그것이 우리가 은어를 좋아하는 이유 아닐까? 공유된 지식은 우리를 우주의 가장 신비로운 비밀을 알고 있는 특별하고 비밀스러운 집단으로 만든다. 집단을 형성하기에 비밀만큼 좋은 것이 어디 있겠는가?

멋진 이야기에는 우리를 사로잡는 특별한 매력이 있다. 거기에 활활 타오르는 모닥불과 별이 촘촘히 박힌 밤하늘까지 더해진다면 더할 나위 없이 완벽하다. 우리는 밤에 이야기하기를 유난히 좋아한다. 세계 어디를 가도 마찬가지다. 그런데 도대체 어떤 힘이 밤에 하는 이야기를 그토록 생생하게 만드는 것일까?

모닥불을 피우는 밤 시간이 우리가 긴장을 늦추는 유일한 시간이기 때문이라고 하는 사람들이 있다. 하지만 이 대답으로는 충분치 않다. 그 시간에 할 일이 없으면 다른 원숭이들처럼 해가 지자마자 자면 된다. 하지만 우리는 잠자리에 드는 대신 사람들과 어울려 이야기꽃을 피운다. 또한 밤은 우리가 손님을 초대하기 좋아하는 아주 독특한 사회적 시간이다. 주말에는 출근할 필요가 없기 때문에 아침이나 점심에도 손님을 초대할 수 있다. 하지만 그래도 우리는 여전히 저녁 시간에 사람들을 초대한다. 물론 모닥불 주위에서 옷을 짓거나 사냥도구를 손보는 것 같은 생산적인 일을 할 수도 있다. 하지만 그런 일을 하면서도 우리는 이야기를 한다.

이야기를 할 때 밤 시간대를 선호하는 것은 심리 상태나 분위기와 관련이 있다. 예를 들어 밤에는 사람들의 감정에 호소하기 더 쉽다. 이 사실을 모르는 사람은 없을 것이다. 그리고 누구나 그 지식을 적절히 활용한다. 그렇게 하는 것이 썩 재미있기 때문이다. 그런 이야기의 등장인물은 대개 신화적 창조물이다. 세상을 훤히 비추는 밝은 햇빛 아래서는 사람들에게 이런 신비로운 존재를 믿게 하기 어렵다. 그래서 어둠 속의 불확실성이 필요하다. 노련한 스토리텔러는 낮보다 밤에 사람들의 감정을 쥐락펴락하기가 훨씬 쉽다는 걸 알고 있다.

7장

아빠를 쏙 빼닮았네

다윈이 《인류의 유래와 성 선택》에서 언급했듯 우리는 오랜 진화의 역사적 산물이다. 지금도 우리에게는 진화 과정에서 얻은 흔적이 남아 있다. 그중에서 피부색은 고작 몇만 년 전에 생긴 비교적 최근의 것이다. 이러한 흔적은 대개 아프리카 대륙에 모여 살던 인류가 전 세계로 퍼져나가면서 촉발된 유전자 변이의 결과라는 것이 일반적인 견해다. 하지만 일부 흔적들은 그보다 더 오랜 역사를 가지고 있다. 다른 영장류들과 달리 인간은 매우 미성숙한 상태로 태어난다는 것도 그러한 흔적 중 하나다. 미성숙한 새끼를 낳아 수컷이 양육에 동참하지 않을 수 없게 만드는 이러한 특성은 다른 포유류에게서는 찾아볼 수 없는 매우 독특한 방식이다. 아기 이야기를 하면서 우유를 짚고 넘어가지 않을 수 없다. 우유는 포유류가 새끼를 키우기 위해 만들어낸 아주 특별한 먹이이기 때문이다.

우유와 인간의 애증 관계

내 또래 중에는 학창 시절 우유병 받을 차례를 기다리느라 한시라도 빨리 교실을 빠져나가고 싶은 충동을 억눌러야 했던 순간을 기억하는 사람이 많을 것이다. 좋든 싫든 우유가 책상에 놓이는 것을 기다리느라 말이다. 우유는 겨울에는 얼어버리고 여름에는 치즈처럼 응고되었다. 그래도 우리는 거의 다 우유를 마셨다. 그런데 만약 당신이 우유를 좋아서 마셨다면 당신은 소수 특권층에 속한다는 사실을 아는가? 사실 대다수 사람들이 우유를 마시면 탈이 난다.

무슨 심각한 병에 걸려서가 아니다. 반대로 우유를 마실 수 있는 사람이 정상이 아니기 때문이다. 우리는 누구나 소수의 성인에게서만 발견되는 특이한 돌연변이체, 즉 유당을 소화하는 데 필요한 유당 분해 효소 락타아제를 가지고 태어난다. 유당은 우유에 포함된 주요 당들 중 하나다. 물론 모든 인간이 아기 때는 우유를 소화할 수 있다. 그러다 젖을 뗄 시기가 되면 우유를 소화하는 락타아제 효소 분비 스위치가 꺼진다. 그 후부터는 우유와 유제품을 소화할 수가 없고 그런 음식을 섭취하면 배앓이를 하거나 자칫 치명적인 결과를 부를 수도 있다.

우리가 이 사실을 알게 된 것은 제2차 세계대전 무렵이다. 당시 우유를 마시는 것은 유럽의 대표적인 문화라 할 만큼 보편적인 식습관이었다. 우유는 단백질이 풍부하고 우리 몸에 충분한 열량을 공급하며 뼈 성장에 좋은 칼슘을 다량 함유하고 있기 때문에 건강에 매우 좋은 음식이었다. 그래서 미국 정부는 빈곤층의 건강을 증진하기 위한 정책을 세우고 의기양양하게 우유라는 패를 던졌다. 그것도 아주 많은 양의 우유를. 그런데 놀랍게도 흑인들에게서 정부의 예상과 다른 정반대의 결과가 나타났다. 아이들이 설사병을 앓고 체중이 줄어들기 시작했던 것이다. 다행히 사망자는 많지 않았다. 만약 좋은 의도에서 시작한 정부의 이러한 개입이 조금만 더 오래 지속되었다면 상황은 훨씬 심각했을 것이다.

이러한 현상에 주목한 과학자들이 무엇이 잘못되었는지 알아보기 위해 연구를 시작했다. 그리고 마침내 신선한 우유를 소화하는 능력이 백인, 특히 북유럽 계통의 사람들과 사하라 북부 지역에서 소를 키우는 소수 사람들의 독특한 특징이라는 사실을 알아냈다. 그들을 제외한 거의 모든 사람은 전염병이나 되는 듯 우유를 기피했다. 기껏해야 요구르트나 치즈처럼 가공된 형태의 우유를 섭취하거나 열처리한 우유를 마셨다.

같은 맥락에서 아프리카 기근 문제를 해결하기 위해 분유를 보내는 것은 현명한 선택이 아닐지 모른다. 이와 같은 특징을 무시하고 다량의 분유를 지원하는 것은 상황을 악화시키는 지름길이다. 지독한 굶주림으로 이미 약해질 대로 약해진 아기들을 더 큰 위험에 빠트릴 수 있기 때문이다.

왜 이런 이상한 상태가 되었을까?

북부 지방 사람이라면 익히 알고 있듯이 이러한 특징은 위도가 높을수록 햇빛이 약해진다는 사실과 관련이 있다. 문제는 인간의 피부가 자외선에 반응하여 비타민D를 합성한다는 점이다. 우리가 이 필수 비타민을 자연적으로 섭취할 수 있는 방법은 피부를 통한 합성뿐이다. 칼슘은 체내의 비타민D 합성을 돕고, 따라서 햇빛이 약한 북부 지방 사람들에게는 칼슘을 충분히 섭취하는 것이 비타민D 합성에 도움이 된다. 밝은색 피부 역시 비타민D 합성에 유리하다. 피부색이 밝을수록 자외선이 피부를 더 많이 통과하기 때문이다. 반대로 열대지방 사람들의 어두운 피부색은 강렬한 햇빛의 해로운 자외선이 필요 이상 피부를 통과하는 것을 막아준다.

유당에 대한 내성은 단 하나의 돌연변이 유전자로 생긴다. 여기서 말하는 돌연변이란 온전한 유전자가 형태의 변화를 일으키는 것이 아니라 기능적인 면에서 결함을 일으키는 것으로, 일반적으로 젖을 뗀 이후 기능을 멈추는 유전자 변이를 일컫는다. 따라서 아주 미세한 유전자 변이만 있으면 유당에 내성을 갖게 된다. 하지만 이것만으로는 충분치 않다. 젖을 만들어내는 가축을 기르고 칼슘이 풍부한 우유를 먹도록 권장하는 문화적 변화가 수반되어야 한다.

위도가 높은 지역에는 열대지방에서는 발생하지 않는 또 다른 문제가 있다. 위도가 높을수록 계절의 변화가 뚜렷하다는 점이다. 열대지방에서는 사실상 1년 내내 농작물을 기를 수 있기 때문에 해마다 여러 번 씨를 뿌리고 수확한다. 다시 말해 북쪽으로 갈수록 계절의 변화가 심하고 식물의 생장기간이 짧아져서 1년 내내 농사짓기가 어렵다. 따라서 이들에게 우유로 영양을 섭취할 수 있다는 것은 겨울을 나기 위해 가축을 몰살시키지 않아도 된다는 의미다. 가축이 걸어다니는 식료품 저장고가 되는 셈이다.

아프리카 사하라사막 남쪽 사헬Sahel 지역에 사는 풀라니Fulani족 중 유당에 내성이 있는 사람들이 나타나는 이유도 이것으로 설명할 수 있다. 이 지역은 지금까지 1년 내내 기근이 끊이지 않는다. 이렇듯 어려운 시기에 동물로부터 얻은 음식을 이용할 수 있다는 것은 축복이다.

피부에 무슨 일이 일어났나?

피부색에 대해 논할 때 열대지방 사람들의 피부색이 고위도 지방 사람들의 피부색보다 어두운 이유를 빼놓을 수 없다. 앞서 어두운 피부색은 유해한 자외선이 피부 속으로 침투하지 못하도록 차단하는 것과 관련이 있다고 말했다. 캘리포니아 과학아카데미의 니나 야블론스키Nina Jablonski와 조지 채플린George Chaplin이 최근 실시한 연구가 이를 잘 보여주고 있다.

이들의 연구 결과 북반구와 남반구 사람들의 피부색은 각각 77퍼센트와 70퍼센트가 자외선UVR과 연관이 있었다. 자외선은 인간의 피부 세포에 심각한 손상을 일으킨다. 해변을 찾는 사람들, 특히 피부색이 밝은 사람들에게 피부암 유발의 주요 원인인 자외선에 대한 경고를 하는 것도 이 때문이다. 자외선 지수는 극지방, 즉 지구의 북쪽이나 남쪽으로 갈수록 감소하는데, 극지방에서는 햇빛이 통과해야 할 대기층이 더 두껍기 때문이다. 즉, 대기 중에서 흡수되는 햇빛의 양이 많아 지표면에 닿는 자외선의 양이 적어진다.

자외선 지수가 위도에 따라 결정되는 것만은 아니다. 예를 들어 티베트나 남아메리카의 안데스 고원처럼 중위도에 위치하면서 고도가 높은 지역에서는 자외선 지수가 높다. 유해한 햇빛을 흡수할 공기층이 얇기 때문이다. 구름도 공기층과 같은 역할을 한다. 대기 중의 수증기가 자외선을 걸러내는 데 도움을 주기 때문이다. 칠레 북부의 아타카마사막과 미국 남서부 지역에 있는 사막들, 그리고 아프리카의 뿔(Horn of Africa, 에티오피아, 소말리아, 지부티가 자리 잡고 있는 아프리카 북동부 지역-옮긴이) 지역은 해당 위도에 비해 예상외로 자외선 지수가 높다. 영국

제도와 달리 이들 지역은 기후가 상당히 건조하고 구름의 양이 적기 때문이다.

야블론스키와 채플린은 피부색이 다양하게 진화한 원인을 자외선이 아니라 두 종류의 비타민이 관련된 두 경쟁 이득 사이의 거래에서 찾는다. 하나는 햇빛이 비타민B, 즉 엽산을 파괴하는 범위다. 햇볕에 그을린 피부를 포함해 어두운 피부색의 원인인 멜라닌 세포는 피부 속의 비타민B를 햇빛으로부터 보호한다. 다른 영장류와 마찬가지로 우리 인간은 체내에서 비타민B를 합성하지 못하지만 대신 동물의 고기로 섭취할 수는 있다. 따라서 어두운 색 피부는 과도한 햇빛이 피부에 침투하는 것을 차단하여 비타민B가 파괴되는 것을 막아준다.

그런데 문제는 비타민D다. 비타민D는 칼슘과 함께 뼈를 단단하게 하는 필수영양소다. 앞에서도 언급했듯 비타민D는 피부 속에 침투한 햇빛에 의해 체내에서 합성된다. 하지만 고위도 지방에 사는 피부색이 어두운 사람은 대기 중에 햇빛의 양이 부족하여 비타민D를 필요한 만큼 충분히 만들어낼 수 없다. 예를 들어 알비노병(유전적으로 색소합성능력이 결여되어 피부, 모발 등은 하얗고 얼굴은 핑크빛임-옮긴이)에 걸린 남아프리카 아이들은 피부색이 어두운 평범한 아프리카 아이들에 비해 음식으로 비타민D를 섭취할 필요가 적다. 북위도 지역에 사는 사람들의 피부가 밝은색으로 진화한 것도 바로 이런 이유 때문이다. (남반구의 지표면은 대부분 열대지방이기 때문에 북반구에 비해 백인의 수가 적다. 하지만 고작 몇백 년 전에 남아프리카로 이주한 검은 피부의 줄루족보다는 남아프리카 원주민들의 조상인 산 부시맨들의 피부가 더 밝다.)

이것을 뒷받침하는 한 가지 놀라운 사실이 있다. 일반적으로 여성과 아기들의 피부색이 아프리카인을 포함한 남성들의 피부색보다 밝다는 점이다. 여성은 임신과 수유 기간에 칼슘과 비타민D가 일반인에 비해 훨씬 더 많이 필요하다. 전통사회에서 여성들은 성인기 대부분을 이 두 가지 상태 중 하나로 보냈다. 따라서 여성에게 비타민D를 합성하는 능력이 더 절실했을 것이라는 사실은 쉽게 짐작할 수 있다.

이렇듯 빈틈없는 설명에도 불구하고 우리에게는 몇 가지 의문이 더 남아 있다. 왜 피부색과 위도 및 자외선 양 사이의 상관관계가 남반구 사람들보다 북반구 사람들에게서 약간 더 강하게 나타날까? 비타민의 중요성을 고려할 때 왜 그 관계를 완벽하게 설명할 수 없는 걸까?

이 두 가지 의문에 대한 답은 역사와 문화에서 찾을 수 있다. 생물학자인 제러드 다이아몬드Jared Diamond는 '특이한' 피부색을 가진 수많은 사람이 사실 최근 역사에서 장거리 이주에 참여했던 조상을 두었다고 지적했다. 따라서 남아프리카 반투족 주민들의 어두운 피부색은 그들의 조상이 불과 몇백 년 전에 적도와 가까운 서아프리카에서 남아프리카로 이주했다는 증거다. 마찬가지로 필리핀인, 캄보디아인, 베트남인 등 남아시아 사람들의 피부색이 주변 지역 사람들보다 약간 더 밝은 것은 그들의 조상이 약 2000년 전에 고향인 중국 남쪽에서 이주해 왔다는 사실을 암시한다. 그 지역 토박이 원주민의 후손들(흔히 '산악부족'과 '니그리토'라고 함)은 피부색이 그들보다 훨씬 더 어둡다.

대표적인 예가 에스키모인이다. 에스키모인들은 극지방에 사는 사람들 치고는 피부색이 다소 어둡다. 주식으로 북극곰이나 바다표범 같은 해양 포유동물을 먹기 때문이다. 이런 포유동물의 간은 비타민D를 다량 함유하고 있다. 게다가 간이야말로 에스키모인들이 가장 사랑하는 식재료다. 덕분에 비타민D 때문에 고민하지 않아도 되는 이들의 몸은 비타민B의 보호를 우선 과제로 인식해 어두운 피부색으로 진화한 것이다. 이것이 에스키모인들의 피부가 구릿빛인 이유다.

피부색을 보면 그 사람의 가까운 조상이 어느 지역에 살았는지 짐작할 수 있다. 하지만 피부색이 변하는 진화의 속도는 놀라울 정도로 빠르다. 오늘날 유럽인의 조상은 마지막 빙하기 말인 약 1만 년 전에 북유럽에 도착했다. 따라서 스칸디나비아의 기후와 그곳 사람들의 피부색 사이의 상관관계는 그 역사가 매우 짧을 것이다.

진화의 대가, 출산의 고통

아기에게는 그들만의 매력이 있다. 그리고 그 매력을 부모나 조부모만큼 알아주는 대상도 없을 것이다. 인간의 아기가 몹시 미성숙한 상태로 태어난다는 점을 고려하면 아기에게 매력이 있다는 것은 무척 다행스러운 일이다. 포유류의 임신 기간은 전반적으로 뇌의 크기에 영향을 받는다. 뇌 조직은 일정한 비율로 커진다. 따라서 뇌가 더 크기를 바란다면 뇌가 더 오랜 기간 자라도록 내버려 두는 수밖에 없다. 그리고 뇌의 크기가 큰 종들은 일반적으로 임신 기간도 길다. 사실상 아기가 태어날 시기를 결정짓는 것은 아기 자신이다. 생물학계에서는 이것을 '운전대를 잡은 아기'에 비유하기도 한다.

우리에게 문제는 뇌의 크기다. 인간을 제외한 모든 포유류 전반에 나타나는 기본 패턴을 따른다면 인간의 임신 기간은 21개월이어야 한다. 하지만 인간의 실제 임신 기간은 9개월이다. 이유는 간단하다. 우리 조상은 커다란 뇌를 진화시키기에 앞서 먼저 직립보행에 적합한 신체 구조를 진화시켰다. 그 결과 골반의 모양이 상당히 독특한 사발형이 되었다. 사발형 골반은 분명 원숭이나 유인원의 길쭉한 골반과 다르다. 사발형 골반은 몸통과 머리, 특히 뇌가 점점 커지는 머리를 지탱하기에 매우 적합하다. 오늘날 인간의 자궁 모양은 호모에렉투스 출현 이래 지난 2만여 년 동안 거의 변화가 없었다. 호모에렉투스가 직립보행을 했으며 먼 거리를 이주하는 능력을 개발했음을 상기하자.

진화에서 피할 수 없는 문제는 공학적으로 완벽한 신체 구조를 가질 수 없다는 것이다. 인간이 위에서 언급한 이익을 얻기 위해 감수해야 했던 희생 중 하나가 바로 약한 허리였다. 물론 진화 과정에서 허리를 아주 튼튼하게 진화시키거나 그 부분에 뼈의 비율을 아주 높이는 식으로 문제를 해결할 수도 있다. 하지만 만약 그렇게 했다면 가눠야 할 몸의 무게가 늘거나 지금보다 훨씬 덜 유연했을 것이다. 유연한 척추는 인간의 보행 패턴에서 아주 중요한 특징(따라서 잽싼 몸놀림이 생명인 크리켓 선수들에게도 아주 중요한 특징이다)이며, 고기를 얻기 위해 야생동물을 창으로 찔러야 했던 우리의 수많은 조상에게도 당연히 중요한 특징이었다. 사발형 골반과 약한 허리는 인간이 할 수 있는 최선의 선택이었다. 따라서 '맛이 가기 쉬운' 허리는 인간이 치러야 할 어쩔 수 없는 대가인 셈이다.

직립보행에 적합한 신체 구조로 진화하고 나서 수백만 년이 지난 뒤 그들의 후손이 뇌의 크기를 크게 진화시키려고 하자 사소한 문제가 불거졌다. 골반의 모양이 사발형으로 바뀌면서 산도birth canal가 극적으로 좁아졌던 것이다. 좁아진 산도에 직접적으로 영향을 받는 것은 태어날 아기의 뇌 크기였기 때문에 결과는 생각보다 훨씬 가혹했다.

이 시점에서 우리 조상이 선택할 수 있는 대안은 제한적이었다. 물론 재빨리 마음을 바꿔먹고 큰 뇌를 갖겠다는 야무진 꿈을 포기할 수도 있었다. 하지만 그것은 진화상 제자리에 머문다는 것을 의미했다. 급격한 기후의 변화로 세계가 극적인 전환점을 맞은 시기였기 때문에 제자리에 머문다는 것은 멸종의 길로 치닫던 다른 유인원들과 함께 생태학적으로 궁지에 몰리는 것을 의미했다. 살아남기 위해서는 변해야 했고 새로운 환경에 재빨리 적응해야 했다. 우리의 해결책은 바로 커다란 뇌였다. 커다란 뇌로 진화하지 않았다면 생존을 위한 변화는 불가능했을 것이다.

결국 우리 조상은 21개월의 임신 기간을 9개월로 대폭 줄였다. 그리고 마침내 성공적으로 적응했다. 하지만 치러야 할 대가가 있었으니 바로 뇌의 발달이 절반만 진행된 상태로 아기가 태어난다는 것이었다. 이는 아기가 상당히 미성숙한 상태로 태어난다는 걸 의미했다. 새끼 원숭이와 유인원들은 생후 몇 시간 또는 며칠 만에 활발하게 움직이는 반면 인간의 아기는 그 단계에 이르기까지 꼬박 1년, 즉 잃어버린 12개월을 필요로 한다.

새끼 원숭이나 유인원에 비해 인간의 아기는 엄마 뱃속에 머물렀어야 할 21개월을 다 채운 뒤에도 혼자 생존하기가 매우 어렵다. 지난 10여 년 동안 진행한 연구 결과에 따르면 미성숙한 상태로 태어난 아기들이 나중에 부진한 학업 성적, 신체적 문제 등을 비롯한 발달 과정에 더 많은 어려움을 겪었다. 물론 모든 아이가 이런 문제를 겪는 것은 아니다. 하지만 어쨌든 이런 아이들에게 위험 요소가 훨씬 많은 것은 사실이다.

정상적인 인간의 아기가 부모의 깊은 관심과 집중적인 보살핌을 받는 기간은 생후 약 1년이다. 부모 입장에서 그러한 관심과 보살핌은 고된 노동이다. 따라서 아기들은 부모의 마음을 사로잡는 방법과 매력을 가능한 한 많이 가지고 있어야 한다. 그런데 이것은 새로운 문제를 일으킨다. 그중 하나가 엄마의 입장에서 볼 때 미성숙한 아기가 남편을 옆에 붙잡아 두는 수단이 된다는 사실이다. 단 아기가 남편의 자식이 아니라면 곤란한 상황이 벌어질 수 있다. 여기서 선택할 수 있는 대안은 두 가지다. 아빠를 쏙 빼닮은 아이를 낳거나 그 누구도 닮지 않은 아이를 낳는 것이다. 첫 번째 대안은 아기가 아빠의 친자식인 한 문제가 없다. 하지만 그렇지 않다면 두 번째 대안이 더 나을 것이다. 인간의 몸에서는 실제로 이런 일이 일어난다. 아기들은 성인에 비해 생김새가 모두 비슷비슷하다. 사실 어찌나 비슷한지 서양 아기들의 눈동자는 모두 푸른색이다. 그러다 점차 나이가 들면서 갈색이나 초록색으로 바뀐다. 그러니 아빠들은 계속 궁금할 수밖에 없다.

우리는 해결할 길 없는 이런 불안감을 심리적인 방법으로 해소한다. 갓난아기 곁에 갈 기회가 생기면 주변의 어른들이 하는 이야기를 잘 들어보라. 캐나다 맥마스터대학교의 마틴 데일리Martin Daly와 샌드라 윌슨Sandra Wilson은 한 연구를 통해 아기의 엄마와 외조부모는 아기의 아빠가 나타나면 아기가 얼마나 그를 닮았는지 강조하려고 애쓴다는 사실을 알아냈다. "얘 좀 봐봐. 정말 당신 눈, 코, 이마, 뺨……을 쏙 빼닮지 않았어?" 이것은 캐나다인이나 유럽인에게서만 나타나는 특징이 아니다. 멕시코에서 진행된 또 다른 연구에서도 비슷한 결과가 보고되었다. 하지만 아기의 얼굴에는 부모의 얼굴과 닮은 구석이 없다. 그래야 할 이유가 없기 때문이다. 이 사실이 아기 아빠에게는 눈에 불을 켜고 아내를 닦달해야 할 이유일지 몰라도 모두에게는 오히려 잘된 일이다.

성별의 비밀

내가 성에 관한 문제에 푹 빠져 있다는 사실을 고백해야겠다. 생물학적 진화 과정에서 수컷과 암컷을 구분하는 성만큼 복잡하게 진화한 것도 드물다. 단순히 성과 관련한 관계만을 말하는 것이 아니다. 생물학적으로 복잡한 관계를 의미하는 것이다. 당신은 아마 성이 X와 Y염색체에 관한 문제라고 생각할 것이다. 생물 시간에 그렇게 배웠으니 말이다. 어느 정도는 맞는 말이다. 우리는 평범한 포유동물이고 인간의 성은 어머니에게 물려받은 X염색체가 아버지에게 물려받은 X 혹은 Y염색체와 짝을 이루는 기회 사건으로 결정된다. 아버지에게서 X염색체를 물려받아 XX가 되면 여자아이가 되고 Y염색체를 물려받아 XY가 되면 남자아이가 된다. 정말 간단하다. 하지만 인간에게는 성염색체의 문제가 다른 동물에 비해 좀 더 복잡한 양상을 띤다. 당신이 알고 있는 성염색체에 관한 지식은 커다란 그림의 일부일 뿐이다. 가령 당신의 성염색체가 XY 쌍을 이루었다 할지라도 당신이 남자아이라고 단정할 수는 없다.

사실 성별이 결정되기까지 일어나는 일련의 모든 사건이 시계태엽 맞물리듯 정확히 맞아떨어져야 당신은 남자아이가 될 수 있다. 조금이라도 어긋나면 XY염색체 쌍을 가지고 있더라도 여자아이가 될 수 있다. 이 과정에서 일어나는 일들 중에 '남자 되기 경쟁'이라는 것이 있다. 태아는 일찍부터 특정 유형의 지방세포를 형성하는데, 구조적 결함이 생겨 여자아이가 될지 모르는 XY염색체의 태아를 남자아이로 바꾸려면 특정한 밀도의 지방세포가 필요하다. 적당한 밀도의 지방세포는 테스토스테론 분비를 촉발시켜 태아의 뇌를 남성의 뇌로 전환한다. 일단 뇌의 성이 결정되면 이것은 다른 모든 신체 조직의 전환으로 이어진다.

사실 X와 Y염색체에 따른 염색체 성별은 이보다 더 복잡하다. 유전자에 오류가 생기면 Xo(X염색체 한 개만 존재), XXY, XXYY, XXXYY, XYY 등 어떤 염색체 조합도 나타날 수 있다. 단 한 가지 불가능한 조합이 바로 Yo(X염색체가 없음)다. Y염색체는 크기가 매우 작고, 특정 기능을 담당하는 DNA의 극히 일부에 속하며, 결함이 있는 여성 태아를 남성 태아로 바꾸는 데 영향을 미친다. 그런데 만약 그 작업에 착수할 X염색체가 없다면 그걸로 끝이다. 위에서 예로 든 염색체 조합처럼 비정상적인 염색체 유형은 대부분 장애나 기형과 깊은 연관이 있다. 따라서 대개 고통스러운 결과가 뒤따른다. 다행스러운 것은 그런 일이 극히 드물게 일어난다는 것이다.

성별에 관한 문제는 포유류 이외의 종들을 관찰하면 더 복잡하다. 새, 나비, 양서류의 성별은 우리와 다른 방식으로 결정된다. 새는 알을 낳는 암컷이 XY염색체를 가지고 있고, 털이 화려하고 노래를 부르며 자기 영역을 지키기 위해 주변을 탐색하는 수컷이 XX염색체를 갖는다. 학자들은 혼란을 피하기 위해 새의 염색체를 일반적으로 W와 Z로 구분하는데, 이는 각각 인간의 X와 Y염색체에 해당한다. 명칭을 달리했다고 해서 조류의 성별 결정 방식이 포유류와 정반대라는 사실을 감출 수는 없다. 성별 결정 방식은 진화 과정에서 일어난 우연한 사건의 결과일 뿐이다. 거기에 '자연스러운' 방식이란 없다.

거북이나 악어로 관찰의 범위를 넓히면 문제는 더 복잡하다. 거북이나 악어의 성별은 알을 부화하는 둥지의 온도에 따라 결정된다. 악어는 둥지 온도가 따뜻하면 수컷이 되고 차가우면 암컷이 되는 반면, 거북이는 이와 반대다. 잘 알려진 것처럼 벌의 암컷은 두 세트의 염색체(32개의 염색체)를 가지고 있지만 수컷은 하나(16개의 염색체)뿐이다. 수벌은 무정란에서 태어나기 때문이다. 양놀래깃과의 바닷물고기들과 같이 산호초 주변에 서식하는 수많은 작은 물고기의 성별은 사회적 환경에 따라 결정된다. 이들은 전부 암컷으로 태어나는데, 주변에 수컷이 하나도 없으면 가장 지배력 있는 암컷이 재빨리 변성 과정에 착수하여 마법처럼 수컷으로 변한다. 이 암컷, 아니 수컷이 죽으면 같은 과정이 반복된다. 이들은 '인생의 변화'라는 말에 새로운 차원의 의미를 부여하는 듯하다.

성별이 둘로 나뉘는 모든 종 중에 가장 기이하고 불가사의한 방법으로 성별을 결정하는 종은 아마 '보넬리아'라는 무척추동물일 것이다. 보넬리아는 처음에는 모두 유충 상태로 물속에 둥둥 떠다닌다. 그러다가 바위나 다른 기질(substrate, 효소의 촉매 작용을 하여 화학반응을 일으키는 물질-옮긴이)에 성공적으로 붙은 유충은 암컷이 되고, 다른 곳에 붙기 전에 암컷에게 잡아먹혀 자궁으로 들어간 유충은 수컷이 된다. 이 수컷 유충들은 암컷의 자궁 안에서 남은 생을 안전하게 보낸다. 암컷의 자궁에서 함께 살 수 있는 수컷의 수는 최대 20마리다.

성은 참으로 매력적인 분야다.

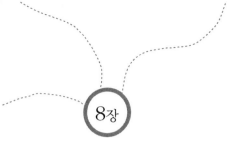

8장

진화가 낳은 재앙

의학 전문가들에게는 풀어야 할 의문이 많다. 유한한 존재인 우리 인간은 생명 활동에서 피할 수 없는 일들, 가령 질병이나 장애, 죽음 등을 극복하기 위해 천 년 동안이나 그러한 문제에 매달려 왔다. 발달한 의학 기술은 언뜻 기적을 행하는 것처럼 보이기도 했다. 그런데 문제는 대개 그런 기적이 장기적으로 우리에게 득이 되는 것이 아니라 우리의 근시안적 욕망을 이용한다는 사실이었다. 우리는 눈앞에 닥친 문제를 해결하기 위해 단기적인 치료법을 개발하여 사용했다. 하지만 나중에 훨씬 심각한 문제가 생길지도 모른다는 사실은 외면했다.

우리는 좀처럼 학습이라는 것을 하지 않는다. 1950년대에 개발된 DDT(유기염소계 살충제. 사람이나 동물에 대한 급성독성이 약하여 개발 초기에는 많은 나라에서 널리 사용했지만 작물에 잔류하여 축산물을 오염시킬 위험 때문에 최근에는 사용이 금지되었다—옮긴이)와 페니실린은 당시 세기에 길이 남을 신비의 명약으로 칭송받았다. 페니실린 덕분에 감염에서부터 어른 아이 할 것 없이 해마다 수십만 명의 목숨을 앗아가던 말라리아까지 온갖 질병을 치료했으니 지나친 일도 아니었다. 우리는 열대지방 경작지에 DDT를 마음껏 뿌려대고 가축들에도 페니실린을 투약했다. 하지만 얼마 지나지 않아 진화의 동력인 자연선택이 의학 기술이 이룩한 이 훌륭한 업적을 모조리 쓰러트리기 시작했다. 불과 몇십 년 만에 우리는 DDT 내성 모기, 페니실린 내성 박테리아, 메티실린 내성 황색포도구균MRSA, 그 밖에 과거 우리가 고민하던 모든 질병을 아이들 장난으로 보이게 만들어버리는 끔찍한 것들을 양산했다. 여기서 우리가 깨우쳐야 할 교훈은 진화에 개입하고자 하는 것이 언제나 합리적인 선택은 아니라는 사실이다. 특히 의학 및 약학 관련 전문가들이 다른 평범한 사람들과 마찬가지로 다윈의 자연선택에 따른 진화론을 제대로 이해하고 있지 않을 때는 더욱 그렇다.

약은 언제나 이롭다?

낯설고 까다로운 질병 때문에 점점 수렁에 빠지는 느낌이 들지 않는가? 만약 그렇다면 지금이 바로 그것을 공식적으로 선언해야 할 때다. 우리는 수렁에 빠지고 있다. 1940년대 이후 발생한 335가지 신종 질병을 분석한 결과 발생 빈도가 꾸준히 증가하고 있는 것으로 밝혀졌다. 10년 단위로 인류를 덮친 신종 질병의 수는 지난 반세기 만에 서너 배가량 증가했다. MRSA를 비롯해 항생제, 중증급성호흡기증후군SARS, 인체면역결핍바이러스HIV, 약물 저항성 신종 말라리아 등이 대표적인 예다. 특히 말라리아에 걸리는 사람은 한 해 약 5억 1500만 명이고 그중 약 100만 명에서 200만 명가량이 목숨을 잃으며, 사망자 대다수가 아이들이다. 이렇게 말라리아가 가장 악명 높은 살인마로 급부상한 현실에서 인류의 미래는 어둡기만 하다.

이와 같은 신종 질병의 약 55퍼센트는 박테리아가 원인이며, 과거우리가 질병의 주요 원인이라고 생각했던 바이러스나 프라이온(광우병을 일으키는 것으로 알려져 있는 감염성 단백질 입자)이 원인인 경우는 훨씬적다. 또 완전히 새로운 것은 드물고 기존의 질병들이 약물에 내성을가지게 된 것이 대부분이다. 이들은 미생물이 도전을 받으면 얼마나빠르게 약물에 내성을 가진 질병으로 진화하는지, 그리고 우리가 얼마나 약물과 항생제를 부주의하게 남용하여 스스로 이런 시한폭탄을 터트리고 말았는지를 알려준다.

이러한 신종 질병이 발생하는 원인의 60퍼센트는 거의 동물에서 옮겨온 동물병원균이다. 그리고 이 중 70퍼센트가 야생동물에서 옮겨온것이다. 악명 높은 에볼라, HIV, SARS, 니파 바이러스(Nipah virus, 1999년에 말레이시아 돼지 농장에서 처음 발생했으며, 과일을 먹고 사는 큰 박쥐에게서 옮겨온 병원균으로 105명의 사망자를 냈다)는 전부 종의 장벽(한 종의 생물체에서 다른 종으로 질병이 확산되는 것을 막는 자연체계-옮긴이)을 뛰어넘어특정 동물 종이 인간에게 옮긴 병원균들이다.

물론 이것은 전혀 새로운 현상이 아니다. 과거에 높은 사망률을 기록했던 우리에게 친숙한 질병 대부분은 그 원인이 수천 년 전 우리의조상이 집에서 기르기 시작했던 가축이나 이런저런 설치류였다. 수두, 우두, 우두의 사촌 격인 천연두, 홍역, 광견병, 라사열(서아프리카에서 발견되는 급성 열병. 대개 쥐가 옮김-옮긴이), 출혈열은 전부 선사시대에 인간

110

이 각각의 동물 숙주와 너무 가까이 지내서 발생한 질병들이다.

열대지방은 이런 역사적 질병들 대부분의 온상으로 악명 높다. 열대지방이 건강에 가장 해로운 지역이라는 것은 이미 오래 전부터 알려진 사실이다. 물론 시간이 지남에 따라 일종의 면역력을 진화시킨 인종 집단의 후손들은 예외다. 그 대표적인 예가 서아프리카 반투족 원주민에게서 나타나는 겸상적혈구빈혈증(sickle cell anaemia, 둥근 원판 모양이어야 할 적혈구가 낫 모양으로 변하여 산소를 제대로 운반할 수 없는 병—옮긴이)이다. 겸상적혈구빈혈증으로 생기는 낫 모양의 적혈구는 말라리아 숙주에게 상당한 내성을 갖는 열성 대립유전자다. 하지만 이 열성 대립유전자를 양쪽 부모에게 모두 물려받은 자식은 10대를 넘기기 힘들다.

끔찍한 질병이 고위도 지방에서보다 열대지방에서 더 자주 발생한다는 사실은 부분적으로 언어가 확산되는 특이한 방식을 설명해준다. 적도 지방의 언어 집약도는 고위도 지방의 언어 집약도보다 훨씬 높고, 적도 지방의 언어 공동체(해당 언어를 사용하는 사람들의 집단)는 고위도 지방의 언어 공동체보다 규모가 훨씬 작다. 이러한 현상은 병원균이 더 밀집한 지역에서 교차 감염의 위험을 줄이는 전략이 문화적으로 진화했기 때문이라고 설명할 수 있다. 언어 장벽은 다른 언어 집단 간의 접촉 기회를 현저히 낮추므로 전염의 위험을 최소화한다. 집단을 작고 배타적으로 만들수록 자연 면역력이 없는 사람이 질병에 노출될 위험을 줄일 수 있다. 종교도 언어와 비슷한 역할을 하는 것으로 밝혀졌다. 뉴멕시코대학교의 랜디 손힐Randy Thornhill과 그의 동료들은 기생충이 많은 열대지방 사람들이 기생충이 적은 고위도 지방 사람들보다 종교적 성향이 훨씬 강하다는 사실을 입증했다.

대다수 신종 질병의 원산지가 열대지방이기는 하지만 종종 아열대 지방에서 주요 질병이 발생하기도 한다. 인구밀집도가 질병의 발생과 밀접한 관련이 있기 때문이다. 또한 역사적 관점에서 보면 이것은 유라시아와 북아메리카 경제가 발전하여 질병에 걸리기 쉬운 개인들이 더 밀집해 사는 환경을 제공했다는 사실을 반영한다. 물론 열대지방 밖에서의 언어 공동체 규모가 훨씬 더 크기 때문에 개인들 사이의 교제(모든 의미에서의 교제)도 훨씬 쉽게 이루어진다.

하지만 결국 문제는 소위 인축공통전염병zoonoses에 해당하는 신종 질병 대부분이 야생 생물이 다양하게 서식하는 지역에서 발생한다는 점이다. 게다가 그런 지역은 대개 아프리카, 아시아, 중앙아메리카 등지의 개발도상국에 있다. 그런 나라에서는 질병 추적 감시 및 통제에 대한 투자가 미미하다. 문제는 그곳에서 발생한 질병이 선진국으로 옮겨오면 다루기가 훨씬 까다롭다는 것이다. 이것이 선진국이 자원을 개발도상국의 질병 관리 분야에 투자해야 하는 이유다.

입덧의 저주

입덧으로 고생하는 임신부에게 혼자만 그런 고통을 겪는 게 아니라고 위로하는 것이 무슨 소용일까? 어쨌든 임신부 다섯 명 중 네 명은 임신 후 3개월 안에 구토나 특정 음식에 대한 거부 반응을 경험한다. 언제나 그렇듯 처음에 의사들은 입덧 증상을 보고 구토억제제 탈리도마이드thalidomide를 처방했다. 1960년대에 수많은 기형아 출산의 원인이었던 탈리도마이드는 입덧 증상은 멈추게 했다. 하지만 그에 따른 부작용에 관심을 기울이는 사람은 아무도 없었다. 의사들은 입덧을 임신 기간 동안 일어나는 호르몬 변화의 부작용으로 보았다. 그들에게는 입덧 증상을 없애야 할 충분한 이유가 있었던 셈이다. 하지만 진화의 역사에서 단순히 부수적인 효과일 뿐인 현상이 일어나는 경우는 매우 드물다. 그런데 왜 우리 인간은 완벽하게 자연스러운 일상의 과정으로부터 그런 끔찍한 부작용을 경험해야만 하는 것일까?

사실 입덧은 임신부, 아니면 적어도 뱃속의 아기에게는 이로운 것이다. 임신 후 3개월 안에 메스꺼움을 경험하는 여성은 자연유산으로 아기를 잃을 가능성이 현저히 낮고 더 크고 예쁜 아기를 출산할 가능성이 높다. 진화생물학자들은 이러한 현상이 왜 일어나는지 알아내려고 애썼다. 한 가지 그럴듯한 가정은 입덧이 먹을거리를 두고 엄마와 태아가 벌이는 한 판 승부라는 것이다. 이 주장의 요지는 간단하다. 평상시에 우리는 약한 독성이 있거나 때로 유독한 음식을 자주 먹는다. 그런 음식이 더 맛있고 자극적이기 때문이다. 술, 커피, 칠리, 후추, 브로콜리 등이 대표적인 예다. 이런 음식에는 기형 발생 물질, 즉 임신 기간 중에 너무 많이 섭취하면 뱃속에서 자라는 아기에게 기형을 유발하는 물질이 적지 않게 들어 있고 많이 먹으면 암을 유발할 수도 있다.

일반적으로 성인은 이런 독성 물질을 견딜 만큼 강하다. 몸속으로 들어오는 독성의 양이 상대적으로 적을 뿐 아니라 체내에 흡수되면서 희석되기 때문이다. 하지만 태아는 아주 작고 연약하다. 태아는 어머니의 몸을 통해 이런 독성 물질이 아주 조금만 들어와도 심한 타격을 입는다. 그런 의미에서 입덧은 엄마가 해로운 음식을 너무 많이 먹지 못하게 차단하는 태아의 생존 방식이다.

또 다른 가정은 입덧의 증상 중 하나인 구토가 음식물을 통해 체내로 들어온 유해 박테리아를 제거한다는 것이다. 성인은 상한 고기를 조금 먹는다고 해서 심각한 상황에 처하지 않는다. 복통을 일으키거나 심하면 설사를 하는 정도가 고작이고 이런 증상은 금세 사라진다. 그러나 아기에게는 치명적일 수 있다. 특히 고기와 유제품이 그럴 가능성이 높다.

리버풀대학교의 크래이크 로버트Craig Robert와 질리언 페퍼Gillan Pepper는 최근 연구에서 각국의 전형적인 식단과 연계하여 입덧이 나타나는 빈도의 상관관계를 조사했다. 그 결과 커피 같은 흥분성 음료 및 음주 빈도가 입덧 빈도와 관련이 있는 것으로 나타났다. 하지만 입덧과 가장 밀접한 연관이 있는 것은 엄마가 섭취하는 고기, 동물성지방, 우유, 달걀, 해산물의 양이었다. 곡류 및 콩 제품은 연관성이 가장 적었다.

이것은 해로운 감염의 위험이 입덧의 진화에 중요한 역할을 했을 것이라는 사실을 암시한다. 만약 입덧의 목적이 독성이 든 음식을 피하는 것이라면 고기 및 유제품의 섭취량과 입덧 사이에 밀접한 관련이 있다는 설명은 타당하다. 고기와 유제품은 인간이 먹을 수 있는 것 중에서 가장 영양가가 높은 음식이다. 고기와 유제품에는 소화가 잘되는 영양분이 풍부하게 들어 있다. 그런데 왜 이 음식을 피해야 할까? 그것은 아마 이 두 가지 음식이 세균에 감염되기 쉽고, 이들을 평상시처럼 섭취했을 때 엄마와 태아에 축적되는 양이면 자연유산을 일으키기에 충분할 것이기 때문이다. 일반적으로 곡류는 이런 문제를 일으키지 않는다. 따라서 곡류 위주의 식단으로 식사를 하면 입덧으로 고생할 확률은 낮다.

독소 가설에 반하는 이상한 증거가 하나 있다. 음식에 사용하는 양념이 입덧 비율과 부의 상관관계에 있다는 사실이다. 많은 양념이 발암물질로 알려진 것을 고려할 때 이것은 참으로 놀라운 증거다. 하지만 극동지방 여행객이라면 매운 카레가 우리가 무심코 먹는 여러 가지 세균과 유해물질을 박멸한다는 것을 알 것이다. 이렇듯 양념은 우리 몸에 이로운 역할을 하기도 한다. 양념은 뇌에서 자체적으로 생산하는 엔도르핀 분비를 유발하고 면역 체계를 조정한다. 따라서 양념을 섭취하면 병마를 더 잘 견딜 수 있다.

만약 임신을 고려하고 있다면 고기와 유제품을 피해 입덧의 위험을 줄여야 한다. 스코틀랜드인이 예로부터 만병통치약처럼 먹어왔던 포리지(부드럽고 따뜻해 아침 식사로 먹기 좋은 곡물요리의 일종―옮긴이)가 갑자기 아주 맛있어 보이지 않는가? 하지만 포리지에 칠리 양념까지 곁들일지는 당신이 결정해야 할 몫이다.

아기를 살리는 것이 옳은가?

인간이 죽음보다 더 걱정해야 할 것이 있다면 불임이 아닐까. 더욱 괴로운 것은 불임 치료에 시간과 돈이 너무 많이 들어간다는 사실이다. 2006년 여름, 경이로운 과학의 발전 덕분에 62세의 패티 패런트Patti Farrant는 영국에서 최고령 산모라는 명예를 안고 건강한 사내아이를 낳았다. 하지만 이 소식은 폐경 후 체외수정IVF을 통한 최근의 몇몇 임신 사례에서 보듯 나이 많은 노인이 훌륭한 엄마의 역할을 할 수 있는가 하는 단순한 문제를 넘어서 보다 근본적인 의문을 제기했다.

우리는 진화의 산물이다. 진화는 그 과정에서 각 개체가 다음 세대로 전해질 유전자 풀에 힘닿는 데까지 기여하도록 진화에 필수적인 기능을 보조하게끔 설계된 복잡하고 다양한 동기와 감정을 서서히 불어넣는다. 장기적인 진화의 결과는 아무도 모른다. 따라서 진화는 가장 이득이 큰 진화를 달성하기 위해 인간의 감정을 통해 진화의 과정 전반을 조정한다.

그래서 우리는 감정적으로 눈앞의 결과에 마음을 빼앗긴다. 우리는 지금 기술을 통해 개인의 욕구를 현실로 바꿀 수 있는 세상에 살고 있다. 이런 세상에 살면서 쉽게 욕구를 충족시킬 수 있는 일에 저항하기란 쉽지 않다. 주변을 둘러보라. 달고 기름진 음식이 얼마나 많은가. 이런 음식을 배불리 먹으면 분명 몸에 해로울 것이다. 하지만 우리는 순간적인 기쁨을 위해 그런 위험쯤은 기꺼이 감수한다. 이것은 인간이 눈앞의 기쁨에 얼마나 쉽게 넘어가는지 보여주는 단적인 예다. 우리는 순간적인 기쁨을 얻기 위해 위험을 감수하고, 물고기를 남획하고, 숲의 나무를 마구 베어낸다. 먼 훗날 그런 행동의 파괴적인 결과가 고스란히 우리에게 돌아오리라는 것을 뻔히 알면서도 말이다.

이러한 욕구 중에서 가장 저항하기 힘든 것이 자식에 관한 욕구다. 진화 과정을 통해 부모는 자식을 필사적으로 돌본다. 인간의 아기는 원숭이나 유인원 새끼에 비해 훨씬 미숙한 채로 태어나기 때문에 부모는 아기를 혼신의 힘을 다해 돌보아야 한다. 그렇지 않으면 아기는 살아남기 힘들다. 그런데 문제는 아기가 좀처럼 젖을 떼려 하지 않는다는 점이다. 이럴 때는 마치 부모가 영원히 자식을 돌보아야 할 것처럼 느껴진다.

성공적인 양육이란 단지 아이가 무사히 유년기를 넘긴다고 끝나는 것이 아니다. 우리는 이 사실을 자주 잊는 경향이 있다. 인간은 사회적 성향이 매우 강한 종이다. 진화적인 관점에서 보면 아이가 어른이 되었을 때 사회에서 유리한 위치를 차지할 수 있게 해주는 것이 단순한 생존 문제보다 훨씬 중요하다. 그렇게 되려면 아이는 10대에 엄청난 양의 사회성 훈련을 거쳐야 한다. 부모는 자식이 성인이 되기 전까지 경제적 문제를 책임지고 올바른 유형의 사회적 경험, 배우자, 가능하다면 사업 기회까지 제공해야 한다. 대부와 대모를 찾아주는 것으로 시작해 친척이나 지인들에게 수소문하여 일자리를 알아봐 주고 마지막은 성대한 결혼식으로 장식해야 한다. 이 과정이 끝나면 손자와 손녀들이 태어나고 다음 세대에서도 똑같은 일을 반복한다. 즉, 부모는 아이를 낳고 양육을 시작한 후 40년이나 자식의 뒷바라지를 해야 한다.

문제는 의학의 눈부신 발전 덕분에 과거 같으면 목숨을 잃었을 아이도 지금은 살려낼 수 있다는 것이다. 부모와 의사가 모두 아이에게 관심을 집중하고, 충분히 납득할 만한 이유로 "할 수 있어, 해야 해"를 외치는 문화가 보편화되어 있다. 하지만 그렇게 하는 것이 언제나 모든 사람에게 가장 좋은 일일까? 부모도 죽음의 문턱까지 갔던 아이가 살아난 순간에는 순간적인 감정에 휩싸여 앞으로의 일을 생각하지 못하고, 의사도 어려움을 무릅쓰고 아이를 살려냈다는 뿌듯한 기분 외에 다른 것은 보지 못한다. 아이를 살려야 한다는 문화적 압력은 점점 더 강해지고 있지만 그에 따른 결과는 간과되고 있다. 미숙아보다 더 큰 문제를 가지고 있는 아기의 경우 이것은 심각한 문제다. 중증 장애아를 몇십 년 동안 돌보는 일은 아무리 성인군자라 해도 굉장히 큰 고통이며 가족에게도 무거운 짐이다. 중증 장애아를 둔 가정의 이혼율은 평균보다 높고, 장애아를 돌보는 가족의 인내심이 한계에 다다르면 그 장애아가 신체적·정신적 학대를 받을 위험은 물론이고 죽음의 위기에 내몰릴 가능성도 현저히 높아진다.

인생, 특히 아이의 성장 과정에서는 최고의 순간에도 항상 위험이 도사린다. 따라서 이러한 선택을 해야 할 기로에 놓인 사람들이 '아이를 살릴 수 있다고 해서 그렇게 하는 것이 반드시 옳은 일일까?'라고 고민하는 것은 도덕적으로 옳은 일이다. 의학을 인간의 바람을 이루어주는 도구로 사용하는 것이 과연 우리에게 이로운 일일까? "아니요"라는 대답이 진화가 우리에게 주는 교훈이다.

성 비율의 딜레마

물론 진화의 부정적인 면들이 전부 의학 전문가들의 탓은 아니다. 정치인과 그들이 우리에게 강요하는 사회정책 때문인 경우도 많다. 훌륭한 정치적 의도에서 비롯된 정책도 예외는 아니다. 의학뿐 아니라 생물학에서도 정치적 의도에서 비롯된 간섭은 문제가 될 수 있다. 예를 들어 20여 년 전에 중국은 인구폭발 문제로 심각한 고민에 빠졌다. 고심 끝에 중국 정부가 내놓은 대안은 '한 가정 한 자녀' 운동이었다. 이 정책 시행 후 결혼한 부부는 아이를 한 명 이상 낳을 수 없었다. 둘째 아이를 임신하면 낙태를 해야 했다. 가혹하게 들리겠지만 이 정책이 중국을 인구폭발에서 어느 정도 구한 것은 사실이다. 출생률이 가파르게 떨어지면서 인구성장률이 전복되었다.

하지만 중국 정부는 진화가 인간 본성에 영향을 미친다는 사실을 고려하지 않았다. 중국이 인구폭발의 재앙에서 벗어나는 동안 날개 속에 몸을 사리고 있던 것은 어이없게도 인구통계학적 재앙이었다. 중국 정부의 인구통계학자들이 전혀 예상치 못했던 것, 그리고 진화를 이해하지 못하는 일반 인구통계학자들이 관심조차 갖지 않았던 것은 평범한 부부들, 특히 농장을 운영하기 위해 아들이 절대적으로 필요한 지역에 사는 부부들의 남아선호 사상이었다. 정부 정책 덕분에 저렴한 비용으로 태아의 성을 감별할 수 있게 되자 부모들은 태아가 딸인 경우 선택적으로 아이를 유산시켰다.

이 정책을 시행한 지 채 20년도 안 되었지만 이미 중국에서는 남녀 성비 불균형이라는 시한폭탄이 서서히 모습을 드러내기 시작했다. 중국의 100여 개 거대 도시 남녀 성 비율은 여자아이 100명당 남자아이 125명이다. 일반적인 성 비율은 여자아이 100명당 남자아이 108명이다. 이러한 통계로 미루어 중국 내 결혼 적령기 남성은 여성보다 약 1800만 명 더 많을 것으로 추정된다. 또 이를 토대로 예측해보았을 때 2020년에는 남성이 여성에 비해 3700만 명 더 많을 것이다. 현재 남자아이들에게 이것은 무척 불길한 징조다. 결혼 적령기에 짝을 찾기가 그만큼 어렵다는 것을 암시하기 때문이다.

최근 한 연구에서 영국 본토 전역의 이혼율과 강간 사건 발생 빈도수가 상당히 밀접한 관련이 있다는 사실을 밝혀냈다. 평균적으로 재혼율은 남성보다 여성이 더 높다. 따라서 이혼율이 높다는 것은 새로운 짝을 찾지 못한 독신 남성의 수가 많으며, 따라서 그만큼 크게 상심한 남성의 수가 많다는 것을 의미한다. 여성의 역할이 얼마나 중요한지는 영국 내 젊은 남성 범죄자들의 재범 가능성을 예측할 수 있는 가장 강력한 지표 중 하나가 출소 후 연인과 장기적으로 안정된 생활을 하고 있는지 여부라는 사실을 고려하면 확실히 드러난다. 단도직입적으로 말해 짝을 찾지 못한 남성은 사회를 위협하는 존재다.

이러한 현상이 최근에 일어난 것만은 아니다. 600년 전 포르투갈 귀족도 이와 똑같은 문제를 겪었다. 14세기 말에 포르투갈 귀족은 상속에 관한 규정을 분할상속제(재산을 자식에게 똑같이 분배함)에서 장자상속제(형제 중 가장 나이 많은 자식에게 전 재산을 물려줌)로 바꾸었다. 추가로 취득할 토지가 바닥나고 있는 것이 주된 이유였다. 새로 토지를 습득할 가능성이 전혀 없는 상태에서 분할상속제에 따라 사유지를 반복적으로 형제들에게 나누어준다면 단 몇 세대 만에 그 가문은 빈털터리가 되고 만다. 그래서 귀족들은 경제력을 잃지 않기 위해 전 재산을 첫째 아들에게 투자하는 대안을 선택했다.

하지만 이 제도를 시행한 지 단 몇 세대 만에 문제가 생겼다. 재산이 없어서 신붓감을 구할 수 없는 아들들의 불만이 커졌던 것이다. 게다가 포르투갈에서는 상류층이 하층민과 결혼하는 것을 엄격하게 금지하고 있었다. 이를 못마땅하게 여긴 상류층 자식들이 국가 질서를 어지럽히기 시작했고, 결국 왕이 개입하지 않을 수 없는 지경에 이르렀다. 왕은 콜럼버스, 바스코 다 가마, 마젤란의 신대륙 탐험의 연장선으로 포르투갈에서 재산을 얻을 수 없는 젊은 터키인들을 외국으로 내보내 그곳에서 부를 쌓게 하는 해결책을 내놓았다. 이것이 유럽의 대항해시대를 재촉했다. 이 시기 포르투갈 귀족들의 매장 기록을 보면 이러한 현상을 확인할 수 있다. 즉, 15세기에서 16세기로 넘어갈 무렵에 장자를 제외한 나머지 아들들은 아프리카나 그보다 더 먼 지역에 묻혔다.

인간에게 성별의 균형을 찾는 생물학적 장치가 있다면 장기적인 안목에서 볼 때 이 모든 현상은 자연스러운 일이다. 다윈의 진화론에서 기본적인 원리 중 하나는 일반적으로 인간은 상대적으로 수가 적은 성별을 더 가치 있게 여기기 때문에 남녀 성 비율은 대체로 50대 50을 유지하는 경향이 있다는 것이다. 장기적으로 보았을 때 자연스럽다고 한 것은 바로 이 때문이다. 남녀 성 비율은 정상적인 상태를 벗어나 심각한 불균형 상태에 이르더라도 어느 시점에 이르면 제자리로 돌아온다. 부모가 결국 더 적은 쪽의 성을 선호하게 되기 때문이다. 다만 중국은 수많은 세대, 무려 천 년이라는 시간이 지나야 남녀 성 비율의 균형을 달성할 수 있다는 것이 문제다. 하지만 그들에게 필요한 것은 몇 십 년 안에 문제를 해결할 수 있는 해결책이다.

중국 정부가 이러한 문제를 올바르게 인식하기까지는 그리 오래 걸리지 않았다. 그들은 곧 '딸도 좋아요'라는 캠페인을 적극적으로 펼쳤다. 동시에 태아의 성별을 미리 알려주는 병원을 엄격하게 처벌했다. 하지만 이러한 방법은 남녀의 성 비율을 맞추기까지 한 세대 이상이 걸리는 장기적인 해결책이다. 이 문제에 매달려 있는 동안 중국은 훨씬 더 심각한 사회 문제를 떠안을지 모른다. 영국 사회의 심각한 문제가 젊은 남성이나 범죄조직과 밀접한 관련이 있다고 본다면, 10~20년 후 성적 불만이 가득한 젊은 남성이 4000만 명이나 늘어난 중국의 상황을 짐작하기란 그리 어렵지 않다. 중국이 아무리 대국이라 해도 4000만 명의 문제를 단번에 해결하기는 어렵다. 아니면 젊은 남성을 서양으로 경제적 이주를 시키는 것이 그들에게 필요한 답일까?

9장

다윈 전쟁

다윈의 《종의 기원》이 출간된 이래 한 세기 반이 흘렀다. 하지만 진화와 다위니즘(Darwinism, 자연선택과 적자생존을 바탕으로 진화의 원리를 규명한 이론—옮긴이)에 관한 논의는 책 출판 직후와 마찬가지로 지금도 열띠게 전개되고 있다. 또한 아직도 과학 대 종교 사이의 대결 양상이 짙다. 과학을 향한 비난이 주로 진화론으로 곤란한 상황에 처한 아브라함 종교(유대교, 이슬람교, 기독교 등을 통틀어 이르는 말—옮긴이)의 근본주의 형태를 취하기는 하지만 말이다. 이런 식의 관점을 미국만큼 공개적으로 논의하는 곳도 없다. 예를 들어 부시 전 미국 대통령은 임기를 1년 남겨 놓고 지적설계론(Inteligent Design, 진화론에 맞서기 위해 창조론자들이 만들어 낸 논리. 자연계의 현상과 법칙을 진화론만으로는 모두 설명할 수 없다고 지적하며, 우주는 어떤 '지적인 존재'가 분명 의도를 가지고 설계했다고 주장—옮긴이)을 생물 교과 과정에 포함해야 한다고 강력히 제안했다. 아마도

자신의 견해를 열렬히 전파하려는 기독교인으로서의 행동이었을 것
이다.

진화론 vs 지적설계론

도대체 왜 이렇게들 난리일까? 많은 사람이 지적설계론을 교묘한 창
조론이라고 생각한다. 지적설계론을 생물 교과 과정에 포함하자는 제
안은 미국 교육 시스템을 거의 한 세기 전으로 되돌리려는 의도가 아
닌지 의심스러울 만큼 미국 헌법 역사상 가장 터무니없는 시도였다.
1926년, 테네시 주는 고등학교 생물 교사 존 스콥스John Scopes가 수업
시간에 진화론을 가르쳤다는 이유로 그를 기소했다.

　지적설계론, 이른바 ID는 우리 주변의 복잡한 자연 세계는 그 복잡
함의 수준으로 보아 우리 눈에 보이지 않는 지적인 존재가 만들어낸
것이라고 주장한다. 반대로 지적설계론을 일절 부정하는 진화론은 어
딘가 설명이 부족하고 실제로 허점도 많아 보인다. 사실 지적설계론은
특별히 새로운 개념이 아니다. 영국의 신학자 윌리엄 페일리Wiiliam
Paley는 1802년 출간한 《자연신학Natural Theology》에서 자연의 완벽함을
신(위대한 설계자)이 존재한다는 근거로 사용한 바 있다.

　지적설계론을 옹호하는 펜실베이니아 소재 르하이대학교의 생화학
교수 마이클 베히Michael Behe는 살아 있는 세포와 같은 복잡한 생명체
가 분자 단위의 세포 구성요소들이 점차 하나씩 결합되어 이루어지는
일련의 단계를 거쳐 진화하기란 불가능하다고 말한다. 예를 들어 세포
소기관(세포 내 원형질의 분화로 생긴 일정한 구조와 기능을 가진 부분—옮긴이)
이 없는 세포는 스프링을 달지 않은 쥐덫이나 마찬가지다. 이들의 논

리를 반박하려면 진화론자들은 눈으로 확인할 수 없는 돌연변이 발생 과정에서 이 세상의 복잡성이 탄생했다는 것을 밝혀야 한다. 이것을 증명하지 못하면 지적설계론자들의 기본적인 입장, 즉 우주를 설계한 지적인 존재는 틀림없이 있다는 주장에 암묵적으로 동의하는 것이나 마찬가지다.

순진한 사람들에게는 이러한 주장이 상당히 그럴듯하게 들릴 것이다. 하지만 그들의 논리는 의도적인 속임수에 가깝다. 눈을 예로 들어 보자. 수정체가 없는 완벽한 눈을 상상할 수 있는가? 그런 눈이 어떻게 자기 역할을 할 수 있는가? 이 질문에 간단히 대답하자면 자연에는 '수정체가 없는 완벽한 눈' 같은 예가 수두룩하다. 그런 예들은 모두 완벽하게 제 기능을 해낸다. 눈은 여러 동물 집단에서 최소한 열 번 정도는 독자적으로 '발명'되었으며 그에 따라 형태도 가지각색이다. 연체동물의 눈만 간단히 살펴봐도 단순히 빛에 민감한 세포 덩어리에서부터 수정체가 없는 눈, 수정체가 고정된 눈, 인간의 눈과 거의 흡사하게 수정체를 조절할 수 있는 눈에 이르기까지 얼마나 다양한 눈의 형태가 자연계에 존재하는지 확인할 수 있다.

문제는 지적설계론을 옹호하는 사람들 대부분이 자연의 역사에 대해 특별히 조예가 깊지 않다는 사실이다. 그들이 자신들의 주장을 무색하게 만드는 오늘날의 수많은 사례를 제대로 파악하지 못하고 있는 것이 단적인 증거다. 그들은 진화론의 실질적인 요지도 제대로 파악하지 못하고 있다. 지적설계론자들은 다윈식 진화론이 진화의 과정을 모두 우연으로 가정한다고 주장한다. 바꿔 말하면 무수히 많은 사소한 변화가 누적되면서 무작위로 돌연변이가 발생한다고 가정한다는 것이다. 따라서 그들은 자연선택에 의한 진화를 두고 회오리바람이 폐품 처리장을 강타해 초대형 여객기를 조립할 수 있다고 주장하는 것이나 다를 바 없다고 빈정거린다. 정말 답답한 노릇이다. 진화는 그런 의미에서 일어나는 무작위 과정이 아니다. 돌연변이는 분명 무작위로 발생하지만, 특정 돌연변이가 채택되고 시간이 흐르면서 모든 조직이 점차 그 돌연변이의 특성에 정확하게 맞물리며 온전한 개체가 되는 과정은 무작위와 거리가 멀다. 그것은 자연선택에 따라 통제된 과정이다. 또한 자연선택은 놀라울 정도로 빠른 속도로 돌연변이를 만들어 낸다. 자연선택이 유라시아의 갈색곰으로부터 눈처럼 하얀 백곰을 탄생시키기까지는 고작 1만 년밖에 걸리지 않았다.

이 모든 것을 이토록 흥미롭게 하는 것은 다른 문제에 관해서는 확고한 과학적 신념을 가지고 완벽하게 합리적인 사람들이 지적설계론에 그토록 심취하는 이유다. 지적설계론을 지지하는 사람들 대부분이 유기체를 연구하는 생물학자가 아니라는 점도 눈에 띈다. 그들은 진화론의 진실 여부에 거의 영향을 받지 않는 분야에 몸담고 있는 사람들이 대부분이다. 그렇다면 왜 그들은 다윈의 진화론에 그토록 적대적일까? 이 이론이 물리학에서의 양자역학 이후 과학 역사상 두 번째로 성공적인 이론임에도 불구하고 말이다. (우아하리만치 간단한 다윈의 진화론과 달리 양자역학은 아마 인간이 만든 모든 이론 가운데 가장 이해하기 어려운 이론일 것이다.)

지적설계론자들의 주장을 시간이 남아도는 교수들끼리 휴게실에서 나눈 잡담으로 치부하고 넘어갈 수도 있다. 하지만 자연선택의 힘, 진화의 역사에서 자연선택이 이룬 업적, 지금도 계속되는 자연선택의 활동을 제대로 이해하지 못한다면 우리는 매우 심각한 결과에 직면할 것이다. 1950년대 DDT 내성 해충의 출현, 1980년대 약물 내성 말라리아, 가장 최근 항생제 내성 균MRSA superbug으로 발생한 무시무시한 현상들은 모두 우리가 진화의 과정을 제대로 이해하지 못해서 생긴 결과다. 우리는 더 이상 우리가 감당할 수 없는 이런 일들이 반복되기를 원치 않는다.

진화론 전쟁

물론 문제를 일으킨 장본인은 대부분 종교적 근본주의자들이다. 그들은 성경에 나오는 창조 이야기를 전부 사실이라고 믿고 싶어 한다. 그런데 일부 종교가 진화론으로 인해 위기에 몰린 이유는 무엇일까? 인간과 유인원이 같은 조상을 가졌다는 사실이 왜 그들을 그토록 불안하게 만드는 것일까? 특히 최근에 진화론과 관련한 문제로 잔뜩 불만을 품은 사람들이 있었다. 바로 케냐의 몇몇 주교였다. 이들은 케냐의 수도 나이로비에 있는 국립박물관에 인류 조상의 뼈 화석을 전시한다는 계획을 못마땅하게 여겼다. 박물관에 견학 온 아이들이 그 화석을 보면 타락할 것이라는 게 그들의 이유였다. 케냐복음연맹Evangelical Alliance of Kenya 의장 보니파세 아도요Boniface Adoyo와 그의 동료들은 불쌍하고 순진한 어린 양들이 인간을 유인원의 자손이라고 생각할까 봐 노심초사했다. 그들의 관점에서 이것은 말도 안 되는 소리였다!

1860년대에 '미꾸라지 샘Soapy Sam'이라는 별명으로 불리던 옥스퍼드대학교의 주교 새뮤엘 윌버포스Samuel Wilberforce와 '다윈의 불독'으로 유명한 토머스 헉슬리Thomas Huxley가 격렬한 토론을 벌인 이후 진화론은 대단히 힘든 시기를 보냈다. 창조론은 결코 사라진 적이 없었다. 아메리카 대륙 곳곳에서는 지금도 창조론이 득세하고 있다. 물론 창조론은 그리스도교에만 국한된 전제가 아니다. 이슬람교 역시 진화라는 개념 때문에 곤란을 겪고 있다. 이슬람교 경전인 《코란》에는 창조에 관한 내용이 나오지 않기 때문에 이슬람교에서 그 진실성을 따지는 것은 신의 전지전능함에 대한 도전이며 불경스러운 행위로 간주된다.

지식이 권력이 될 수 있는 것은 사실이다. 하지만 그렇다고 지식을 억누르는 것은 훨씬 더 큰 위험을 초래할 수 있다. 그것은 우리가 하룻밤 사이에 세계 인구를 대략 현재의 몇천 분의 일로 줄이고 농경사회로 돌아가지 않는 이상 감당하기 벅찰 정도의 위협일 것이다. 나는 우리가 최선을 다해 지식을 자유롭게 두어야 한다고 생각한다. 과학을 통제하려는 시도가 끔찍한 결과를 초래하고 국가 발전의 걸림돌이 된 사례는 수없이 많다.

대표적인 예로 러시아 생물학의 슬픈 역사를 들 수 있다. 1917년, 볼셰비키가 정권을 장악했을 당시 러시아 유전학은 미국이나 유럽의 다른 어느 나라보다 최소한 10년 정도 앞서 있었다. 그러던 중 러시아의 마르크스주의자들이 유전학에 의심을 품었다. 그들은 초기 (유전적) 진화론을 사회가 교육과 경제 발전을 통해 변할 수 있는 가능성을 약화시키는 것으로 해석했다. 그리고 이러한 해석이 마르크스주의 혁명에 정당성을 제공했다. 대다수 유전학 교수들은 텅 빈 책상을 지켜야 했고, 러시아의 생물학은 식물이 스트레스만 주면 새로운 환경에 적응한다고 믿었던 트로핌 리센코Trofim Lysenko라는 농업생물학자의 손에 넘어갔다. 그 결과 러시아의 농업은 참담한 실패를 맛보았고 농민들의 굶주림은 말할 수 없이 심해졌다. 1917년에서 1930년대 사이 러시아가 이룬 성과를 따라잡지 못하던 서양의 유전학은 이 틈을 타 전력질주했다.

과학의 역사에서 이슬람 과학은 조금 낯설다. 유럽이 암흑시대를 겪는 동안 과학은 스페인의 안달루시아에서부터 동쪽의 이란에 이르는 이슬람제국 여러 도시에서 크게 번성했다. 이슬람 학자들은 우리를 위해 귀중한 고대 그리스 철학 저서들을 보존했을 뿐 아니라 (그들이 아니었다면 우리는 아리스토텔레스나 플라톤에 대해서 전혀 몰랐을 것이다) 현대 과학의 발전 토대를 닦아놓았다.

그들이 이뤄낸 업적은 일일이 열거하기 힘들 정도로 많다. 그들은 대수학을 발명했다. 대수학을 뜻하는 영어의 'algebra'는 수학자 아부 자파 무하메드 입 무사 알콰리즈미Abu Jafar Muhammed ibn Musa al-khwarizmi가 기원후 825년에 출간한 대수학 책 《복원復元과 대비의 계산Hisab al-Jebr w'al-Muqabala》의 두 번째 단어에서 따온 것이다. 한편 숱한 비난의 대상이자 크게 오해받아 왔던 연금술사들은 현대 화학의 토대를 닦은 것은 물론 실험 방법을 상당히 높은 수준까지 발전시켰다.

11세기 학자 하산 입 알하이탐Hasan ibn al-Haytham은 《광학의 서Kitab al-Manazir》라는 책을 통해 시각과 빛에 관한 연구에 새로운 수학적·실험적 접근법을 도입했다. 이 책은 700년 후 뉴턴이 《광학Optics》을 출간하기 전까지 이 분야에서 가장 중요한 책으로 인정받았다. 뉴턴이 초등학교에 입학하기 한참 전인 13세기 말경, 카밀 알딘 알파리시Kamal al-Din al-Farisi는 최초로 무지개가 두 개의 굴절 작용과 물방울 안에서 일어나는 빛의 반사작용으로 만들어진다는 사실을 알아냈다. 그리고

1515년 현대 천문학의 창시자 코페르니쿠스Nicolaus Copernicus가 행성 운동을 계산했을 때, 그는 13세기 페르시아 천문학자이자 알파리시의 스승이었던 나시르 알딘 투시Nasir al-Din Tusi가 발명한 '투시 연성Tusi couple'이라는 개념을 사용했다.

하지만 과학의 왕성한 생산력은 14세기에 들어서면서 일시에 중단되었다. 종교 근본주의자들이 정치 세력들을 설득해 이슬람제국 전체의 과학과 철학을 억압하도록 만든 결과였다. 이유는 간단했다. 과학과 철학 분야의 새로운 발견들을 신의 전지전능함에 대한 도전으로 받아들였기 때문이다. 이슬람의 과학은 씨가 말랐고 그 명맥은 당시 박식한 이슬람 학자들이 숨어들었던 유럽의 수도원으로 넘어갔다.

그들이 걸었던 과학의 암흑기를 또 다시 겪을 순 없다.

유전학 구출 작전

창조론자들의 주장이 설득력 있게 보이는 이유는 화석 기록이 상당히 띄엄띄엄하기 때문이다. 조류와 어류, 영장류와 인간을 잇는 중간 단계의 화석은 어디에 있을까? 각각의 종이 한 가지 형태에서 다른 형태로 진화했다는 증거는 어디에 있을까? 좋은 질문이다. 고생물학자들은 화석 기록이 띄엄띄엄할 수밖에 없는 이유에 대한 답을 항상 가지고 있었다. 화석화 과정에서 끊임없이 예측 불허의 변화가 일어나고, 그로 인해 추출한 표본이 필연적으로 불완전할 수밖에 없다는 것이다. 하지만 이들의 주장은 자신들에게만 유리한 특별 변론처럼 신빙성이 없다. 그런데 지난 10년에 걸친 분자유전학의 눈부신 발전으로 이 문제를 해결할 단서가 생겼다.

예를 들어 우리는 한동안 오늘날의 새가 특정 유형의 공룡 자손이 아닌지 의심해왔다. 그러다 1990년대에 중국에서 군데군데 깃털로 덮인 공룡 화석을 무더기로 발견하면서 그러한 추측에 상당한 무게가 실렸다. 그리고 2008년 분자유전학을 통해 이 짐작이 옳았다는 것을 증명했다. 즉, 새는 공룡의 자손이다. 아니면 그 반대인가?

이것은 현실 세계의 '쥐라기 공원'이나 다름없었다. 하버드대학교의 크리스 오건Chris Organ과 그의 동료들은 약 6500만 년 전의 것으로 추정되는 티라노사우루스렉스의 화석에서 DNA를 추출하는 데 최초로 성공했다. 티라노사우루스렉스는 공룡의 전형으로 알려져 있다. 화석에서 DNA를 추출하는 것은 극히 까다로운 작업이기 때문에 결코 사소한 업적이 아니었다. 오래된 화석일수록 화석화된 생물의 모든 조직은 비활성 돌로 바뀐다. 사용할 수 있는 조직이 일부 살아 있다 해도 DNA를 추출할 가능성은 극히 적다. 시간의 흐름에 따라 DNA가 비교적 빠르게 퇴화하기 때문이다. 또한 염색체가 파괴된 DNA 조각은 다른 종의 DNA와 대조하기에 너무 짧을 때가 많다.

DNA 조각을 얻었다 할지라도 유전자 분석에 착수하는 일은 그리 간단한 것이 아니다. 우선 DNA를 분석하기 위해서는 신체의 기능을 암호화하지 않은 염색체 조각이 필요하다. 따라서 염색체에서 그런 부분을 정확히 찾아내야 한다. 기능 유전자는 자연선택에 따라 빠르고 극적으로 변화하기 때문이다. 쉽게 말해 화석에서 추출한 DNA를 분석하려면 화석화된 동물의 일상에 아무런 이득도 주지 않고 그렇다고 해가 되지도 않아 그대로 남은 덕택에 무작위로 발생한 돌연변이만 겪은 염색체 조각이 필요하다. 앞에서 언급했던 '분자시계'의 기준을 제공할 수 있는 것도 바로 이런 염색체 조각이다. 이렇게 힘겹게 얻은 DNA 가닥에서 얼마나 많은 염기쌍이 각자의 계통에서 돌연변이를 일으켰는지 판단함으로써 두 종이 얼마나 밀접한 관계인지, 그리고 더욱 중요하게, 마지막으로 조상을 공유했던 시기가 언제인지 결정할 수 있다.

이런 방식으로 오건과 그의 동료들은 북아메리카 티라노사우루스렉스와 마스토돈(코끼리와 비슷한 고대 동물—옮긴이)에서 얻은 DNA 샘플을 가지고 과거에서 온 이 두 종의 DNA 염기배열과 현존하는 다양한 동물의 DNA 염기배열을 비교했다. 대조군에는 새(닭과 타조), 몇몇 영장류(인간, 침팬지, 원숭이), 소, 개, 쥐, 오늘날의 코끼리, 다양한 파충류, 양서류, 어류를 포함했다.

예상대로 마스토돈은 코끼리와 친족 관계라는 유전적 증거가 나왔다. 이를 통해 우리는 이 분석에 대해 어느 정도 확신을 얻었다. 하지만 이 분석의 진정한 결실은 티라노사우루스렉스가 대조군에 포함된 두 종의 새, 즉 닭과 타조와 매우 가까운 관계라는 점이다. 사실 이 세 종의 관계는 정교한 통계적 분석으로도 차이를 구별할 수 없을 정도로 매우 가까웠다. 더욱 흥미로운 것은 여기에 다른 파충류들로부터 갈라져 나온 악어가 포함된다는 사실이다. 악어의 겉모습은 공룡과 비슷하다. 악어과에 속한 종들이 아주 오래 전부터 지구상에 존재했다는 것은 익히 알려진 사실이지만 말이다. 악어는 공룡들이 생존한 약 1억 5000만 년의 대부분을 공룡과 함께 생존했다.

해부학자들은 새와 공룡이 같은 조상으로부터 갈라져 나왔다는 연구 결과를 의심의 눈초리로 바라보지만, 어쨌든 이 연구 결과는 겉모습이 우리를 쉽게 속인다는 점을 상기시킨다. 두 종의 생김새가 전혀 다르다고 해서 그것이 반드시 두 종 사이에 아무런 관련이 없음을 의미하는 것은 아니다. 1980년대에는 겉모습이 전혀 다름에도 불구하고 인간이 최근 침팬지와 공통의 조상으로부터 갈라져 나왔다는 사실을 발견하고 모두 크게 놀랐다. 사실 고릴라의 두 하위 종(서부고릴라와 동부고릴라)의 유전적 차이가 인간과 침팬지 사이의 유전적 차이보다 더 크다. 정말 정신이 번쩍 들게 하는 사실이다. 과거 분류학자들은 해부학적 근거를 토대로 침팬지, 고릴라, 오랑우탄이 하나의 유인원과를 형성하고 약 1800만 년 전에 공통의 조상으로부터 갈라져 나온 우리 인간은 독립적인 종이라고 생각했다. 하지만 유전적 증거에 따르면 유인원과에서 별종은 인간이 아니라 오랑우탄이다. 오랑우탄은 1800만 년 전까지만 해도 다른 유인원들과 같은 종에 속했지만, 그것은 세 종의 아프리카 유인원, 즉 인간, 침팬지, 고릴라가 진화의 무대에 등장하기 훨씬 전이다.

당신의 뼈는 누구의 것?

박물관 업계는 박물관 지하실에 보관된 수백만 년 된 인간의 뼈를 두고 늘 치열하게 논쟁한다. 뼈를 놓고 유난히 말썽이 많은 이유는 이런 유골 대부분이 오랫동안 식민지 지배를 받던 나라에서 가져온 것이기 때문이다. 그리고 그것은 단순히 유골만의 문제가 아니다. 영국 글래스고박물관Glasgow Museums이 미국 역사상 최후의 전투인 1890년 운디드니 전투Battle of Wounded Knee가 끝난 후 피해자인 수족Sioux Indian의 시신에서 벗겨낸 '고스트 댄스 셔츠(Ghost Dance Shirts, 인디언들 사이에서는 이 옷을 입으면 백인의 총알을 피할 수 있다고 함—옮긴이)'를 수족에게 반환한지 채 10년이 안 되었다.

한편 '케너윅맨Kennewick Man'만큼 우리의 호기심을 자극하는 인간의 유골도 드물다. 1996년 미국 북서부 워싱턴 주 컬럼비아 강바닥에서 완벽한 남성 유골이 우연히 발견되었다. 고고학자 짐 채터스Jim Chatters 는 이 유골을 조사한 후 약 9000년 전의 것이며 유럽인일 가능성이 높다고 발표하여 뜨거운 논쟁을 불러 일으켰다. 그의 말이 사실이라면 케너윅맨은 미국에서 발견된 가장 오래되고 온전한 모습의 유골이라는 의미기 때문이었다. 최초로 북아메리카에 살기 시작한 주민들이 사실 유럽의 스페인 근방 지역에서 온 사람들이며, 약 2만 년 전에 이주해 온 사람들도 있다는 확실한 사실이 이 주장을 뒷받침하고 있었다. 시베리아를 거쳐 베링해협을 건너온 오늘날 북아메리카 원주민의 조상들이 아메리카 대륙에 첫발을 내딛음으로써 이후 약 5000여 년 동안 유럽인들이 아메리카 대륙으로 쇄도했던 것 같다. 하지만 이 이야기는 우리의 주제에서 벗어나니 이쯤에서 접어두기로 하자.

호주 원주민 아보리진과 마찬가지로 북아메리카 원주민들은 재매장을 해야 하니 그들에게서 가져간 유골을 모두 돌려달라고 매우 집요하게 요구했다. 이유는 두 가지였다. 하나는 조상을 존중해야 하며 자손을 지키기 위해 적절한 자리에 매장해야 한다는 문화적 신념 때문이었다. 영국 박물관에 잠들어 있는 수많은 북아메리카 원주민 유골은 대부분 주인의 허락도 없이 고대 부족의 무덤에서 꺼내온 것들이었다. 또 다른 이유는 토지 소유권에 관한 다소 애매한 문제 때문이었다. 오늘날에는 자기 부족이 과거에 살았던 삶의 터전을 입증하면 상당한 돈벌이가 된다. 그 땅에 대한 우선권을 얻어 카지노라도 건설한다면 더

할 나위 없이 큰 사업이 될 수도 있기 때문이다.

공교롭게도 케너윅맨이 발견된 곳은 미 육군이 관리하는 정부 귀속 땅이었다. 정부는 발굴된 유골을 즉시 압수했지만 그 지역 부족민 공동체에서 반환을 요청하자 유골을 돌려주기로 합의했다. 그러나 고고학자들은 더 자세한 조사를 끝낼 때까지 유골을 반환하는 것을 막기 위해 소송을 제기했다. 소가 제기된 것은 1998년 10월이었지만 소송은 아직도 진행 중이다. 이 유골을 둘러싼 치열한 논쟁을 끝내고 유골의 장본인을 밝혀내야 할 필요성 때문이겠지만 아무튼 이 모든 과정에서 비롯된 예상치 못한 결실 중 하나는 케너윅맨 유골에 관한 연구가 지금까지 발견된 어떤 화석보다 더 치밀하게 진행되었다는 점이다. 케너윅맨이 유럽인으로 밝혀진다면, 그는 미국 식민지화 역사에서 보다 중요하고 흥미로운 위치를 차지할 것이다.

그러나 정작 까다로운 문제는 케너윅맨 유골의 소유권이 누구에게 있는지를 밝히는 것이다. 어떤 의미에서 유골은 오래된 것일수록 인류 공통의 재산에 가깝다. 유골은 역사적으로 얼마 되지 않은 것일지라도 인류의 이주 패턴, 인간 종의 성공과 실패, 여러 세대에 걸친 고생과 시련 등 인간의 총체적인 역사에 대해 상당히 많은 사실을 알려준다. 이것은 척 보면 알 수 있는 해부학적 설명의 문제도 아니고 DNA를 분석하기 위해 조직의 일부를 떼어내는 문제도 아니다. 우리가 할 수 있는 일은 대부분 우리가 무엇이 궁금한지에 달려 있다. 또 그런 질문들은 지식이 많을수록 정교해진다. 경험이 부족한 고고학자들이라면 잘 알겠지만 1940년대까지 우리는 추출 기술이 부족하여 많은 사료를 잃었다. 얼마 전 제기된 의문들이 무지와 오해에서 비롯된 것으로 밝혀지기도 했다. 또한 신기술 개발로 새로운 사실들이 밝혀지기도 한다. 예를 들어 우리는 지난 10여 년의 역사에서 DNA 분석 기술을 개발하여 수많은 것에 대해 획기적인 이해의 전환을 맞이했다. 하지만 이 모든 것은 연구할 유골이 있을 때만 가능한 이야기다.

역사적 유물을 귀속 국가로 반환해달라는 요청은 대부분 진심에서 우러난 것이지만, 이따금 소유권을 주장할 만한 원주민들이 아니라 정치적 동기를 띤 서양의 지식인층이 반환을 요구하기도 한다. 이들은 시대적 흐름에 어울리는 자신들의 역할을 착각하며, 때로 정부로부터 압력을 받은 박물관이 대중에게 옳은 일을 하는 듯 보이려고 전전긍긍하는 경우도 있다. 하지만 그 결과는 희극적일 때가 많았다. 예를 들어 미국이 정부 기관에 버려진 네 구의 이누이트족 유골을 그린란드에 억지로 돌려준 사건은 그린란드 공동체 사이에서 비웃음거리가 되었다. 그린란드 사람들은 이렇게 물었다. "그 유골이 도대체 우리와 무슨 상관인데?"

유골을 둘러싼 논쟁은 서양의 과학과 원주민들의 권리 및 정서 사이의 갈등처럼 보일 때가 많지만 꼭 그렇게 극단적으로 생각할 필요는 없다. 런던 스피탈필즈의 크라이스트교회(Christ Church, 옥스퍼드에 있는 대학 겸 성당—옮긴이) 지하 무덤에서 나온 유골들을 자연사 박물관으로 옮긴 덕분에 고고학자들은 후손들이 제공한 (초상화를 포함한) 가족사에 관한 정보로 그 유골들에 관한 연구를 통합적으로 진행할 수 있었다. 자료를 제공한 후손들이 연구 과정에 참여한 것을 무척 기뻐했음은 물론이다. 만일 유골에 대한 소유권을 주장할 자격이 있는 공동체에 그들의 역사를 세상에 알려 과학의 발전에 동참해달라고 더 간곡히 설득한다면 우리 모두에게 더 좋은 결과가 돌아올 것이다. 보다 중요한 것은 그로 인해 다윈의 진화론을 더 폭넓게 이해할 수 있는 계기를 얻을 수 있을지 모른다는 점이다.

10장

인 류 는 어 디 에 서   왔 는 가

인류의 역사는 인간의 조상이 생물학적 가족에 해당하는 아프리카 큰 유인원의 다른 구성원들과 결별한 시점인 약 600만 년 전까지 거슬러 올라간다. 그때부터 지금까지의 역사는 단순하지도 쉽지도 않다. 이 기간 동안에는 비록 멸종했지만 수십만 년 동안 번성했던 수많은 오스트랄로피테쿠스 종(이들은 약 600만 년에서 200만 년 전 사이에 10여 종 이상으로 갈라져 나갔다)과 아프리카에서 아시아, 오늘날의 베이징, 유럽의 상징인 네덜란드까지 진출한 이른 시기의 호모에렉투스(Homo erectus, 직립 원인)가 살고 있었다. 동시에 오늘날 인간으로 진화한 혈통이 멸종의 위기에 처한 아찔한 순간도 많았다. 유전적 증거로 보아 오늘날 모든 인간은 약 20만 년 전 아프리카에 살던 5000여 어머니들의 자손인 듯하다.

우리는 우리에게만 특별히 허락된 시대에 산다. 인간은 인류의 혈통

중에 지금까지 생존한 유일한 종이다. 사실 인류의 600만 년 역사에서 이런 경우는 우리가 처음이다. 특히 마지막 10만여 년은 인류의 혈통 중에서 오직 한 종만 생존한 특이한 기간이었다. 그 이전 시기에는 항상 적게는 서너 종, 많게는 여섯 종이 공존했다. 현존하는 수많은 종은 우리 인간보다 훨씬 오랫동안 생존해왔다. 지금은 멸종하고 없지만 인류의 가계도 일부를 구성하던 종들이 최근까지 살아 있었다는 사실을 생각하면 정신이 번쩍 든다. 최후의 네안데르탈인은 고작 2만 8000년 전에 유럽에서 생을 마감했다. 마지막 직립 원인은 약 6만여 년 전에 중국에서 목숨을 잃었지만, 인도네시아 플로레스Flores 섬에서는 이들 중 극소수가 1만 2000년 전까지도 생존했을 가능성이 있다. 이들 중 과연 누가 우리의 친척일까?

호빗의 가족 찾기

우리는 결코 그녀의 이름을 알 수 없을 것이다. 이름이 있기나 했는지 조차 알 길이 없다. 하지만 2004년 인도네시아 플로레스 섬 어느 동굴에서 그녀의 유골을 발견했을 때 마치 할리우드 영화배우를 만났을 때처럼 일대 혼란이 일어났다. 그녀는 비록 약 1만 8000년 전에 이름도 알려지지 않은 채 죽었지만 우연히 발견되면서 찬란한 명성을 얻었다.

이내 '호빗Hobbit'이라는 별칭을 얻은 그녀와 함께 발굴된 나머지 유골들(사실 이때 발굴된 유골은 모두 다섯 명의 것으로 추정된다)은 고인류학자들을 흥분시켰고, 세계 언론은 인류 진화의 역사를 다시 써야 할지 모른다며 뜨거운 반응을 보였다.

호빗과 함께 발굴된 유골들은 주목할 만한 것이기는 했지만 진실은 예상보다 싱거운 것으로 밝혀졌다. 호빗은 그녀를 발견한 섬 이름을 따 '호모플로레시엔시스Homo floresiensis'라고 명명하게 할 만큼 뚜렷한 특색이 있었다. 하지만 정작 전 세계가 그녀에게 주목한 것은 그녀가 현생인류의 직접적인 조상들 중 하나여서가 아니라 그녀의 종이 그토록 오랫동안 생존했다는 사실 때문이었다. (사실 우리는 약 150만 년 전에 그녀와 공통의 조상으로부터 갈라져 나왔을 것이다.)

현재 우리가 화석 증거들을 토대로 인간의 진화 과정에 대해 알고 있는 것은 이렇다. '루시'라는 유골로 대표되는 긴 '원인原人'기(에티오피아에서 발굴된 루시의 나이는 330만 살로 추정된다. '루시'라는 이름은 그녀의 유골을 발견했을 때 발굴자가 비틀즈의 〈루시 인 더 스카이 위드 다이아몬드Lucy in the sky with Diamonds〉라는 노래를 듣던 중이어서 붙였다고 한다)'가 지난 후 인류의 원인은 과학자들이 '호모에렉투스(약 150만 년 전에 살았던 것으로 추정된다)'라고 하는 현생인류와 비슷한 체형을 가진 종으로 급격한 변화를 겪었다. 평균 용량이 350cc였던 이전 종의 뇌에 비해 이들의 뇌가 약간 더 크기는 했지만 현생인류의 1250cc에 가까워지려면 아직 긴 시간이 필요했다. 하지만 긴 다리, 좁은 골반, 떡 벌어진 가슴 등 이들의 신체적 특징은 비교적 현생인류와 가까웠다. 이러한 신체적 특징은 직립보행으로 먼 거리를 이동하며 유목생활을 하기에 안성맞춤이다.

걸어서 장거리 여행을 하기에 적합한 신체적 특징을 갖춘 호모에렉투스는 약 100만 년 전 처음으로 아프리카 대륙을 벗어나 세계를 정복하기 위한 여행길에 올랐고, 아시아 본토 구석구석을 삶의 터전으로 개척했다. 이후 한동안 흥미로운 일은 전혀 일어나지 않았다. 아프리카유럽Afro-European 지역에 살던 주민과 동아시아 주민들 사이에는 거의 차이가 없었다. 하지만 그 후 1000년 동안 아시아 거주민들은 아프리카 지역 사촌들과 갈라져 독자적인 노선을 걸었다.

그러다가 약 50만 년 전 아프리카 거주민 일부가 빠르게 변하기 시작했다. 주로 뇌의 크기에 급격한 변화가 생기면서 아프리카에서 유럽으로 이주하기 시작했다. 이후 20만 년에 걸쳐 새로운 종을 형성한 아프리카 거주민들은 마침내 현생인류가 되었고 (약 7만 년 전에) 다시 한 번 아프리카 바깥세상으로 모험을 떠났다. 이후 1만 년에 걸쳐 이 새로운 종은 빙하 지역을 제외한 구세계(Old World, 오스트레일리아를 포함하여 유럽, 아시아, 아프리카를 가리킴-옮긴이)의 구석구석을 개척하고 1만 6000년 전 무렵 마침내 베른해협을 건너 아메리카 대륙으로 떠났다.

이렇게 탄생한 현생인류는 극동 지역에 도착해서 중국의 척박한 환경에서 살아남은 동아시아 에렉투스 주민들과 접촉했다. 이것은 아프리카 에렉투스 주민들이 죽거나 현생인류의 형태로 진화하고도 오랜 시간이 흐른 뒤였다. 우리가 아는 한 아시아 에렉투스 주민들 중 6만 년 전, 그러니까 현생인류가 막 출현할 시기까지 살아 있던 생존자는 아무도 없었다. 지금까지 인류가 새로운 식민지를 개척해왔던 역사적 기록으로 보아 이것은 우연의 일치일까?

이 모든 지식이 플로레스에서 발견된 작은 여성의 유골로 완전히 달라졌다. 호빗과 그녀가 속한 종은 불과 1만 2000년 전까지도 우리와 같은 지구에 살고 있었다. 지질학적으로 1만 2000년은 아주 짧은 시간이다. 현생인류는 오스트레일리아로 가는 길에 인도네시아 플로레스 섬의 숲을 지난 것이 분명하다. (현생인류는 약 4만 년 전에 오스트레일리아로 건너가는 데 성공했다.)

호빗과 그녀가 속한 종은 몸집이 작다는 특징을 제외하면 흥미로울 것이 없다. 오늘날 그 못지않게 작은 중앙아프리카의 피그미족과 아시아 남부 니그리토(negrito, 동남아와 오세아니아 등에 사는 키 작은 흑인-옮긴이)인들이 존재하기 때문이다. 차이점이 있다면 피그미족의 뇌 크기는 우리와 똑같은 반면, 호빗과 그녀가 속한 종은 우리와 그들의 공통 조상인 원인의 뇌 크기와 비슷하다는 점이다.

호빗의 뼈와 함께 출토된 정교한 석기 도구들, 불의 사용 흔적, 지금은 멸종했지만 거대한 몸집을 가졌던 스테가돈과 여전히 생존하고 있는 코모도 왕도마뱀같이 커다란 짐승을 사냥한 흔적은 우리 모두를 놀라게 했다. 체구가 다섯 살짜리만 한 사람이 1000킬로그램이나 나가는 스테가돈을 사냥한다는 것은 결코 만만한 일이 아니다. 이런 동물을 사냥하려면 일정 수준의 공동 계획과 협력이 있어야 한다. 물론 발견된 도구들을 현생인류가 만들었을 가능성도 배제할 수는 없다. 하지만 그렇다면 어떻게 그 도구들, 그리고 호빗족과 현생인류가 동시에 같은 장소에 있었던 것일까? 이러한 가정으로부터 도출할 수 있는 일반적인 결론은 그 도구를 만든 종이 유골의 주인들을 먹었다는 것이다. 이것이 전혀 불가능한 일은 아니다. 오늘날 침팬지와 고릴라는 서아프리카인들이 매우 좋아하는 식재료이고, 원숭이는 인도차이나반도의 별미로 꼽히지 않는가. 인류의 조상들이 보기에 호빗은 또 다른 유인원 그 이상도 그 이하도 아니었을 것이다. 하지만 아직까지 뼈가 잘린 흔적이나 골수가 든 부러진 뼈, 요리의 흔적(가령 불에 그슬린 흔적이 있는 뼈) 같은 확실한 증거는 나타나지 않았다. 그러니 진실은 아직 밝혀진 것이 아니다.

마지막으로 언급해야 할 흥미로운 주제가 있다. 보루네오 섬 근처 수마트라 섬(플로레스가 속한 인도네시아 열도 중에서 가장 큰 섬) 원주민들은 숲 속에 사는 세 종류의 사람들을 잘 안다고 오랫동안 주장해왔다. 세 종류의 사람들이란 오랑 림바(orang rimba, 수쿠 아낙 달람suku anak dalam이라고 알려진 완벽한 숲 사람들. '수쿠 아낙 달람'은 '숲속의 아이들'이라는 의미다), 오랑우탄(우리에게 익숙한 유인원), 오랑 펜덱(orang pendek, 반은 인간이고 반은 유인원이었던 숲 속에 사는 아주 작은 사람들)을 일컫는다. 아마도 오랑 펜덱은 호빗과 현생인류의 접촉을 암시하는 인류의 살아 있는 기억인 듯하다. 우리는 정말 그녀와 악수를 할 뻔했던 것일까.

인류와 영장류 사이

최근까지 아프리카나 다른 어느 곳의 지층에서도 450만 년 이상 된 인류 화석은 발견되지 않았다. 그러다가 2000년 케냐 중부 바링고 호수Lake Baringo 약간 위쪽에 위치한 투겐 힐스Tugen Hills 광산에서 약 600만 년 전의 것으로 추정되는 인류와 비슷한 생명체의 유골 일부를 발굴했다. 최소한 다섯 구의 사체에서 나온 12개의 조각들(허벅지뼈, 턱뼈, 손가락뼈, 이빨 등)이 네 곳에서 발견되었다. 이 뼈들에는 오로린 투게넨시스(Orrorin tugenensis, orrorin은 투겐 지역 방언으로 '최초의 인간'이라는 뜻)라는 이름이 붙었지만 얼마 안 가 자연스럽게 '밀레니엄 맨'이라는 별명으로 불렸다.

　이듬해 투겐 힐스에서 서쪽으로 약 1600킬로미터 떨어진 차드의 사하라사막 한가운데서 또 다른 프랑스 연구 팀이 거의 완벽하게 보존된 두개골과 턱뼈, 이빨 조각들을 발견했다. 이 뼈들은 오로린 투게넨시스보다 약간 더 오래된 약 600~700만 년 전의 것이었다. '투마이(toumai, 현지어로 '삶의 희망'이라는 뜻이며 종종 건기 무렵에 태어난 아이에게 붙이기도 하는 이름이다)'라는 별칭이 붙은 이 뼈들의 공식적인 학명은 사헬란트로푸스차덴시스(sahelanthropus tchadensis, '차드에 살았던 사헬의 인류'라는 뜻)다.

대략 600만 년 전의 것으로 추정되는 오로린 투게넨시스와 사헬란트로푸스차덴시스 화석은 분자 데이터 처리 결과 현생인류와 침팬지의 공동의 조상이 살았던 시기와 일치하는 것으로 밝혀졌다. 이야기는 점점 더 흥미롭게 전개된다.

오로린 투게넨시스 중에는 보존 상태가 상당히 좋은 대퇴골(허벅지뼈)의 일부가 있었는데, 이 대퇴골은 초기 오스트랄로피테쿠스인의 대퇴골과 형태가 매우 비슷했다. 차이점이 있다면 이들의 대퇴골이 오스트랄로피테쿠스의 대퇴골보다 훨씬 크다는 점이었다. 일부 학자들은 이 대퇴골이 직립보행의 증거라고 주장하기도 하지만 다리 아래 부분의 뼈가 없기 때문에 두 발로 걷는 이족보행자의 뼈라고 확신하기는 어렵다. 현생인류를 비롯해 논란의 여지가 없는 인류 조상들의 무릎관절은 발이 바닥에 닿으면 대퇴골의 축이 바깥쪽으로 꺾인다. 덕분에 신체 중력의 중심이 곧장 (보행 시 어떤 순간에도 지표면과 접촉하고 있는) 발 위로 오게 된다. 반대로 네 발로 걷는 습성을 가진 현생 유인원들의 대퇴골 축은 수직이어서 두 발로 걸으면 어색하게 뒤뚱거리는 걸음걸이가 된다.

이러한 형태의 다리뼈가 이족보행을 배제하는 것은 아니다. 하지만 투겐에서 발견된 상완골(어깨와 팔꿈치 사이에 있는 긴 뼈─옮긴이)은 오늘날 침팬지의 상완골과 유사한 부분이 있으며 부분적으로 그들이 나무 위에서 생활했다는 사실을 암시한다. 이러한 가정은 굽은 형태의 손가락뼈로 더욱 확실해진다. 굽은 형태의 손가락뼈는 나무를 타는 유인원들의 특징이지 현생인류의 특징은 아니다.

차드에서 발견된 투마이는 훨씬 더 열띤 논쟁을 불러일으켰다. 이 화석을 발견한 학자들은 투마이 중에서 상당히 온전한 형태를 유지하고 있는 두개골이 인류의 혈통에서 가장 오래된 종에서만 발견되는 특징들, 이를테면 눈 위에 뼈가 튀어나온 부분, 작은 송곳니 등의 특징이 있다는 사실을 근거로 이들을 가장 오래된 인류의 조상이라고 주장했다. 두개골 앞면은 인류 조상들의 얼굴 앞면과 닮은 점이 있지만 뒷면은 다른 대부분의 유인원 두개골과 더 비슷하고, 함께 출토된 송곳니의 크기(약 350cc)는 오늘날 침팬지의 송곳니 크기에 가깝다. 더욱 중요한 사실은 대후두공(foramen magnum, 두개골 뒤쪽 아래에 있는 구멍. 척수가 척추에서 뇌로 지나가는 길)이 곧은 척추 맨 윗부분에 두개골이 균형 있게 자리 잡은 형태를 갖춘, 현생인류를 비롯해 현재 알려진 모든 인류의 조상 화석들과 같이 두개골의 중심에 있는 것이 아니라 현생 유인원들처럼 두개골 뒤쪽을 향하고 있다는 점이다. 이것은 이들이 오늘날 유인원들의 운동 방식과 마찬가지로 네 발을 사용했다는 점을 암시한다.

이렇듯 불확실한 여러 가지 추측에도 불구하고 오로린과 투마이는 호미니드(현생인류와 모든 원시인류를 포함한 영장류-옮긴이) 가계도에서 침팬지 계통이 갈라져 나간 중요한 시점에 살았던 아프리카 대형원숭이과의 대표적인 구성원이라고 할 수 있다. 이들의 생활사에서 특히 눈에 띄는 현상은 초기 단계의 인류 조상은 물론 오늘날의 모든 유인원이 선호하는 깊은 숲을 버리고 나무는 있지만 좀 더 개방적인 곳으로 삶의 터전을 옮겼다는 점이다. 오로린과 같은 유적지에서 영양 화석과 구세계원숭이(colobinae, 콜로부스아과 원숭이) 화석이 발견된 것은 초기 유인원 종들이 새로운 세계로 나아가는 위험을 무릅쓰면서까지 커다란 자연림을 버리고 좀 더 개방적인 작은 숲에서 살았다는 것을 암시한다.

우리는 오로린과 투마이를 통해 두 가지 핵심적인 결론을 도출할 수 있다. 첫째, 인류와 영장류가 갈라질 무렵 다양한 종이 있었을 것이다. 둘째, 이 다양한 종은 매우 넓은 지역에 흩어져 살았으며, 차드 중부 지역처럼 오늘날 대형 유인원들이 점령한 커다란 자연림에서 멀리 떨어진 곳에 서식했을 것이다.

돌에 새겨진 환영

다시 유럽으로 돌아가 보자. 유럽에서 우리는 우리의 과거와 조우할 또 다른 기회를 놓치고 있었다. 이번에는 인류의 화석이 아니라 스페인과 프랑스 남부에서 발견된 선사시대 동굴벽화들을 그린 예술가들이었다.

이야기는 한 소녀가 아버지 돈 마르셀리노 산스 데 사우투올라Don Marcelino Sanz de Sautuola와 함께 사유지에 있는 동굴을 탐사하다가 우연히 동굴 위쪽을 올려다본 1879년의 어느 날 시작되었다. 그녀의 발견은 극적인 사건이었다. 그녀의 머리 위쪽에서는 들소와 사슴, 말들이 1만 8000년 전 선사시대 화가들이 남긴 그대로 몸부림치고 무리 지어 영역싸움을 벌이거나 되새김질을 하며 누워 있었다. 물론 스페인 북부에서 발견된 이 알타미라 동굴벽화가 유일한 것은 아니다. 유럽에는 이와 같은 선사시대 동굴벽화 유적지가 150여 개나 있다. 하지만 이 동굴벽화는 상당히 정교했다. 컴컴한 동굴 안에서 오래 전 보이지 않는 손이 그려 놓고 간 이 신비로운 형상에 매료되지 않을 수 없을 정도였다. 다 큰 어른이라도 그 벽화들 앞에서는 감동의 눈물을 삼키지 않을 수 없을 것이다.

이 고대 미술관 한 구석에 입으로 물감을 불어 그린 아이의 손 그림이 있다. 동굴 관리자의 허락을 구해 당신의 손을 그림 위에 겹쳐 대고 천 년의 시간을 뛰어넘어 그 아이의 손길을 느껴보라. 얼마 되지 않은 연인의 손을 만지듯 섬세하고 조심스럽게. 어떤가. 마법의 기운이 느껴지는가? 이 아이는 누구인가? 이름은 무엇이었을까? 그들은 어떻게 되었을까? 무사히 어른이 되었을까? 자식은 있었을까? 공동체의 존경받는 연장자로서 따스한 봄날 희미한 횃불에 의지해 동굴을 내려가 차가운 동굴 벽에 손을 대고 물감을 후후 불던 어릴 적 추억을 되새기면서 노년까지 살았을까? 아니면 병이나 사고로, 또는 어슬렁거리던 야수의 저녁 식사가 되어 짧은 생을 마감했을까? 어느 것이든 이런 불행은 아이의 어머니에게 상실의 아픔을 안겨주고, 한창 피어나는 유년기의 꽃을 꺾어버렸을 것이다.

우리는 그들의 삶을 결코 알지 못한다. 하지만 이런 그림을 남긴 인류의 조상들도 오늘날 우리가 누리는 삶 못지않게 풍요로운 삶을 살았다는 것은 확실히 말할 수 있다. 동굴벽화는 인류 진화 역사에서 이룩한 놀라운 발전의 마지막 전성기(고고학자들은 이를 '구석기혁명'이라고 부른다)를 입증하는 문화유산이다. 후기 구석기혁명은 약 5만 년 전 바늘, 송곳, 낚싯바늘, 화살 같은 석기, 골각기, 목기 등 상당히 정교한 도구들이 급작스럽게 등장하면서 시작되었다.

약 3만 년 전에는 생존을 위해 특별한 용도로 제작한 것이 아니라 순전히 장식을 목적으로 만든 미술품들이 봇물 터지듯 쏟아져 나왔다. 이를테면 브로치, 조각을 새겨 넣은 단추, 사람 인형, 동물 인형 같은 것들이었다. 그중에서도 가장 놀라운 것은 유럽 중부 및 남부에서 발굴되는 작은 조각상들이다. 이러한 조각상들의 대표적인 예가 바로 비너스 상이다. 일명 '미쉐린 타이어Michelin-tyre' 숙녀들이라고 불리는 이 조각상들은 당시 사람들이 미인이라고 생각했던 모습을 조각으로 표현한 듯 보인다. 이들은 대부분 엉덩이가 펑퍼짐하고 가슴이 풍만하며 머리카락을 아름답게 땋아 내린 모습이다. 상아나 돌로 만든 (때로는 점토를 구워서 만든) 이 조각상들은 후기 구석기시대 예술품들 중에서도 가장 훌륭한 작품들이다.

이후 우리는 약 2만 년 전 조상들의 매장, 음악, 정신적인 삶에 대한 증거들을 발견하기 시작했다. 알타미라 동굴, 라스코 동굴, 쇼베 동굴, 그 밖의 수많은 작은 동굴들, 남부 유럽 및 주변 지역에 있는 주거지와 땅굴들은 이 위대한 예술작품들을 온전하게 보전하는 역할을 했다. 인간 진화의 역사에서 이런 유적들이 발견된 것은 처음 있는 일이었다. 유적지 안에 묻혀 있던 예술 작품들은 문학에서부터 종교를 넘어 과학에 이르는 현대 인간 문명의 기반을 다졌다.

이들의 장인 정신은 몇천 년의 세월을 넘어 우리에게 속삭인다. 그때도 우리와 다를 바 없는 사람들이 살았노라고. 그들도 우리가 아름답다고 느끼는 대상에서 아름다움을 발견했다. 이러한 예술 작품에 봉

인된 찰나의 시간은 우리를 우리이게 만들고, 문명의 개화를 통해 오늘날까지 살아 있는 다른 종들과 확연히 다른 인류를 탄생시킨 본질적인 요소다.

네안데르탈인의 미스터리

약 4만여 년 전, 알타미라 동굴벽화를 그린 사람들의 조상이 유럽의 땅을 밟았을 때, 그들은 아무도 살지 않는 텅 빈 땅에 도착한 것이 아니었다. 유럽대륙에는 이미 20만 년 전부터 네안데르탈인이 살고 있었다. 네안데르탈인은 인류의 종들 중에서 유난히 성공적으로 번성한 종이다. 네안데르탈인의 조상들은 이미 약 50만 년 전부터 유럽에 살고 있었다. 이후 몇십만 년에 걸쳐 네안데르탈인의 특징들, 이를테면 건장한 근육질의 몸, 뒤쪽이 툭 튀어나온 특유의 커다란 쐐기 머리, 튼튼한 아래턱, 큼직한 코 같은 특징들이 서서히 나타났다. 이러한 특징을 온전히 갖춘 네안데르탈인들은 머나먼 동쪽 우랄산맥에 이르는 유럽의 드넓은 평원으로 세력을 넓혀갔다. 그곳에서 그들은 묵직한 창으로 사냥감을 찌르는 위험한 전략을 써서 매머드를 비롯해 거대한 짐승을 사냥했다. 가벼운 무기는 그들에게 어울리지 않았다. 네안데르탈인보다 늦게 출현한 인류의 직계 조상들은 투창처럼 생긴 창이나 활, 화살 등을 더 선호했다.

약 1000세대 이전, 스페인 북부에서 최후의 네안데르탈인이 사망하기 전까지 그들은 현생인류보다 훨씬 오랜 기간 동안 하나의 종으로 생존했다. 현생인류는 약 20만 년 전에 네안데르탈인과 같은 아프리카 조상들로부터 출발했다. 하지만 네안데르탈인과 달리 우리는 약 7만 년 전 홍해를 건너 아시아 남부로 급작스러운 대이동을 시작하기 전까지는 아프리카에 계속 머물러 있었다. 그리고 네안데르탈인과 처음으로 접촉한 약 4만 년 전까지는 유럽으로도 진출하지 않았다. 네안데르탈인이 유럽에 첫발을 내딛었을 때 그들의 출발지는 서아시아의 스텝 지역이었다. (이것은 약 6000년 전 인도유럽어족에서부터 로마 시대 훈족의 아틸라(왕)와 그의 유목민 부족에 이르기까지 유럽의 숱한 역사적 이주에서도 마찬가지다.) 하지만 우리가 네안데르탈인을 유럽에서 완전히 몰아내기까지는 불과 1만여 년밖에 걸리지 않았다.

네안데르탈인이 인류의 역사에서 갑작스럽게 증발해버린 사건은 언제나 호기심을 자극한다. 일부 학자들은 그들이 사라진 이유를 그들이 현생인류와 함께 뒤섞여 번식했기 때문이라고 보기도 한다. 그렇다면 지금의 유럽인들은 두 종 사이에 탄생한 잡종인 셈이다. 유럽인들 중에 떡 벌어진 가슴, 두꺼운 목, 근육질 팔다리 등 네안데르탈인의 특징을 지닌 사람들이 간혹 있는 것은 사실이다. 하지만 네안데르탈인과 전혀 다르게 큰 키에 호리호리한 체형을 가진 사람이 대다수이기 때문에 이 주장은 근거가 부족해 보인다. 또 일부 학자들은 유럽인들의 신세계 및 오스트레일리아 진출을 증거로, 네안데르탈인들이 방해가 되거나 저항한다는 이유로 우리 조상들이 그들을 몰살시킨 것이라고 설명하기도 한다. 슬프게도 우리에게는 그런 부끄러운 과거가 있기 때문에 이 주장이 터무니없는 것만은 아니다. 또 한편에서는 아메리카 인디언들의 최근 경험에 비추어, 네안데르탈인들이 아프리카로부터 옮겨온 신종 열대성 질환에 전염되어 멸종했다고 보기도 한다. 하지만 이 주장은 현생인류가 아프리카에서 곧장 유럽 대륙으로 건너간 것이 아니라는 사실을 간과했다는 점에서 흠이 있다. 그들은 아마 흑해 부근을 지났을 것이다. 따라서 그들도 약 3만여 년 동안 네안데르탈인과 똑같은 질병에 노출되었을 것이다.

네안데르탈인이 사라진 진짜 이유가 무엇이든 그들은 검은 피부색의 이주민들을 의심의 눈초리로 바라보았을 것이다. 최근에 연구한 네안데르탈인 DNA 분석에서 네안데르탈인의 피부색이 현대 유럽인과 마찬가지로 밝은색이었다는 사실이 극적으로 확인되었다. 바르셀로나대학교의 유전학자들은 스페인 엘 시드론 동굴에서 발견된 4만 8000년 전 네안데르탈인 유골에서 DNA를 추출하는 데 성공했다. 그들은 거기서 피부의 멜라닌 생성을 억제하여 피부색을 더 밝게 하는 변이 유전자의 변형을 발견했다. 이 유전자의 복제물이 부모로부터 유전될 경우 자손은 햇빛에 민감한 피부와 서쪽 연안 섬 주민들의 특징인 붉은색 머리카락을 갖게 된다. 머리카락이 붉은 네안데르탈인이라고? 이것은 정말 뜻밖의 결과다.

한편 최근의 다양한 유전학 연구 결과 네안데르탈인에게는 현생인류, 특히 북반구 주민들을 특징짓는 돌연변이 유전자가 없다는 사실이 입증되었다. 네안데르탈인은 (밀접한 관련이 있기는 하지만) 우리의 조상이 아니라 우리와 별개의 종인 듯하다. 유럽인의 밝은 피부색과 붉은색 머리카락은 검은색 피부의 우리 아프리카 조상들이 네안데르탈인과 이종 교배한 결과가 아니라 네안데르탈인들이 고위도 지방에서의 혹독한 생활에 적응하기 위해 독립적인 유전자를 채택한 결과다. 즉, 앞에서 살펴본 비타민D의 문제인 셈이다.

이것이 사실인 이유는 인류 조상들의 가계도에서 약 75만 년 전에 네안데르탈인이 갈라져 나갔다는 확실한 유전적 증거가 있기 때문이다. 유럽에 첫발을 내디딘 네안데르탈인이 40만 년 후 돌연 증발한 결정적인 이유가 무엇이든 현 시점에서 우리가 제외할 수 있는 한 가지 가능성은 현생인류와의 이종교배다. 하지만 나머지 두 가능성도 아주 그럴듯해 보이지는 않는다.

11장

굿 바 이 , **사 촌 들**

　각각의 종들은 해당 종 가운데 상대적으로 번식력이 약한 개체들이 점진적으로 사라지는 과정을 거쳐 진화했다. 번식력이 약한 개체들이 퇴화함으로써 해당 종의 유전형질이 미묘하지만 꾸준하게 변화하면서 가장 성공적인 혈통으로 진화한 것이다. 이 과정은 보통 상당히 느리게 진행된다. 그런데 만약 다양한 혈통 중에 비정상적으로 높은 사망률을 벌충할 만큼 빠른 속도로 번식할 수 있는 종이 없다면 종 전체가 사라지는 불행을 맞을 수도 있다. 이런 식의 멸종은 시간의 흐름에 따라 꾸준히 조금씩 일어난다. 600만 년 인류 진화의 역사에서도 말 그대로 수십 번의 멸종이 있었다. 하지만 자연조건 때문에 갑작스러운 멸종이 발생할 때도 많다.

멸종의 원인

6500만 년 전, 거대한 소행성이 현재 유카탄반도가 위치한 멕시코 끝자락에 떨어졌다. 대기 중으로 진입하면서 불덩이가 된 수백만 톤의 암석들이 지표면으로 떨어져 지구에 핵겨울을 초래했다. 지구가 이 재앙에서 벗어나 서서히 제 모습을 찾기 시작하자 지난 2억 5000만 년 동안 지구의 주인 노릇을 하던 공룡의 수가 급격히 줄었다는 사실이 드러났다. 거대한 몸집의 지배자들은 작고 힘없는 포유류에게 그 자리를 내주었다. 지구에 이런 재앙이 닥치기 전에 포유류들은 깊은 숲 속에서 공룡들을 피해 조용히 숨어 살았다.

지구의 동물에게 일어난 이 같은 급격한 변화는 5억 년 지구 역사에서 발생한 다섯 번째 대규모 멸종이었다. 대규모 멸종은 일반적으로 6500년을 주기로 발생하는 듯하다. 원인은 다양하지만 대규모 멸종이 일어날 때마다 모든 동물 중 약 70~80퍼센트에 해당하는 종이 사라졌다.

이러한 맥락에서 우리가 또 다른 멸종의 위기에 처했다는 사실은 그리 놀랍지 않다. 유사 이래 실제로 지구상에서 사라진 종은 상대적으로 적지만 그들 대다수는 멸종을 통해 더 유명해졌다. 마우리티우스 섬의 도도dodo 새와 뉴질랜드의 대형 새 자이언트 모아Giant moas가 대표적인 예다. 잠비아의 미스왈드론붉은콜로부스Miss Waldron's red colobus 원숭이와 마다가스카르의 거대 여우원숭이들은 (암컷 고릴라만큼 큰 개체도 있었다) 영장류도 멸종을 피할 수 없다는 사실을 우리에게 일깨워 준다.

하지만 실제 멸망한 종의 수가 적다는 사실은 우리에게 그릇된 인상을 준다. 현재 1만 1000여 종의 동식물이 급박한 멸종 위기에 처해 있다. 최근 추정치에 따르면 현재 지구의 모든 종들 가운데 절반가량이 다음 세기 안에 멸종할 가능성이 있다고 한다. 슬프게도 이번에 도래할 대규모 멸종은 우주 행성이나 지구의 화산 폭발로 인한 것이 아니라 게일어로 '신 페인sinn fein', 즉 우리 자신으로 인한 것이다.

지난 한 세기 동안 우리는 세계의 숲들을 빠른 속도로 파괴했다. 일부 아프리카 국가에서는 숲이 전체 면적의 약 5~10퍼센트밖에 남지 않았다. 현재 남아 있는 숲들도 10년 간격으로 약 8퍼센트씩 사라지고 있다. 문제의 심각성을 깨닫기 위해 굳이 첨단 과학을 들먹일 필요는 없을 것이다. 이대로 간다면 남은 숲이 모두 사라지는 데는 채 100년도 걸리지 않을 것이다.

이러한 통계 뒤에는 우리와 가장 가까운 친척인 유인원의 비극적인 미래에 대한 암시가 숨겨져 있다. 야생 오랑우탄을 보고 싶다면 지금 당장 비행기 표를 예매하는 것이 좋을 것이다. 수마트라와 보르네오에서도 숲의 파괴가 매우 빠르게 진행되고 있어 오랑우탄 수가 급격히 줄어들었다. 이런 추세라면 2015년에는 야생 오랑우탄이 한 마리도 남지 않는다. 쓰나미는 이러한 상황을 더욱 악화시킨다. 강력한 쓰나미가 강타한 북수마트라의 아체반도는 야생 오랑우탄이 가장 많이 서식하는 지역이다. 하지만 쓰나미가 휩쓸기 전 1993년에서 2000년 사이에 이미 아체반도의 오랑우탄 수는 45퍼센트 감소한 상태였다.

오랑우탄의 아프리카 사촌들의 미래도 이와 크게 다르지 않다. 약 600~700만 년 전 인류와 같은 조상을 공유하고 있던 고릴라와 침팬지는 아시아에 서식하는 사촌들보다 기껏해야 수십 년 더 생존할 것이라는 예측이 나오고 있다. 무분별한 삼림 벌채와 중앙아프리카 및 서아프리카 도시에 '야생 고기'를 공급하기 위한 사냥으로 인해 대다수 야생동물에게 남은 시간은 고작 20년에서 50년 정도뿐이다.

결국 지난 2000여 년 동안 진행되어온 인류의 급격한 증가가 이 대규모 멸종의 근본적인 원인이 된 것이다. 예수가 태어났을 당시 세계 총인구는 고작 2억 명에 불과했다. 이것은 현재 미국 인구수보다 적은 수치다. 현재 지구에는 64억 명이 거주하고 있으며, 해마다 7400만 명씩 증가한다. 3초마다 한 명씩 인구가 늘어나는 셈이다. 또한 이들 대다수는 야생동물 보호를 걱정하는 사치를 누릴 수 없을 정도로 극심한 빈곤 속에서 살아가고 있다. 나무는 말 그대로 극빈자들과 생존 사이에 서 있는 셈이다. 나무를 베어 팔면 돈과 연료, 음식, 집이 생기기 때문이다.

마치 눈앞에서 펼쳐지는 자동차 사고를 슬로모션으로 바라보는 것처럼 우리는 필연적으로 닥칠 재앙을 낭떠러지 위에 서서 속수무책으로 바라만 보고 있다. 기후에 관한 교토의정서(Kyoto Agreement, 1997년 3차 당사국총회에서 채택된 의정서로, 기후변화협약의 실질적 이행을 위해 미국, 일본 등 선진국의 온실가스 감축 의무를 규정하고 있음—옮긴이)와 무관하게 우리는 새로운 농경지를 확보하고자 하는 채워지지 않는 욕구를 없애야 한다. 18세기 후반과 19세기 초에 일어난 스코틀랜드와 하일랜드에서의 대규모 이주도 이와 같은 생존의 위협에서 비롯된 것이었다. 그래도 18세기에는 사람들이 이주할 새로운 삶의 터전이 있었다. 하지만 지금 우리는 그와 같은 사치를 누릴 수 있는 처지가 아니다.

나무의 피를 말려 죽이는 방법

세 명의 동방박사가 그리스도의 탄생을 축하하기 위해 첫 번째 크리스마스에 가져온 선물을 기억하는가? 그것은 바로 황금, 몰약, 유향이었다. 만약 그들이 베들레헴으로 가는 길에 시장에 들를 수 있었다면 오늘날 초등학생 아이들이 예수 탄생 연극에 사용하는 선물 상자 중 하나는 달라졌을 수도 있다. 우리는 수액을 생산하는 나무들을 빠르게 베어내고 있다. 유향은 바로 이 끈적이는 수액을 자연 건조시켜 만든 것이다. 유향은 동방박사들의 선물이나 연극 소품 이외에 다양한 용도로 사용되어왔다. 향수 제조에 필수 재료로 쓰일 뿐 아니라 전통적인 방식의 향으로도 이용된다. 오늘날 산림이 파괴되어 수액 확보가 어려워지자 유향의 생산량도 점차 줄어들고 있다.

유향은 사하라 남쪽 경계 부근의 건조 지역에서 자라는 작은 나무 종자들의 수액을 추출해 만든다. 열대지역에서 자라는 수많은 나무와 마찬가지로 보스웰리아(boswellia, 인도 고산지대에 사는 키 작은 관목—옮긴이)는 잘리거나 상처를 입으면 수액을 만들어낸다. 이 수액은 나무가 치유되는 동안 건조함이나 박테리아, 곰팡이, 곤충 등 유해한 환경으로부터 나무를 보호한다. 보스웰리아 수액은 다른 종류의 수액과 다른 특별한 성질을 가지고 있다. 건조된 보스웰리아 수액은 강한 향을 뿜어낸다. 사람들이 나무껍질을 잘라 수액을 얻을 수 있다는 사실을 알아내기까지는 그리 오랜 시간이 걸리지 않았다. 그들은 일부러 나무껍질을 잘라낸 후 몇 주가 지나 자연 건조된 수액을 수확했다. 그리고 이러한 주기는 반복되었다.

중세시대에 이 신성한 땅에서 유럽으로 유향을 전한 것은 아마 프랑스 십자군이었을 것이다. 유향을 뜻하는 '프랭킨센스Franks' incense'라는 명칭이 이러한 추측을 뒷받침한다. 중동지역에서는 유황으로 의례를 지내거나 평상시 집 안에서 향으로, 전통적인 약초로 천 년 동안 사용했다. 이 나무가 서식하는 지역은 자연스럽게 향 산업의 중심지가 되었다. 대표적인 예가 아프리카의 뿔과 아라비아 지역이다.

현실에서 공짜란 없다. 이는 생태계에서도 마찬가지다. 수액을 만들어내는 것은 나무에게 아주 이로운 능력이다. 상처 입은 곳을 보호하고 회복하고 재생할 수 있는 힘을 주기 때문이다. 하지만 실제로 나무가 수액을 만들어내는 것은 쉬운 일이 아니다. 나무가 수액을 생산하려면 이듬해 번식할 수 있는 힘과 자원을 사용해야 한다. 수액이나 열매, 꽃 등은 모두 탄수화물을 기본으로 한다. 따라서 양이 한정되어 있는 탄수화물을 수액 생산에 써버리면 우기와 함께 찾아오는 번식기에 꽃과 열매를 맺을 때 사용할 탄수화물이 없다. 특히 수액을 건기에 수확할 경우 나무에 미치는 영향은 치명적이다. 이런 경우 나무는 자연적인 과정을 거쳐 탄수화물을 생산할 수 없기 때문에 저장해놓은 탄수화물로 수액을 만들 수밖에 없다. 네덜란드 와게닝겐대학교와 에리트레아 아스마라대학교의 툰 리즈커스Toon Rijkers와 그의 동료들은 아프리카의 뿔 지역에서 자생하는 보스웰리아의 재생 능력을 살펴보았다. 그 결과 수액 추출량이 증가하자 건기의 경우 상처가 3주마다 다시 벌어지는 것을 확인할 수 있었다. 우기에는 꽃과 씨앗의 양이 현저히 줄어들었다.

또 수액을 다량 빼앗긴 나무가 생산하는 씨앗의 무게는 그렇지 않은 나무가 생산한 씨앗의 무게보다 훨씬 가벼웠다. 보다 중요한 사실은 이 작은 씨앗은 큰 씨앗에 비해 발아 능력이 떨어진다는 것이다. 이것을 실험해본 결과 수액을 다량 빼앗긴 나무가 생산한 씨앗의 발아 능력은 40퍼센트에도 미치지 못한 반면, 10년 이상 수액이 추출되지 않은 나무의 씨앗은 90퍼센트 이상의 발아 능력을 나타냈다.

즉, 유향을 추출하는 행위는 말 그대로 나무의 피를 말려 죽이는 것이다. 씨앗의 발아 능력이 떨어지는 나무는 당연히 번식을 할 수 없다. 하지만 대책이 없는 것은 아니다. 리즈커스는 우리가 수액 수확에 좀 더 신중을 기하고, 나무들에게 약간의 휴식 기간을 주면 수액을 빼앗긴 나무들도 재생할 수 있다는 사실을 알아냈다.

불행한 사실은 수확할 수 있는 다른 모든 농작물과 마찬가지로 수액 역시 가난한 사람들의 생명줄이라는 것이다. 수액을 팔아야 먹고살 수 있는 사람들에게 과다한 수액 추출은 언제나 유혹적이다. 그들 대다수가 직면한 문제는 내일 하루를 무사히 넘기는 것이다. 그들에게 미래는 너무 먼 이야기다. 보스웰리아 나무 같은 자원을 파괴하여 오늘을 살 수 있다면 그것이 나무의 건강 상태를 존중하면서 굶는 것보다 낫다. 자연보호와 관련된 문제에서 가장 풀기 어려운 것이 이런 인간의 본능이다. 세상의 모든 사람이 일정 수준의 삶의 질을 영유할 수 있을 때까지 지구는 생존 투쟁에서 항상 질 수밖에 없다.

누가 매머드를 해쳤는가?

빙하기에 살던 인류의 모습을 상징적으로 그려본다면 단단한 근육의 원시인 여섯 명이 화가 난 매머드를 둘러싸고 창으로 위협하는 그림이 될 것이다. 이들 뒤로는 위협당하는 친구에게 무신경한 매머드 무리가 느릿느릿 걸어가고 있을 것이다. 실제로도 이런 일이 있었을지 모른다. 안타깝게도 북반구에 서식하던 이 특수한 코끼리 과 동물들(매머드 화석은 유라시아 대륙뿐 아니라 북아메리카에서도 발견된다)은 멸종하고 말았다. 하지만 이 동물들이 약 3700년 전까지 시베리아 북부 우란겔Wrangel 섬에 생존했다는 사실을 알면 아마 깜짝 놀랄 것이다.

매머드의 몰락에 대한 가장 전통적인 설명은 빙하기가 서서히 물러가면서 북쪽 툰드라 지역을 침략한 인간들이 매머드를 무작위로 사냥하여 멸종시켰다는 것이다. 학자들은 이를 '홍적세의 과다 사냥Pleistocene overkill'이라고 부른다. 이 설명에 대한 유력한 증거는 매머드를 비롯한 거대 동물들이 북아메리카에서 자취를 감춘 시기가 최초의 미국 원주민들이 북아메리카에 도착한 직후인 약 1만 6000년 전이라는 사실이다. 하지만 최근에는 이 거대한 포유류들이 먹이를 충분히 찾을 수 없을 정도로 날씨가 따뜻해진 것이 원인이라는 주장이 나오고 있다. 과거에 일어난 이런 유형의 사건 전말을 정확히 파악하기란 언제나 어려운 일이다. 하지만 우리는 현대 과학의 도움으로 이 의문에 대한 해답을 얻을 수 있을지 모른다. 과거의 기후를 재구성할 수 있는 좀 더 개선된 기후 모델을 개발하고 보전생물학conservation biology에 사용되는 수학을 좀 더 깊이 있게 이해한다면 해답을 구할 수 있을 것이다.

마드리드 국립과학박물관의 데이비드 노구스 브라보David Nogues-Bravo와 그의 동료들은 과거 13만 년 동안의 기후를 추적하기 위해 새로 개발한 강력한 기후 모델을 사용하여 유럽과 아시아에 있던 매머드 서식지의 기후를 재구성했다. 그리고 이 모델을 이용해 매머드의 서식지로 추정되는 지역 전반의 기후를 추정했다. 연구 결과 12만 7000년 전부터 4만 2000년 사이에 매머드가 살기에 적합한 기후가 조성되면서 매머드 서식지가 점차 넓어졌다는 사실을 밝혀냈다. 기후가 오랫동안 안정되면서 매머드의 지리학적 서식지는 중국 남부 지역과 현재 이란과 아프가니스탄이 위치한 지역까지 확대되었다. 그러다가 2만 년 전부터 6000년 전까지 지구의 기온이 점차 상승했고 6000년 전에 이르러서는 매머드의 서식지가 시베리아 북극과 중앙아시아의 몇몇 지역으로 한정되었다.

서식지 감소는 필연적으로 매머드 개체 수 급감과 일치할 수밖에 없다. 그리고 이 시점에서 인간이 중요한 역할을 했다. 현생인류는 약 7만 년 전에 아프리카를 벗어나 매머드를 사냥하기 시작했다. 노구스 브라보와 그의 동료들은 보전생물학의 수학 모델을 이용해 각기 다른 사냥 지역과 인구밀도와 관련해 사냥 압력에 대응하는 매머드의 민감도를 추정했다. 약 4만 년 전부터 2만 년 전까지 매머드의 개체 수가 가장 많던 시기에 인간 사냥꾼들이 매머드를 멸종시키려면 18개월마다 인구수만큼 매머드를 죽여야 했다. 하지만 약 6000년 전 매머드의 개체 수가 가장 적을 무렵에 매머드를 멸종시키려면 200년마다 인구수만큼 매머드를 죽이면 된다는 계산이 나왔다. 이것은 아주 가끔만 사냥해도 매머드를 멸종 위기로 몰아넣을 수 있는 굉장히 낮은 수치다.

고고학적 증거로도 당시 매머드 사냥 빈도가 매우 높았다는 사실을 알 수 있다. 우크라이나의 유적지를 발굴한 결과 약 2만 년 전부터 1만 5000년 사이에는 사람들이 주로 매머드 뼈를 이용해 집을 지었다는 사실이 드러났다. 매머드 뼈를 단순히 텐트 끝자락을 고정하는 데 사용한 경우도 있었다. 오늘날 우크라이나 자리에 있었던 메지리흐

Mezhirich에서는 매머드의 다리뼈, 턱뼈, 두개골, 상아를 이용해 벽과 천정을 지지한 네 채의 오두막을 발견했다. 여기에 사용된 뼈는 총 95마리 매머드에서 나온 것으로 추정된다.

이와 같은 사실을 종합해볼 때 매머드가 번성했을 시기에는 인간의 사냥 압력을 견뎌냈지만 기후 변화로 인해 개체 수가 급격히 줄어든 이후에는 그러한 압력을 이겨내지 못했다는 것을 알 수 있다. 이 무렵에는 약간의 사냥도 매머드를 멸종의 위기로 몰아넣기에 충분했다. 우리는 매머드 사례를 통해 기후 변화가 희귀 동물의 멸종을 가속화시킬 수 있다는 교훈을 얻을 수 있다.

사라지는 언어

언어도 동식물과 마찬가지로 멸종한다. 우리는 현재 언어 소멸의 주요 시기를 지켜보고 있다. 현재 전 세계에서 사용되고 있는 언어를 대략 7000개 정도로 추정하고 있지만, 이 중 550개의 언어는 언어 사용자(대부분 노인들)가 100명에도 미치지 않는다. 따라서 10~20년 이내에 사라질 가능성이 높다. 이를 제외한 언어 중 약 50퍼센트도 다음 세기에는 이 세상에서 사라질 것이다. 그중 대표적인 예가 바로 게일어다. 게일어는 아일랜드에서 온 게일족이 스코틀랜드 서쪽 해안 지역을 점령한 이후 수천 년 동안 스코틀랜드 고지와 섬 지역에서 사용해왔다. 영국에 게일어 사용 인구는 약 6만 명밖에 남아 있지 않다. (놀라운 사실은 캐나다에서 게일어를 사용하는 인구가 이보다 더 많다는 것이다. 19세기에 수많은 스코틀랜드인이 캐나다로 이주했기 때문이다.) 게일어는 이미 위험 수위에 올라서 있다. 게일어가 라틴어, 산스크리트어, 픽트어(로마인들이 영국에 도착했을 당시 고원 지역 사람들이 사용하던 언어), 그리고 공룡 같은 운명에 처할 날도 얼마 남지 않았다.

이것은 우려할 만한 일인가?

짧게 대답하면 그렇다. 이유는 많다. 그중 하나는 언어를 통해 그 언어의 진화 역사와 해당 언어 사용자들의 이주 역사를 확인할 수 있다는 일반적인 이유다. 널리 알려지지 않은 언어도 우리에게 많은 사실을 알려준다. 특히 언어를 통해 확인할 수 있는 사실과 유전자를 통해 확인할 수 있는 해당 언어 사용자들의 신체적 특징을 비교해보면 중요한 단서를 찾을 수 있다. 이 둘이 항상 일치하는 것은 아니다. 언어는 무역이나 정복을 통해서도 습득할 수 있기 때문이다.

유럽 언어의 역사는 침략과 지배에서 야기될 수 있는 모든 사례를 보여준다. 로마 왕국 몰락 이후 이탈리아 북부를 점령한 슬라브의 롬바르드족과 프랑스를 침략한 독일의 프랑크족은 모국어를 버리고 좀 더 세련된 초기 이탈리아어와 프랑스어를 받아들였다. 반대로 훈족의 왕 아틸라와 그의 군사들은 점령 지역에 좀 더 강한 인상을 남겼다. 그들이 점령한 지역 주민들은 강인한 중유럽 조상들의 유전자를 물려받았음에도 불구하고 정복자들의 언어인 몽골어를 수용했다. 이것이 오늘날 헝가리에서 사용되고 있는 마자르어Magyar의 탄생 배경이다. 운 좋게도 영국인들은 고유의 앵글로색슨어(독일계 언어)와 1066년 정복자 윌리엄과 그의 친구들이 들여와 새로이 유행하던 프랑스어(라틴어에서 유래된 로마어)를 모두 받아들이기로 결정했다. 이러한 배경에서 형성된 영어는 짧고 솔직한 앵글로색슨어의 어휘와 길고 미사여구가 많은 프랑스어 어휘가 혼합되면서 필연적으로 더욱 풍부한 어휘를 갖게 되었고, 미묘한 의미도 자연스럽게 표현할 수 있는 표현력을 갖췄다.

언어는 민간 지식의 보고다. 그리고 일부 민간 지식은 의학적으로 중요한 역할을 해왔다. 남아메리카 인디언에게서 전해진 아스피린과 키니네(kinine, 기나나무 껍질에서 얻는 알칼로이드. 말라리아 치료의 특효약으로 해열제, 건위제, 강장제 따위로도 쓴다―옮긴이)가 대표적인 예다. 지혜의 진주를 찾아내기도 전에 언어를 잃는 것은 가치 있는 유산을 잃는 것이나 다름없다. 예를 들어 흔한 병에 걸린 손자에게 치킨수프를 먹이는 할머니의 행동은 옳다는 것이 최근 연구에서 밝혀졌다. 치킨수프에는 우리 몸이 바이러스와 그 밖의 감염 균과 싸우는 데 꼭 필요한 생화학적 활성 성분들이 풍부하게 들어 있다. 만약 할머니의 언어가 그녀와 함께 묻혔더라면 여러 세대에 걸쳐 전해온 민간의학은 영원히 사라졌을 수도 있다.

또한 언어는 다른 문화를 들여다볼 수 있는 창의 역할을 한다. 대표적인 예가 스코틀랜드의 게일어다. 18세기의 위대한 시인 던칸 반 맥인타이어Duncan Ban MacIntyre와 롭 돈Rob Donn에서부터 오늘날 위대한 시인으로 손꼽히는 솔리 맥린Sorley MacLean에 이르기까지 많은 게일 시들은 농부들이 고된 일과를 마치고 초라한 난롯가에 모여 부르던 〈케일리〉(ceilidh, 스코틀랜드 민요―옮긴이) 못지않게 스코틀랜드 지주들의 가정을 빛냈다. 이것은 오늘날까지도 '카퍼캐일레Capercaille'나 '룬릭Runrig' 같은 밴드에 의해 명맥이 유지되고 있을 정도로 놀라운 구전문학의 전통을 형성했다. 문화적인 측면에서 더욱 놀라운 것은 7장에서 언급했던 와울킹 송이다. 여성 노동요를 이처럼 특이한 리듬과 시적 감각, 유머와 공동체의식을 접목시켜 훌륭하게 완성한 사례는 어떠한 문화에서도 찾아보기 힘들다. 게일인들이 부르는 〈시편찬송 psalm-singing〉의 미세한 떨림과 마찬가지로 이런 음악들은 서아일랜드의 독특한 문화 발전을 보여준다. 게일어가 사라지면 이 모든 것도 함께 자취를 감출 것이다.

언어는 생물학적 종들과 생물학적·진화적 특성들을 상당 부분 공유한다. 동물의 종과 마찬가지로 언어는 종류가 매우 다양하고 지리적 범위가 제한적이며 적도에 가까울수록 집약도가 높다. 언어가 이러한 특성을 띠는 이유는 고위도지방이 계절의 영향을 더 많이 받고 계절의 변화를 예측하기가 더 어렵기 때문이다. 따라서 이 지역 사람들에게는 농사를 실패할 경우에 대비해 더 넓은 교환 네트워크가 필요하다. 또한 생태 적소를 차지하기 위한 지리적 경쟁도 원인 중 하나다.

한 지역에서 (특히 배후에 정치적 압력이 있을 때) 가장 흔한 언어를 공용어로 채택하라는 압력은 소규모 언어들의 멸종으로 이어진다. 소규모 언어는 자급자족이 가능한 지역에서만 살아남을 수 있다. 언어나 생물학적 종 모두에서 멸종이 일어나기를 바라지 않는다면 적절한 대책을 세워야 한다.

맬서스 박사의 유령

지구의 생명체들에게 가장 큰 위협은 언제나 기후의 변화였다. 그래서 우리는 2005년 몬트리올에서 열린 정상회담에서 미국을 포함한 모든 국가가 지구온난화를 심각한 문제로 다루고 온난화로 인한 악영향들을 최소화할 수 있는 대책을 마련하자는 데 동의했을 때 안도의 한숨을 내쉴 수 있었다. 이러한 합의가 순조롭게 이루어진 배경에는 회담

164

전 지구를 휩쓸고 간 인도양의 쓰나미, 카슈미르 지진, 허리케인, 카트리나 같은 대재앙들이 있었다. 주요 자연재해 중에서 대규모 화산 폭발만 우리를 피해갔다.

2005년에는 자연재해로 평년보다 훨씬 심각한 피해를 입었다. 한 해 동안 자연재해로 목숨을 잃은 사람이 40만 명에 이른다. 이는 평균치의 5배에 이르는 수준이다. 하지만 해마다 100만 명이 넘는 사람들이 길거리에서 목숨을 잃고, 800만 명이 넘는 아이들이 쉽게 예방할 수 있는 질병으로 죽는 것과 비교하면 그렇게 큰 수치는 아닐지 모른다.

지구의 역사라는 거시적 관점에서 보았을 때 급격한 기후 변화는 특이한 현상이 아니다. 빙하기 때 북유럽 대부분 지역이 얼음으로 뒤덮였다는 것은 누구나 아는 사실이다. 사실 이러한 기후 변화는 혹독한 겨울과 온화한 날씨가 반복되면서 약 6만 년 주기로 되풀이된다. 현재 우리는 온화한 기후가 찾아온 시기에 살고 있다. 마지막 빙하기는 약 1만 년 전에 지구에 소빙하기Younger Dryas Event가 시작되면서 막을 내렸다. 당시 평균 기온은 50년 만에 섭씨 7도를 기록했다. 이때의 기온 상승으로 북극의 얼음층이 녹아 해수면이 300피트 상승했다. 이에 비하면 2080년까지 지구의 평균 기온이 섭씨 4도가량 오를 것이라는 전망은 비교적 무난한 셈이다.

그러나 현재 지구의 기온 변화가 실제로 얼마나 비정상적인지 알려면 한 발짝 크게 물러서서 문제를 바라봐야 한다. 바닷조개의 각기 다른 탄소동위원소의 상대적인 수치를 측정해보면 약 6000만 년 전부터 4000만 년 전까지 지구의 평균 기온이 대략 섭씨 30도였다는 사실을 알 수 있다. 이는 현재 평균 기온의 두 배에 달하는 수치다. 당시 유럽과 북아메리카는 열대우림에 속했다. 여우원숭이 같은 최초의 영장류들이 이 열대우림을 누비고 다녔으며 하마들은 수증기로 뒤덮인 늪에서 몸을 뒹굴었다. 오늘날 런던, 파리, 베를린 같은 대도시의 심장부에서 말이다. 긴 시간의 척도로 보자면 현재의 시원한 상태는 꽤 특이한 현상이다.

따라서 우리는 오늘날 산업이나 농업 활동이 온난화 현상을 야기했는지는 차치하고 지구의 기후가 원래 불안정하다는 사실을 깨달아야 한다. 진짜 중요한 문제는 실제로 그런 일이 일어날 경우 어떻게 대처하느냐다. 낙관론자들은 과학의 힘에 기대고 싶을 것이다. 실제로 과학이 우리를 그런 문제에서 벗어나게 해줄 것이라고 말할지도 모른다.

약 20년 전 토마스 맬서스Thomas Malthus는 농업 생산량이 인구 증가율을 따라잡을 수 없기 때문에 세계가 재앙으로 치닫고 있다고 지적하여 사람들을 불안에 빠트렸다. 다윈은 《종의 기원》을 준비하면서 맬서스의 아이디어에 큰 영향을 받았다. 또한 그로부터 자연선택의 원리에 대한 통찰력을 얻었다. 하지만 모든 사람이 다윈과 같이 맬서스의 생각에 동의한 것은 아니었다. 그의 생각에 의심을 품은 많은 사람이 과학이 식량 문제를 해결할 것이라고 주장했다.

이 회의론자들의 생각은 옳았다. 과학이 우리에게 시간을 벌어주었기 때문이다. 농사와 관련한 연구를 다양하게 진행한 결과 애버딘앵거스(Aberdeen Angus, 고기소의 한 품종. 미국에서 가장 많이 사육됨–옮긴이), 벨티드 갤러웨이(Belted Galloway, 고기소의 한 품종–옮긴이), 블랙페이스 양 Blackface sheep 같은 새로운 종이 탄생했고, 농기구도 기능을 개선하거나 새로 개발되었다. 또한 똑같은 1에이커 안에서 중세에는 상상조차 하

166

지 못했던 양의 곡식을 재배할 수 있게 되었다. 그리고 마침내 고산지대의 '고사리 마을'과 중세 농업의 특징이었던 굴착 시스템을 없앴다.

하지만 과거와 현재의 차이에서 우려되는 점들이 있다. 농업혁명은 모든 농부들이 직감적으로 가치 있다고 느끼는 전통적 기술에 의존했다. 오늘날 과학 분야에서 일어나는 새로운 발견들은 상당 부분 최근 지식에 의존한다. 문제는 10년 단위로 새로이 개발되는 기술의 수가 지난 세기부터 꾸준히 감소하고 있다는 사실이다. 물론 크게 놀라운 일은 아니다. 신기술 개발은 시간의 흐름에 따라 보다 더 복잡한 기술에 의존하고 보다 수준 높은 지식을 요구하기 때문에 점차 그것을 달성하기가 어려워지는 것은 어쩌면 당연한 일이다. 지식 분야는 갈수록 탐구하기 힘들어질 뿐 아니라 들어가는 비용도 꽤 많다.

하지만 우리의 진정한 문제는 맬서스의 유령이 지금도 우리 주위를 맴돈다는 것이다. 그의 생각은 틀리지 않았다. 과학은 우리에게 시간을 벌어준 것뿐이다. 문제는 10년 단위로 우리가 사용하는 화석연료와 무심하게 버리는 쓰레기의 양이 늘어나고 있다는 것이 아니라, 해마다 이런 행위를 하는 인구수가 증가한다는 것이다. 예를 들어 전통적인 수렵채집 사회가 자연을 보호한다는 주장이 간혹 제기되어왔다. 하지만 실제 증거들은 이러한 주장을 뒷받침하지 못하고 있다. 전통사회가 자연을 훌륭히 보호한 것처럼 보이는 이유는 그들이 얼마나 자연을 훼손했는가와 상관없이, 자연에 심각한 타격을 줄 정도로 구성원이 많지 않았기 때문이다. 도시를 생각해보면 이해하기 쉬울 것이다. 우리는 지금까지의 관행을 따르기보다 이러한 교훈을 빨리 받아들이는 것이 좋다. 우리는 반드시 세계 인구의 증가 추세를 전복해야 한다.

12장

우 주 로 간 원 시 인

　　진화심리학자들은 이따금 인간을 '우주를 경험하는 시대에 석기시대의 정신을 가진 자들'이라고 풍자한다. 인간의 정신은 뇌의 산물이고 뇌는 그다지 빠르게 진화하지 못한다. 따라서 우리가 생각하고 삶의 경험에 반응하는 방식은 필연적으로 오래 전 과거의 환경에 적응한 뇌를 반영할 수밖에 없다. 말하자면 우리의 사고방식과 삶의 경험에 반응하는 방식은 필연적으로 오래 전 과거 환경, 그러니까 넉넉히 잡아 약 50만 년 전부터 현생인류가 최초로 농사법을 개발하고 촌락을 구성하고 살면서 생활방식과 환경 모두에 변화가 생기기 시작한 약 1만 년 전 사이에 적응한 뇌를 반영할 수밖에 없다. 일부 진화심리학자들에게 중요하게 생각될 만한 한 가지 분명한 사실은 인간의 행동 대부분이 우리가 살고 있는 현 시대와 일치하지 않는다는 점이다. 사실 우리는 현 시대에 아직 잘 적응하지 못하고 있다. 즉, 세상은 과거와 비교해 생활방식이나 환경 면에서 완전히 달라졌지만 아직 우리는 아프리카 평원에서 사냥하는 사람들처럼 반응한다는 것이다. 우리는 이성이 아니라 본능에 따라 행동한다. 믿을 수 없다고? 그렇다면 몇 가지 예를 들어보자.

선한 사람, 악한 사람, 그리고 키 큰 사람

지금까지 내가 본 면접 중 일자리 제안을 받은 것은 단 두 번뿐이다. 흥미로운 사실은 그 두 번이 모두 면접을 위해 새로 산 정장을 입고 갔을 때라는 점이다. 놀라운가? 전혀 놀랍지 않다고? 그렇다면 당신은 이렇게 반문하고 있을지 모른다. "삶이란 눈에 보이는 것이 전부 아니겠어요?" 당신 말이 옳다. 하지만 지금 우리는 일자리에 관하여 이야기하는 중이다. 선별된 전문가 집단의 마음을 사로잡는 것과 일반 대중의 마음을 사로잡는 것은 전혀 별개의 문제다.

하지만 어쩌면 별개의 문제가 아닐 수도 있다. 함부르크대학교의 아놀드 슈마허Arnold Schumacher는 성공한 사람들은 일반적으로 실제 키보다 더 커 보이고 싶어 한다는 사실에 흥미를 느꼈다. 그래서 슈마허는 각기 다른 수준으로 성공한 사람들의 키를 측정해보았다.

측정 결과 사업가, 간호사, 목수 등 다양한 직업 군에 종사하는 사람들을 비교했을 때, 나이 변수를 고려했을 때조차 사회적으로 지위가 높은 사람들이 그렇지 못한 사람들보다 키가 훨씬 크다는 사실을 알아냈다. 예를 들어 독일인 임원들로 구성된 표본 집단에서 고위직 관료들이 직급이 낮은 직원들에 비해 평균적으로 5센티미터가량 큰 것으로 나타났다. 이러한 결과는 사회적 배경이나 교육 수준에 상관없이 남성과 여성을 따로 살펴보았을 때도 마찬가지였다.

성공한 사람은 상대적으로 덜 성공한 동료들에 비해 실제로 키가 더 크다. 뿐만 아니라 성공은 긍정적인 태도와도 관련이 있다. 슈마허는 젊은이들을 대상으로 성공한 사람들에게서 연상되는 특징을 말해달라고 부탁했다. 그들은 큰 키, 자신감, 에너지, 냉정함, 쾌활함 등을 이야기했다.

다시 옷 얘기로 돌아가 보자. 빅토리아 시대 사람들은 '옷이 사람을 만든다'고 생각했다. 그들의 생각은 요즘 사람들의 생각과 크게 다르지 않다. 미국 툴레인대학교의 엘리자베스 힐Elizabeth Hill, 그리고 퍼먼대학교의 엘라인 녹스Elaine Nocks와 루신다 가드너Lucinda Gardner는 상대방에 대한 호감도가 그들이 입고 있는 옷에 크게 영향을 받는다는 사실을 밝혀냈다. 실험 결과 같은 사람이라도 디자이너가 제작한 옷이나 비싼 옷을 입었을 때 평상복을 입었을 때보다 더 매력적이고 사회적 지위가 높은 사람으로 인식했다.

그런데 어째서 이성적인 판단이 중요한 상황에서 외모가 더 중요한 역할을 하는 것일까? 이것은 우리가 끊임없이 좀 더 성공한 사람들을 구분할 단서를 찾고 있다는 사실과 연관이 있다. 멋진 새 옷을 살 형편이 되는 사람이 일을 크게 잘못할 리 없다. 살바도르 달리Salvador Dalí를 기억하는가? 그는 비록 빈털터리 젊은 화가였지만 사치스러운 생활 방식을 고집했다. 그 결과 수많은 부유층 고객의 환심을 샀고, 사람들은 그가 일을 매우 잘한다고 생각했다. 그래서 많은 사람이 그에게 그림을 의뢰했다. 성공은 성공을 낳는 법이다.

그런데 키가 도대체 성공과 무슨 상관일까? 어째서 성공한 사람이 성공하지 못한 사람보다 실제로 키가 큰 것일까? 키가 큰 사람이 정말 작은 사람보다 일을 잘할까? 이런 편견은 여성이 남성과 경쟁할 때도 적용되는 것일까? 나는 그렇지 않다고 생각한다. 하지만 만약 그렇다면 노벨상을 두고 벌이는 경쟁에서 여성은 다른 경쟁자보다 옷을 더 잘 차려입는 편이 좋을 것이다.

오바마와 링컨의 공통점

2008년 미국 대선에서 오바마가 승리했다. 선거 유세에서 수많은 사람의 노력과 다양한 희망을 건 수십억 달러의 돈이 소모되었다. 그리고 결국 그 모든 노력이 결실을 맺었다. 민주선거 과정의 치열한 후보자 거르기 효과winnowing effect 덕택에 우리는 가장 적합한 인물을 대통령으로 선출하는 데 성공했다. 최적의 인물을 가리는 경쟁에서 다윈이 승리한 것이다.

많은 사람이 이와 같이 생각할지 모르지만 나는 아니다. 물론 적자생존은 수십만 년에 걸친 다윈의 진화 과정으로 연마되어 우리의 행동과 정신 깊은 곳에 자리 잡았다. 하지만 내가 보기에 그것과 오바마의 당선은 상당히 다르다. 적어도 선거 후반부에는 과학으로 불필요한 돈과 시간이 낭비되는 것을 막을 수 있었다. 존 맥케인의 패배는 예정된 것이었다. 그리고 그것은 단순한 '페일린 효과' 때문이 아니었다.

사실 맥케인이 패배할 수밖에 없다는 증거는 도처에 있었다. 굳이 과학자들을 찾아가 물어볼 필요도 없는 일이었다. 오바마가 선거에서 승리할 수밖에 없던 이유는 그에게 단순한 두 가지 특징이 있었기 때문이다. 우선 그는 상대 후보자보다 키가 컸다. (1900년 이후 미국 대통령

선거에서 키가 큰 후보자가 당선된 사례는 키가 작은 후보자가 당선된 사례보다 세 배나 많다.) 그리고 그의 얼굴은 상대 후보의 얼굴보다 더 대칭을 이루고 있었다.

도대체 얼굴이 대칭인 것과 대선이 무슨 상관일까? 그리고 대칭을 이룬 얼굴은 어떤 얼굴을 말하는 것일까?

대칭을 이룬 얼굴이란 코를 중심으로 얼굴을 반으로 나누었을 때 왼쪽과 오른쪽 얼굴이 대칭을 이룬 것을 의미한다. 정확하게 대칭을 이룬 얼굴과 균형 잡힌 몸은 생각보다 쉽게 얻을 수 있는 특징이 아니다. 태아 때부터 후기 성인기에 이르는 긴 발달 기간 동안 질병이나 사고, 굶주림 등 우리가 겪는 온갖 인생의 우여곡절은 우리 신체가 예정대로 발달하는 것을 방해한다. 따라서 이런 모든 난관을 극복하고 균형 잡힌 신체를 발달시킨 유전자는 자신이 뛰어난 유전자임을 입증하는 셈이다. 가슴, 손가락, 발, 귓불 등 모든 신체 기관의 대칭과 함께 얼굴의 대칭은 뛰어난 유전자를 가지고 있다는 증거나 마찬가지다. 이처럼 얼굴의 대칭은 그 사람이 인생의 역경을 얼마나 잘 견디어냈는지와 직결된다. 그런데 정말 놀라운 것은 얼굴 대칭이 선거에서 승리할 후보자를 예측하는 좋은 수단이라는 사실이다.

리버풀대학교의 토니 리틀Tony Little과 크레이그 로버츠Craig Roberts는 유권자들의 투표 패턴이 생각만큼 신중하지 않다는 사실을 입증했다. 이런 걸 보면 각 후보들이 연단 위에서 하는 선거 유세는 단지 신체적 특징을 과시하기 위한 연막에 지나지 않는 듯하다.

리틀과 로버츠는 먼저 광범위한 표본 집단 구성원들에게 일곱 쌍의 후보자 명단을 주고 각자 자기 나라 대통령으로 누가 더 적합한지 물었다. 이들에게 주어진 일곱 쌍의 얼굴 사진은 영국(블레어와 헤이그, 블레어와 메이저), 미국(부시와 케리, 부시와 고어), 호주(하워드와 라담, 하워드와 비즐리), 뉴질랜드(클라크와 쉬플리)에서 최종 대선 당선자와 낙선자의 얼굴을 토대로 재구성한 것이다. 최신 얼굴 변환 소프트웨어를 이용해 각각의 후보자 얼굴 특징을 과장하거나 축소하는 방식으로 얼굴 형태를 바꾸었다. 이렇게 완성한 얼굴은 실제 후보자의 얼굴과는 다르지만 입 모양, 눈매, 얼굴 윤곽선, 볼 등 눈에 띄는 특징을 그대로 반영했다.

실험 결과 당선자의 얼굴을 선택한 사람은 약 60퍼센트, 낙선자의 얼굴을 선택한 사람은 약 40퍼센트였다. 더욱 놀라운 것은 두 후보 중 한 사람의 얼굴에 대한 이들의 상대적인 선호도를 그 후보 또는 그가 속한 정당이 참여한 실제 투표 결과에 대입해본 결과 맞아떨어졌다는 사실이다. 특히 각 후보자가 소속된 정당이 차지한 실제 의석수와 특정 얼굴에 대한 선호도를 비교했을 때 이러한 결과는 더욱 두드러졌다. 그래서 리틀과 로버츠는 특정 얼굴에 대한 선호를 토대로 2005년 5월 영국 선거를 예측했다. 그 결과 노동당(블레어)이 53퍼센트의 표를 얻고 57퍼센트의 의석을 차지할 것이라는 예상이 나왔다. 실제 선거에서 노동당은 경쟁 정당(보수당)을 상대로 52퍼센트의 표를 얻었고 64퍼센트의 의석을 차지했다. 이들의 예상은 놀라울 정도로 정확했다.

선거에서 중요한 것은 무엇보다 각 후보자와 그들의 정당 정책을 잘 파악하는 것이다. 그런데 조지 워싱턴이 대통령에 당선된 이후 치른 모든 경선에서 당선자가 경쟁 후보자보다 키가 큰 경우는 전체 중 약 71퍼센트에 달했다. 이 점을 고려하면 유권자가 반드시 합리적인 선택을 하는 것만은 아닌 것 같다. 대칭을 이룬 얼굴과 함께 큰 키 역시 유권자들의 마음을 사로잡는 특징이며, 이것은 매일 뜻밖의 수많은 결과를 초래한다. 최근의 수많은 연구 결과는 통계적으로 남성의 키가 연봉과 비례한다는 사실을 드러낸다. (여성은 아니다! 영국에서는 키가 영국인 평균 신장보다 1센티미터 클수록 연봉이 대략 1퍼센트 상승하는 것으로 나타났다.)

하지만 나는 이에 동의하지 않는다. 첫 번째 실험에 약간의 변형을 가미해 실시한 리틀과 로버츠의 두 번째 실험 결과 때문이다. 이들은 부시와 케리가 맞붙었던 2004년 미국 경선을 채택해 각기 다른 대상 집단에 두 사람 중 자기 나라의 대통령으로 적합하다고 생각하는 얼굴과 평화 시기와 전쟁 시기에 적합하다고 생각하는 얼굴을 골라달라고 요청했다. 이 실험에서도 첫 번째 실험과 마찬가지로 부시와 케리 얼굴의 특징적인 부분을 얼굴 변형 소프트웨어로 변형시킨 사진을 사용했다.

놀랍게도 사람들은 부시를 닮은 얼굴이 전쟁 상황에 적합하고(약 74퍼센트), 케리를 닮은 얼굴이 평화 시에 적합하다(약 61퍼센트)고 대답했다. 덧붙여 응답자들은 두 얼굴의 다양한 특징을 평가해달라는 요청을 받았다. 응답 결과 '부시'는 남성적이고 독재적이라는 의견이 많았고, '케리'는 매력적이고 인자하며 지적이라는 의견이 많았다.

"케리에게는 희소식이겠는걸"이라고 말하는 사람도 있을 것이다. 하지만 그는 불행하게도 여전히 이라크 전쟁에 세간의 이목이 집중되어 있던 시기에 대통령 후보로 출마했다. 오바마가 당선된 2008년 경선까지 기다렸다면 상황이 달라졌을지도 모른다. 힐러리 클린턴에게도 조언을 한마디 하고 지나가야 할까? 그녀가 만약 오랫동안 평화가 유지된 시기에 경선에 나섰다면 좋은 결과를 얻을 수도 있었을 것이다. 물론 그녀의 성공 키워드는 타고난 여성스러운 얼굴일 것이다. 하지만 안타깝게도 지금은 이라크와 아프카니스탄에 미군이 주둔하고 있고 그 밖의 다른 문제는 역사의 쓰레기통에 처박히는 상황이다. 다음번에는 출마 시기를 결정할 때 그녀에게 행운이 따르길 바란다.

지금쯤 당신은 에이브러햄 링컨Abraham Lincoln의 얼굴을 떠올리며 머릿속에 물음표를 그리고 있을지 모른다. 가난하게 자란 그는 어릴 때 말에게 얼굴을 걷어차이는 사고를 당했고 그 결과 미국 역사상 얼굴이 가장 비대칭인 대통령이 되었다. 최근 그의 얼굴을 본 뜬 두 개의 석고 마스크를 레이저로 분석한 결과 왼쪽 얼굴이 오른쪽에 비해 훨씬 작고 뼈의 두께도 훨씬 얇았다. 이러한 특징 때문에 그의 얼굴은 전체적으로 울퉁불퉁하다. 당시 사람들이 남긴 기록에는 링컨의 왼쪽 눈동자가 약간씩 흔들렸다는 내용이 간혹 나온다. 그의 왼쪽 얼굴이 약했다는 것을 뒷받침하는 또 다른 증거다. 그가 살던 당시에는 얼굴의 대칭이 정치적 생명에 전혀 지장을 주지 않았던 모양이다. 그렇지 않은가?

대답은 "그렇기도 하고 아니기도 하다"이다. 현재와 링컨이 살던 시대 사이에는 커다란 차이점이 있다. 이미지를 토대로 한 미디어의 발달이다. 사진은 링컨의 활동 당시 막 도입되기 시작했으며, 일반인들은 대부분 신문에 실린 후보의 초상화를 보고 후보자의 얼굴을 확인했다. 신문에 사진이 실리기 시작한 것은 미국 남북전쟁(1861~1865)이 끝난 뒤였다. 사실 링컨은 대통령 선거를 위하여 선거 유세나 인터뷰를 일절 하지 않았던 것으로 유명하다. 그는 선거와 관련한 모든 것을 자신이 속한 공화당 선거 팀에 일임했다.

하지만 여기서 가장 중요한 것은 그가 라이벌인 민주당 의원 스티븐 더글러스Stephen Douglas와 벌인 경쟁 방식이다. 더글러스의 얼굴은 놀라울 정도로 대칭이 잘 이루어져 있었다. 그런데 어떻게 링컨이 더글러스를 누르고 대통령에 당선될 수 있었을까? 한 가지 분명한 사실은 링컨의 키가 당시 '작은 거인'으로 불리던 더글러스에 비해 상당히 컸다는 점이다. 더글러스의 키는 163센티미터에 불과했다. 당시에도 특이할 정도로 장신이었던 193센티미터의 링컨에 비하면 더글러스는 30센티미터나 작았다. 이러한 차이를 고려할 때 얼굴의 대칭은 아마 사람들의 판단에 크게 영향을 미치지 못했을 것이다. 따라서 오늘날의 이론에 적용해봤을 때도 링컨의 승리는 당연한 것이었다.

정치? 그건 그냥 생리학이야

링컨과 더글러스의 사례와 비슷한 또 다른 사례가 있다. 네브래스카대학교의 더글러스 존슨Douglas Johnson과 그의 동료들이 실시한 최근 연구에서 그들은 상대적으로 뚜렷한 정치적 관점(보수 성향과 진보 성향)을 가진 사람들에게 위협적인 사진을 보여주고 그들이 나타내는 감정적인 반응을 조사했다. 예를 들어 잔뜩 겁먹은 사람 얼굴에 올라앉은 거대한 거미, 피범벅이 된 사람 얼굴, 구더기가 들끓는 상처의 모습이 담긴 사진들이었다.

그들은 우선 피실험자들을 외부의 위협으로부터 공동체의 이익을 보호하는 성향을 측정한 결과에 따라 높은 점수를 획득한 그룹과 낮은 점수를 획득한 그룹으로 나누었다. 이들 중 높은 점수를 획득한 그룹에 속한 사람들은 군비, 영장 없는 수색, 사형, 복종, 애국심, 2차 이라크 전쟁, 교내 기도 모임, 성경은 강하게 지지하는 반면 결혼 전 성행위, 이민, 평화주의, 총기 규제, 동성 결혼, 낙태, 음란물에는 반대한다고 대답했다. 실험자들은 피실험자들이 사진을 보는 동안 전기 피부 반응(손바닥 위의 땀 측정)과 큰 소음에 반응하는 눈 깜박임(본능적으로 놀랐을 때 보이는 반응) 진폭을 측정하여 그들의 심리적 반응을 알아보았다. 사회적 규율주의자 측정에서 높은 점수를 기록한 사람들은 보다 자유로운 입장의 사람들에 비해 실험자들이 제공한 사진에 더 강한 생리적 반응을 보였다. 특히 정치적 권리에 관한 문제에 극단적인 입장을 취하는 사람들이 감정적인 반응을 더 많이 보였다. 또한 이들은 신중하고 이성적인 사람들에 비해 곤란하거나 뜻밖의 일이 생겼을 때 더 쉽게 '공격과 회피 반응'을 보였다. 이런 결과로 미루어 정치는 단지 감정적인 반응인 듯하다. 아돌프 히틀러 이전 혹은 이후에 등장한 수많은 선동 정치가들은 이 사실을 너무 잘 알고 있었다.

이러한 결과가 나온 것은 어느 정도 교육의 영향도 있다. 일례로 학교에 다닌 기간이 짧은 사람일수록 보수적 성향을 띤다. (학교는 비교적 방어적인 정치적 관점에서 자유롭다.) 하지만 이것은 생리적 반응과 별개의 효과로 단지 생리적 반응을 강화하는 데 영향을 미칠 뿐이다.

특정한 생리적 반응은 편도체의 활동과 관련이 있다. 편도체는 모든 포유동물이 감정의 자극에 보이는 반응을 처리하는 뇌의 일부다. 물론 편도체가 인간을 정치적으로 과격하게 만드는 것은 아닐 것이다. 하지만 신경은 개인이 속한 특정 사회에 위협이 될 만한 대상에 더 즉각적으로 반응하게 만든다. 교육은 전두엽이 감정적 반응을 보다 신중하게 처리하도록 그 반응을 누그러뜨리는 데 중요한 역할을 한다. 이것이 바로 교육과 자유주의 정치가 언제나 친구로 지낼 수 있는 이유다.

배심원 제도

영국 민주주의에서 빼놓을 수 없는 것 하나가 바로 배심원 시스템이다. 중세부터 '12명의 훌륭한 사람들과 진실twelve good men and true'은 증거를 검토하여 법정에 출두한 사람의 유죄 여부를 판단했다. 최근 영국 정부가 특정 유형의 재판에서 배심원 제도를 폐지하자고 제안했을 때 상원 의원들(House of Lords, 전통, 도덕적 청렴, 특권의 수호자들)이 이 제안을 철저히 무효화시킨 것도 어찌 보면 당연한 결과였다. 이 일로 나는 배심원들의 심리에 관하여 생각하게 되었다. 배심원 제도는 영국 법과 세계의 모든 파생법하에서 700년 동안이나 신성불가침의 것으로 여겨졌다. 하지만 최근에 평결이 번복된 사례들을 고려할 때, 사람들이 배심원단의 판결을 선호하지 않을 수도 있지 않을까 하는 의구심이 들었다.

배심원 제도는 애초에 철저히 귀족의 이익을 보호하기 위해 도입되었다. 이 제도는 영국 귀족이 왕이나 그의 믿을 수 없는 심복들 앞에서 약식 판결을 받기보다 같은 귀족들에게 심리받을 수 있는 권리를 얻어내기 위해 존 왕에게 강요해서 얻은 결실이었다. ('마그나 카르타'라는 문서로 명문화된 이 협정은 1215년 러니미드에서 체결되었다.) 이 권리가 모든 사람, 말하자면 우리 같은 일반 백성에게 확대된 것은 수백 년이 지나서였다.

여기까지는 문제가 없다. 하지만 귀족 배심원들이 재판을 하던 때의 시대적 배경을 생각해봐야 한다. 그때는 인구수가 적었다. 배심원들은 재판을 받는 사람이 사는 지역의 귀족으로 구성되었다. 배심원단 앞에

선 당신은 당신의 운명이 달린 중요한 순간에 말 그대로 동료들에게 재판을 받는 셈이다. 사실 그들은 당신이 정말 다른 사람의 신발을 훔쳤는지 아닌지 판단할 때 당신에 대해 알고 있는 개인적인 지식에 비추어 판결을 내렸을 것이다. '저 녀석이 정말 그런 일을 저지를 사람인가?' 올바른 결론을 내리기 위해 그들은 어쩌면 재판까지 열 필요도 없었을지 모른다. 좋다. 그들은 때로는 올바른 판결을 내리고 때로는 개인적으로 편을 들었을 것이다. 하지만 어쨌든 당신은 당신의 공동체와 공동체 규범에 따라 판결을 받는다.

하지만 지금은 그때와 상황이 완전히 다르다. 무엇보다 오늘날의 배심원들은 피고인에 대해 약간이라도 알고 있을 가능성이 거의 없다. 만약 피고인이나 사건에 관하여 조금이라도 알고 있다면 변호사는 그 배심원을 배심원단에서 제외시켜 달라고 법정에 요청할 것이다. 피고인 입장에서는 이것이 오히려 유리하다고 생각할 수 있다. 피고인의 죄를 판단할 배심원들이 피고인에 대한 어떤 편견도 갖고 있지 않다는 것을 의미하기 때문이다. 하지만 나는 배심원 제도가 공동체 이익에 도움이 되는지 의심스럽다. 배심원들의 의견이 일치하지 않아 발생하는 미결정 심리는 곧 국민이 낸 막대한 세금이 부당한 유죄 판결 재판 비용으로 사라질 수 있음을 의미하기 때문이다. 승소 여부나 무능력과 상관없이 변호사가 챙기는 거액의 돈 또한 말할 것도 없다.

두 번째 문제는 과거에 비해 오늘날 법의학 수준이 상당히 높아졌다는 점이다. 변호사는 배심원들이 쉽게 이해할 수 있도록 증거를 간추리라는 압력에 시달릴 때가 많다. 하지만 증거를 요약하면 훨씬 큰 혼란을 야기할 수도 있다. 특히 사기와 관련한 증거가 문제될 때가 많다.

사기 범죄는 대개 IQ가 아인슈타인 정도는 되어야 이해할 수 있는 복잡한 금융거래를 다루기 때문이다.

세 번째 문제는 그다지 길지 않은 사건 심리도 배심원에게는 큰 부담이라는 점이다. 텔레비전을 볼 때도 3초 집중하는 것이 한계인 시대에 사는 현대인들에게 복잡한 법적 논쟁, 난해한 증거, 훌륭한 변호사의 추론과 주석 등을 이해하는 것은 그들의 능력을 벗어나는 일이다. 그들은 재판 과정의 모든 세부 사항을 일일이 기억할 수 없다. 이유는 간단하다. 인간의 기억력은 비디오테이프 같지 않기 때문이다. 이는 수십 년에 걸쳐 이루어진 다양한 심리 실험을 통해 입증된 사실이다. 인간은 사건에서 두드러진 특징 몇 가지만 기억한다. 과거의 일을 기억해 낼 때도 사건의 세부적인 내용은 개연성을 염두에 두고 상상으로 채워 나간다. 일상생활도 정확하게 기억하기 힘든 실정인데 사건 전체를 명확하게 기억하는 것은 불가능에 가깝다. 증인들이 흔히 자기가 목격한 것과 다른 증언을 하는 이유도 이 때문이다.

네 번째 문제는 변호사가 일하는 방식이다. 솔직히 말해 변호사들은 진실을 밝히기 위해 존재하는 것이 아니라 죄의 유무와 상관없이 의뢰인에게 유리한 판결을 받아내기 위해 존재한다. 즉, 그들은 진실을 가지고 자신의 능력껏 경제적 이익을 추구하는 것이다. 변호사는 자신의 관점으로 세상을 보도록 배심원들을 설득하는 이야기꾼이나 마찬가지다. 현행 법 체계에서 배심원들은 단순히 수동적으로 듣고만 있어야 하는 입장이다. 직접 증거를 시험하거나 변호사에게 질문할 수도 없다. 나는 요즘 미결정 심리가 증가하는 추세가 이러한 사정 때문이라고 생각한다.

마지막 다섯 번째 문제는 배심원들이다. 사실 배심원단은 모든 사실을 정확히 파악하려고 애쓰는 독립적인 생각을 가진 사람들이 모인 집단이 아니다. 대개는 한두 명으로 이루어진 집단이나 마찬가지다. 교육 수준이 높거나 매우 힘 있는 소수의 사람들이 쟁점이 되는 문제를 놓고 개인의 능력이나 카리스마로 나머지 배심원들을 조종할 수 있기 때문이다. 이것도 역시 오랜 진화의 역사를 통해 잘 연마된 인간의 심리다. 여러 사람이 모인 집단이 한 가지 목표를 향해 나아갈 경우 가장 좋은 방법은 소수의 리더가 집단을 이끌고 나머지 사람들은 리더가 이끄는 대로 따르는 것이다. 여기에 질문이 많은 과격한 개인주의자가 낄 자리는 없다.

　해결책은 없을까? 나는 현대 범죄학의 복잡성과 까다로운 논쟁을 이해할 수 있는 남성과 여성으로 구성된 전문 배심원단을 채택하라고 제안하는 바이다. 변호사들이 이 제안을 달가워하지 않을 것은 확실하다. 이렇게 되면 더 이상 배심원들을 속이기가 쉽지 않기 때문이다. 대신 미결정 심리는 줄어들 것이다.

13장

인 간 이   인 간 인   이 유

인류가 지구상에 생존하는 한 우리는 '무엇으로 우리와 다른 동물을 구분할 수 있는가'라는 질문을 떨쳐버리지 못할 것이다. 이것은 쉬운 질문이 아니다. 특히 분자유전학이 인간의 긍지에 대한 부족한 관심을 채워가고 있는 오늘날은 더욱 그렇다. 우리가 쉽게 다가서지 못하는 영역이 있다. 바로 인간의 마음이다. 인간의 문화는 진화가 이룩한 가장 눈부신 성과 중 하나다. 인간의 문화적 역량은 우리가 가지고 있는 독특한 능력들, 이를테면 자기반성을 할 수 있는 능력, 자신과 타인의 감정 및 신념에 대해 숙고할 수 있는 능력 등에 녹아 있다.

무슨 생각해?

다른 사람의 마음을 헤아리는 능력은 아이들이 네 살에서 다섯 살 정도 되면 발달하는 능력이다. 심리학적으로 이 시기 아이들은 각자의 마음이론(theory of mind, 신념, 의도, 바람, 이해 등과 같은 정신적 상태가 자신 또는 상대방의 행동에 영향을 미친다는 것을 이해하는 능력–옮긴이)을 형성한다. 서너 살 된 아이들은 노련한 행동학자나 다름없다. 이들은 다른 사람을 조종하는 방법을 잘 안다. 또 이들은 냉장고에 있던 초콜릿을 누가 먹었느냐는 질문을 받았을 때 창문을 통해 들어온 작은 녹색 괴물이 먹었다고 당당하게 대답하면 어른들이 믿어줄 것이라고 생각하는 능력을 갖추고 있다. 하지만 전체적인 상황을 정확하게 이해하지는 못하고, 얼굴에 묻은 초콜릿 때문에 거짓말이 들통날지 모른다는 데까지 생각이 미치지는 않는다. 그럼에도 마음이론에 따라 세상에 대한 다른 이들의 믿음을 조종하는 방법은 잘 알고 있다. 능숙하게 거짓말도 할 줄 안다. 어느 순간 심리학자가 된 것이다. 이제 그들은 다른 이들의 행동 뒤에 숨은 마음을 읽을 수 있다.

이러한 능력, 즉 마음이론이야말로 인간과 다른 동물 사이에 흐르는 루비콘 강이다. 동물의 사고 수준은 세 살짜리 아이의 사고력 수준에서 멈춘다. 그럼에도 불구하고 동물행동학자들은 다른 동물에게도 이러한 능력이 있는지 끊임없이 의문을 제기해왔다. 유전적으로 인간과 가장 흡사한 유인원에게는 이러한 능력이 있을까? 돌고래와 코끼리는? 이 문제를 풀기 위한 관건은 어떻게 확실한 증거를 내놓을 수 있는 실험을 설계하느냐다. 이것은 결코 생각만큼 만만한 작업이 아니다.

성앤드류대학교의 심리학자 두 명이 이 문제에 접근하기 위해 새로운 방식을 내놓았다. 에리카 카트밀Erica Cartmill과 딕 번Dick Byrne은 유인원이 그들만의 방식으로 이야기하도록 내버려 두었다. 즉, 유인원으로 하여금 실험자가 숨겨둔 음식을 찾아내도록 유도하는 것 같은 의도

된 방식의 실험을 포기한 것이다. 대신 그들은 유인원이 행동으로 드러낼 만큼 자신이나 상대방의 심리 상태를 잘 이해했는지 지켜보았다. 오랑우탄의 반응을 이끌어내기 위해 그들은 의도하지 않은 결과에서 생기는 좌절감을 이용했다.

실험 방법은 매우 간단했다. 실험자는 양손에 각각 오랑우탄이 좋아하는 음식과 싫어하는 음식을 담은 긴 접시를 들고 서 있는다. 이때 오랑우탄이 와서 먹이를 요구하면 좋아하는 음식, 싫어하는 음식, 좋아하는 음식의 절반을 같은 횟수로 내민다. 실험자들은 오랑우탄이 실험자가 자신의 요청을 잘못 이해했다고 판단하면 실험자를 이해시키기 위해 다른 제스처를 해 보일 것이고, 원하는 음식을 절반밖에 얻지 못하면 처음에 성공했던 행동을 반복하여 남은 음식을 요청할 것이라고 예상했다. 그들의 예상은 적중했다.

이 실험은 유인원에게 상대방의 마음을 이해할 수 있는 능력이 있다는 사실을 보여줄 수 있는 최선의 실험이다. 우리와 동물을 루비콘 강으로 나눠야 한다면 유인원은 아마 우리 쪽에 있어야 할 것이다. 아직 성인의 지적 수준에는 미치지 못하기 때문에 그들이 소설을 써낼 수는 없을 것이다. 하지만 그들은 우리와 마찬가지로 다른 세계를 상상할 수 있다. 그리고 결국 이 질문을 던지는 것이 모든 과학의 출발점이다. 루비콘 강 저편의 동물은 각자 본능에 따라 살기에 급급해 이런 질문을 음미할 여유조차 없다.

상대의 마음을 읽는 동물들

우리는 다른 동물에게도 당연히 마음이 있다고 가정하는 경향이 있다.

마음의 소리mind-speak가 평상시 우리가 하는 생각에 지대한 영향을 미친다는 단순한 사실에서 비롯된 결과다. 철학자 다니엘 데닛Daniel Dennett은 이것을 '지향적 태도intentional stance'라고 부른다. 지향적 태도란 다른 개체들이 자기와 같은 마음을 가지고 있다고 가정하는 경향을 의미한다. 우리가 마음속 생각을 (명백하지는 않더라도 직관적으로) 숙고할 수 있는 것도 이러한 경향성 덕분이다. 그런데 동물에게는 어떤 유형의 마음이 있으며, 자기 생각과 다른 개체의 생각을 어떻게 비교할까?

심리학자들은 마음의 세밀한 부분까지 들여다보며 지난 세기를 보냈다. 그 과정에서 우리는 기억력, 학습, 동물들의 문제해결 방법, 동물들이 미로를 빠져나가는 방식 등 새로운 수많은 사실을 알게 되었다. 그리고 결정적으로 대다수 동물은 기본적인 인지 능력이 뛰어나다는 사실을 밝혀냈다.

이러한 결론은 사실 약간 실망스럽다. 이는 마치 집 짓는 데 필요한 벽돌, 모르타르, 슬레이트, 나무, 창에 대한 세부적인 정보는 알려주면서 막상 건물 자체는 어떤 형태로 지어야 하는지, 왜 그곳에 지어야 하는지 같은 기본적인 정보는 알려주지 않는 것과 같다. 혹은 자동차 보닛 안에 들어 있는 모든 부품에 관해서는 자세히 설명해놓고 길에서 자동차를 조작하는 방법이나 원리에 대한 설명은 전혀 하지 않은 것에 비유할 수도 있다.

우리가 적어도 몇몇 원숭이와 유인원은 평범한 포유동물이나 새와 약간 다르다고 생각하는 데는 사실 그럴 만한 이유가 있다. 그들에게서 사회의 복잡성에 대처하는 뛰어난 능력이나 '사회인지(social cognition, 타인과의 상호작용 행동 및 견해를 이해하는 것과 관련한 인지. 즉, 타인의 감정, 생각, 의도 및 사회적 행동 등을 이해하는 능력—옮긴이)'라고 하는 독특한 인지 능력을 확인했기 때문이다. 또 그들 사회에 내재된 복잡성 역시 그들을 다른 동물과 구별해준다. 여기서 중요한 것은 그들이 다른 동물은 하지 않는 행동을 한다는 것이 아니라 자기가 하는 행동을 인지하고 있다는 것이다. 영장류는 다른 동물에게서는 찾아볼 수 없는 독특한 행동들, 가령 딕 번과 앤디 화이튼이 연구했던 '전술적 속임수' 같은 것을 구사한다(3장 참조). 중요한 것은 영장류가 다른 개체를 어떻게 속이는지 알고 있으며, 따라서 어떻게 그 행동으로 이익을 얻는지 안다는 점이다.

하지만 시간이 지남에 따라 원숭이와 유인원이 (다른 동물처럼) 단순히 행동만 하는 것이 아니라 (인간처럼) 상대방의 마음을 읽는다는 생각이 점차 희미해지고 있다. 이러한 능력이 인간을 제외한 영장류에게 일반적으로 나타나는 능력이라는 증거가 없기 때문이다. 실제로 우리가 알고 있는 동물 중 마음을 읽을 수 있다는 증거가 나온 동물은 유인원밖에 없다. 그나마 그 증거도 직접적인 것이 아니었다. 침팬지가 다른 개체의 관점을 이해한다는 실험 결과는 많이 나왔지만 그들에게 온전한 마음이론이 있다는 증거는 미비했다. 심지어 한 연구에서는 침팬지가 상대방의 마음을 헤아리는 결정적인 실험(그릇된 신념)에 실패했다고 보고한 바 있다. 이 실험은 아이들도 쉽게 통과할 수 있는 수준의 것이었다. 또 다른 연구에서는 마음을 읽는 침팬지의 능력이 자폐증을 앓고 있는 사람들(마음을 읽는 능력이 일반적인 사람들에 비해 훨씬 떨어진다)보다는 뛰어나지만 그래도 네 살 아이 수준밖에 되지 않는다고 밝혔다. 카트밀과 번이 오랑우탄을 대상으로 다른 실험을 한 것도 이런 애매한 결과 때문이었다.

그럼에도 불구하고 원숭이와 유인원들의 사회적 관계에는 다른 종들의 사회적 관계와 뚜렷이 구분되는 매우 강렬하면서 개별적인 차이점이 있다. 이에 대한 예외는 내가 아는 한 집에서 기르는 개뿐이다. 집에서 기르는 개는 유인원과 같은 유형의 강한 사회적 헌신을 보인다. 이런 식으로 행동하는 개의 능력이 원숭이와 비교해 겉으로 드러나는 행동만 비슷한 것인지 아니면 똑같은 심리적 메커니즘으로 인한 것인지는 앞으로 계속 연구해봐야 할 문제다.

그럼에도 불구하고 개와 원숭이들이 공유하는 이러한 능력은 인간과 다른 동물 사이의 진정한 차이점이 무엇인지 고민하게 만든다. '지향성intentionality'이란 '가정하다suppose', '생각하다think', '궁금해하다 wonder', '믿다believe' 같은 동사를 사용할 때 반영되는 것처럼, 상대방의 마음을 헤아릴 줄 아는 능력을 의미한다. 이런 단어를 사용하는 능력은 1차 지향성이다. 이 수준의 동물은 자기 마음도 헤아릴 수 있다. 대부분의 포유류와 조류가 아마 이 범주에 속할 것이다.

보다 흥미로운 것은 "내 생각에 너는 ……라고 생각하는 것 같아"라는 식으로 상대방의 마음 상태를 고려할 수 있는 능력이다. 이것이 2차 지향성에 해당한다. 처음으로 온전한 마음이론을 갖게 된 다섯 살 아이의 수준과 비슷하다. 그런데 지향성이 과연 더 높은 단계로 확대될 수 있을까? 우리는 실험을 통해 정상적인 성인은 5차 지향성까지 오를 수 있다는 사실을 알아냈다. 대다수 사람에게는 5차 지향성이 실질적 한계다. 다섯 단계를 문장으로 표현해 보면 다음과 같다. '[5]내가 ……를 의도한다고 [4]네가 생각하기를 [3]내가 원한다고 [2]네가 믿는 것을 [1]내가 가정한다.' (꺾쇠 안의 숫자는 지향성의 각 차원을 의미한다.)

지향성의 계층적 특성은 종들의 사회적 인지 능력을 범주화할 수 있는 자연스러운 측정 기준을 제공한다. 만약 인간의 한계가 5차 지향성까지고, 침팬지와 그 밖의 유인원의 한계가 2차 지향성, 그리고 원숭이의 한계가 1차 지향성까지라면, 그러한 능력은 전두엽의 상대적 크기와 정비례 관계라고 볼 수 있다. 이것은 두 가지 점에서 흥미롭다. 첫째, 뇌, 특히 신피질(신피질은 포유류의 고유한 특징이며, 우리가 '사고'와 연관시키는 대부분의 복잡한 행동을 처리하는 영역이다)은 뒤에서부터 앞으로 진화했다는 점이다. 뇌의 제일 앞부분에 위치한 전두엽은 심리학자들이 '실행 기능executive function'이라고 부르는 능력과 밀접하게 연관되어 있다. 둘째, 일반적으로 커다란 신피질(그리고 특히 넓게 자리 잡은 전두엽)은 영장류의 특성이며, 이는 곧 신경 구조를 바탕으로 한 심리적 능력이 영장류에게서 특히 자주 발견된다는 것을 암시한다.

원숭이와 유인원에게 있는 이러한 능력의 특성은 무엇일까?

내가 보기에 원숭이와 유인원, 인간의 능력 자체에는 큰 차이가 없다. 다만 그 능력을 발휘할 수 있는 범위가 다를 뿐이다. 사실 이 능력은 모든 포유류와 조류의 생활에 기본이 되는 능력이다. 몇 가지 예를 들면 다음과 같다. 인과적으로 사고하는 능력, 유추적으로 사고하는 능력, 둘 이상의 세계를 동시에 운영할 수 있는 능력, 장래에까지 그 세계를 운영할 수 있는 능력. 이런 각각의 능력을 모두 통합했을 때 비로소 마음을 읽는 능력이 새로운 특징으로 등장할 것이다. 이것이 특별해 보이고, 어떤 면에서는 그것이 사실이기도 하지만, 그렇다고 이 능력이 영장류나 인간만의 전유물은 아니다. 모든 동물이 하는 것을 좀 더 잘할 수 있을 뿐이다. 즉, 쥐에서 인간에 이르는 다양한 포유류 종들 간의 차이는 단순히 양적인 차이라고 할 수 있다.

둘로 나뉜 세계

우리에게 시와 현대 과학을 제공해준 인간의 정신도 극히 제한적인 듯 보일 때가 있다. 단적인 예로 우리가 하는 이분법적 사고나 행동이 그렇다. 우리는 '……를 위하여, 혹은 ……에 대항하여', '왼쪽 아니면 오른쪽', '바깥쪽 아니면 안쪽', '친구 아니면 적' 같은 표현을 자주 사용한다. 이 단순한 관점을 고집하는 것은 영어권 사람들에게만 해당하는 것이 아니다. 다른 수많은 전통 부족과 마찬가지로 부시맨들은 스스로를 나머지 모든 사람과 구분하기 위해 '진정한 사람'이라는 의미의 '주zhu · 트와시twasi'라고 부른다.

나는 이 문제에 대해 생각해보지 않을 수 없었다. 이분법적 사고는 특히 과학에서 자주 발견되는 특성이기 때문이다. 예를 들어 빛의 특성을 두고 벌인 유명한 논쟁이 있다. 이 논쟁의 쟁점은 '빛은 뉴턴 신봉자들의 주장처럼 파장인가 아니면 양자이론에서 말하듯 (광양자 형태의) 입자들인가?'라는 한 문장으로 요약할 수 있다. 19세기에는 지리학자들이 '격변설 지지자들'과 '균일론 지지자들'로 나뉘어 격렬한 논쟁을 벌였다. 영향력 있는 프랑스 분류학자 바론 퀴비에Baron Cuvier를 필두로 한 격변설 지지자들은 지리학적 증거를 들이밀며 홍수나 화산 폭발 같은 자연재해에서 비롯된 환경의 급격한 변화로 특정 생명체들이 지구에서 깨끗이 사라졌고, 완전히 새로운 종들이 나타나 그들의 자리를 대체했다고 주장했다. 반면 다윈의 진화론에 지대한 영향을 미친 영국의 지리학자 찰스 라이엘Sir Charles Lyell 같은 균일론자들은 지질학적 기록(geological record, 지구 발생 이후 수백만 년에 걸쳐 바위, 화석, 지형 등에 남은 기후 변화의 흔적—옮긴이)은 점진적인 변화를 보이고 있으므로 생물의 형태도 점진적으로 변화했을 것이라고 주장했다.

물리학계에서도 이와 비슷한 양상의 논쟁들이 있었다. 19세기 중반, 물리학자 토머스 영Thomas Young과 헤르만 폰 헬름홀츠Herman von Helmholtz는 색각의 '3색이론'을 개발했다. 이 이론은 물리학자들이 망막에는 각각 한 가지 '주요' 색, 즉 빨강, 초록, 파란색을 인식할 수 있는 세 종류의 세포가 있다는 사실을 알리면서 더욱 힘을 받았다. 하지만 수십 년 뒤, 독일의 생리학자 에발트 헤링Ewald Hering은 시각 체계가 보색, 예를 들어 파랑—노랑, 빨강—초록으로 색깔을 인지한다고 주장하는 이른바 '보색이론'을 내놓았다.

이분법에서 더욱 흥미로운 점은 상반된 두 이론이 모두 옳다는 것을 증명하면 그동안 서로 신랄하게 비난했던 치열한 논쟁이 불현듯 종식된다는 것이다. 빛은 상황에 따라 파동처럼 보이기도 하고 입자처럼 움직이기도 하며, 어떻게 분석하느냐에 따라 달라지는 선택의 문제다. 마찬가지로 진화 역시 시대에 따라 진행 속도가 다르다. 화산 폭발이나 혜성 충돌은 대규모 멸종을 초래해 진화를 가속하지만, 보통 때는 돌연변이를 일으켜 꾸준하면서도 다소 완만한 속도로 진화를 이끈다. 그리고 색각에 관한 두 이론, 즉 '3색이론'과 '보색이론'은 시각 체계의 각기 다른 단계에 적용되는 이론이라는 사실이 밝혀졌다. 망막은 빛을 3색이론에 따라 분석하는 반면 시각 피질은 4색이론에 따라 빛을 분석한다.

이러한 사례는 얼마든지 들 수 있다. 가령 '장소'와 '진동수' 이론가들은 포유류가 소리를 인지하는 방식을 놓고 팽팽히 맞섰다. 또 어느 학자는 우리가 인식하는 소리의 높낮이는 달팽이관 운동으로 전환된 진동이 얼마나 많이 코르티기관(organ of corti, 달팽이관 속에 있는 매우 민감한 세포막)에 도달하느냐에 달렸다고 주장하는 반면, 한편에서는 코르티기관 자체가 진동하는 진동수가 소리의 높낮이를 결정한다고 주장한다. 사실 두 이론 모두 맞다. 신체의 특성상 낮은 음은 진동수에 따라 분석되고 높은 음은 장소 이론에 따라 분석된다.

수학에서도 이와 비슷한 논쟁이 있었다. 1764년, 영국 장로교 목사 토머스 베이즈Reverend Thomas Bayes와 왕립협회 회원들은 신뢰값을 토대로 하는 확률이론을 설명한 사후 확률이론을 발표했다. 이 이론은 모든 상황에 적용할 수 있는 단 하나의 수학이론을 바탕으로 한 매우 단순한 이론이었다. 그러나 후대 수학자들은 보다 확고한 사실에 뿌리를 둔 이론이 필요하다며 베이즈의 아이디어에 난색을 표했다. 그들은 발생한 사건(가령 동전 던지기)과 같은 실제 사건의 빈도수를 가지고 확률을 정의하는 것이 낫다고 주장했다. 이런 분위기에 밀려 결국 토머스 베이즈와 그의 이론은 사람들에게 잊혀졌다. 하지만 먼 훗날 마지막에 웃은 자는 베이즈였다. 그의 이론이 말 그대로 '신뢰값'에 관한 특별한 이론이라는 것이 입증되었기 때문이다.

너무나 오래되어 더 이상 새로울 것이 없는 '본성과 양육' 논쟁도 있다. 이 논쟁은 거의 주기적으로 나타나다시피 하기 때문에 자연의 법칙이 아닌가 하는 생각이 들 정도다. 그리고 그때마다 거의 같은 패턴으로 잠잠해지곤 한다. 1940년대 '본성과 양육'의 쟁점은 지능지수IQ

유전 문제였다. 1950년대에는 동물행동학계에서 본능의 특성을 놓고 논쟁을 벌이다가 다시 본성과 양육의 문제가 등장했다. 1970년대 사회생물학계에서 이 논쟁에 또다시 뜨거운 불이 붙었다. 그 후 1990년대에 이르자 새로 등장한 학문 분야인 진화심리학과 사회과학, 그 밖의 주요 심리학 분야에서 이 논쟁은 다시 시작되었다. 이 논쟁이 수면 위로 떠오를 때마다 누군가 빛의 파동과 입자 논쟁에서 보았듯 하나를 배제하고 다른 하나만 이야기하면 편리하기는 하지만 유기체의 발달 과정에서 유전적 요인과 환경적 요인을 따로 떼어 생각할 수는 없다고 지적하는 것으로 마무리되었다.

문제는 우리에게 연속선상에 있는 문제들을 다룰 수 있는 지적 능력이 부족하다는 것이다. 특히 이러한 문제들이 상황에 따라 가변적인 여러 요인과 상호작용할 때는 더욱 그렇다. 단순한 이분법을 다룰 때 우리는 가장 행복하다. 이분법적 사고가 생각할 필요를 덜어주기 때문이다. 진화가 우리에게 일상생활에서 얻는 충분한 경험 법칙을 제공하는 것은 분명하지만 이분법적 사고로 표면 아래 숨은 과학의 진정한 문제를 다루기에는 한계가 있다. 결국 지식을 가로막고 있는 것은 우리의 내적 한계인 듯하다.

사실 나는 어느 진취적인 화학자가 나타나 조지프 프리스틀리Joseph Priestley의 연소의 플로지스톤 이론phlogiston theory of combustion을 재해석하기를 기대하고 있다. 플로지스톤 이론이 프리스틀리의 가장 강력한 라이벌이었던 프랑스의 안톤 라부아지에Antonie Lavoisier의 산소이론을 보완한다고 선언하면서 말이다. 프랑스혁명 당시 루이 16세의 징세 청부인으로 고발되어 단두대의 이슬로 사라진 라부아지에는 연소가 공기 중의 산소와 결합하면서 일어난다고 주장했다. 반면 프리스틀리와 당시 꽤 많은 사람은 연소할 때 플로지스톤이라는 물질이 발생한다고 주장했다. 라부아지에는 회계사 경력을 십분 발휘해 물질이 연소될 때 물질의 무게가 가벼워지는 것이 아니라 무거워진다는 사실을 증명했다. 그리고 이것은 물질이 연소하면서 다른 물질을 얻는 것이지 다른 물질을 만들어내는 것이 아니라는 설명을 덧붙였다. 라부아지에는 이 이론을 통해 현대 원자이론의 토대를 닦았다. 물론 나의 바람이 이루어질 것 같지는 않다. 하지만 누군가는 위대한 화학자였던 프리스틀리의 아이디어가 정말 잘못된 것인지 확인해봐야 할 것이다.

행운의 편지와 확률의 비밀

우리가 때때로 생각을 적절하게 하지 못한다는 것을 보여주는 또 다른 예가 있다. 이메일이 세상에 등장하기 몇 해 전, 집으로 커다란 갈색 봉투 하나가 배달되었다. 나는 그 안에 들어 있는 행운의 편지를 보고 깜짝 놀랐다. 편지에는 "돈을 보내지 마세요!"라고 적혀 있었다. 다만 편지를 복사해 나흘 안에 친구와 동료 다섯 명에게 전달하고, 그들에게도 같은 과정을 반복하게 하라고 요구했다. 그리고 마지막에는 다음과 같은 경고가 적혀 있었다. "이대로 하지 않으면 당신에게 불운이 따를 것입니다."

물론 전통적인 사고방식의 경험주의자였던 나는 편지를 버릴 생각이었다. 하지만 봉투 안에 이 편지가 미국에서 시작될 때부터 누적된 답장들이 함께 들어 있는 것을 보고 호기심에 편지를 읽기 시작했다.

흥미로웠던 것은 모든 편지 작성자들이 하나같이 수신자가 이 편지를 단순히 미신으로 치부하지 않도록 갖은 노력을 다했다는 점이다. (그리고 편지를 작성한 사람들은 전부 학자들이었다.) "짐, 넌 내가 이런 말도 안 되는 편지를 믿지 않을 것이라는 걸 잘 알거야. 그래도 어쨌든 이 편지를 너한테 보낼게. 왜냐하면……" 혹은 "난 어렸을 때부터 이런 행운의 편지를 싫어했고, 그래서 다른 사람한테 전달하지도 않았어. 그런데 지금 내가 이 편지를 너에게 보내는 이유는……"식의 글이 넘쳐났다.

그런데 이 편지가 특별한 이유는 무엇일까? 별거 없다. 단순히 불운으로 위협하기 때문이다. 행운의 편지와 함께 동봉된 모든 편지는 다음과 같은 하소연으로 끝을 맺는다. "보조금 신청서가 지연되고 있어서 이런 위험을 무릅쓰고 싶지 않아.", "다음 주에 면접이 있어. 요즘 구직난이 심하잖아. 그래서……."

나는 그들을 향해 약간의 조소를 머금고 편지 뭉치를 쓰레기통에 버렸다. 그리고 회의와 수업으로 정신없이 바쁜 한 주를 보냈다. 문제는 그때서야 나에게 닥친 불운의 신호들을 눈치챘다는 것이다. 그러니까 편지를 받은 다음 날 화요일, 처음에는 회의 준비가 말썽이었다. 프로젝터 케이블을 찾을 수 없었던 것이다. 그러더니 강의 때는 수업 시간이 반쯤 지나서야 겨우 한 학생이 강의실에 나타났다. 수요일과 목요일에는 같은 시간대에 수업이 이중으로 잡혀 있었다. 목요일에는 출판기념 파티에 참석하기 위해 회의에서 간신히 빠져나와 행사장으로 향했는데, 그곳에 도착하고 나서야 파티가 일주일 뒤인 것을 알았다. 그날 밤 집에 돌아와 보니 아내가 감기몸살로 침대에 누워 있었다. 그리고 주말이 지나면서 나머지 가족이 돌아가며 감기에 걸렸고 나도 예외는 아니었다. 25년 동안 일을 하지 못할 정도로 아픈 것은 그때가 처음이었다. 두 아들은 열이 39.5도까지 올랐고, 딸은 11년 만에 처음으로 학교를 쉬었다.

물론 지금 우리는 이 일들이 우연의 일치에 불과하다는 것을 안다. 하지만 이 다섯 가지 사건이 한 주 만에 연속으로 일어날 확률을 계산해보면 아마 다시 생각할 것이다. 이 사건들이 연속으로 일어날 확률은 거의 100만분의 1이다. 이 정도의 확률로 안 좋은 일이 생기면 사람들은 그때부터 의아해하면서 미신과 천문학을 믿기 시작한다.

그런데 이 확률을 좀 더 자세히 들여다보면 그다지 대단치 않다는 것을 알 수 있다. 식구들이 돌아가며 몸살에 걸린 사건은 만약 감기가 다른 가족에게까지 전염되고 그해 겨울 독감이 유난히 맹위를 떨치지 않았더라면 좀 더 인상적이었을 것이다. 하지만 그 주에 아이들이 다니는 학교에서는 전교생 중 절반 정도가 감기로 결석을 했고, 가족이 전부 독감에 걸린 집도 한둘이 아니었다.

수업 일정에 착오가 생기는 것은 학기 첫 주에는 흔히 있는 일이다. 기술적인 이유로 회의가 지연되는 것도 전혀 이상한 일이 아니다. 다만 일주일 뒤의 일정을 착각한 사건 정도가 특이한 경우에 속할 것이다. 하지만 6주 전에 초대장을 받아 일정표에 잘못 기재한 것은 누군가 나에게 행운의 편지를 보내기로 마음먹기 훨씬 전이니 이를 계산에 포함시키는 것은 반칙이다.

무엇보다 이 모든 사건은 4일의 유예 기간이 끝나기 전에 발생했다. 편지를 전달할 시간이 아직 하루나 남았는데 나를 이 정도로 괴롭히는 것은 고약한 운명의 장난이 틀림없다. 예정대로라면 금요일 이전에는 아무 일도 일어나서는 안 되었다. 내가 겪은 다섯 가지 사건들은 행운의 편지가 몰고 온 '불운'이 아니다. 실제로 독감을 제외한 나머지 네 가지 사건은 편지를 받은 지 닷새째가 되는 금요일부터는 일어나지 않았다.

따라서 내가 행운의 편지를 전달하지 않아서 이 불행한 일들이 일어났을 확률은 '제로'다. 사실 하루 중 나쁜 일이 일어날 확률은 꽤 높다. 다만 우리가 거기에 집중하고 있지 않아서 알아채지 못할 뿐이다. 행운의 편지 같은 외적 요인은 우리를 거기에 집중하게 만드는 촉매제 역할을 한다. 일단 그런 현상을 깨닫고 나면 우리는 그것을 뒷받침하는 증거를 찾으려 애쓴다. 그런데 앞에서 설명했다시피 이것은 매우 비과학적인 접근 방식이다.

행운의 편지에 대해 내가 이렇게 불평할 이유는 없다. 그로 인해 생각할 기회가 생겼으며, 이 주제로 기사를 써서 약간의 돈도 벌었기 때문이다. 그러니 행운의 편지에 감사할 따름이다.

14장

인 간 과 침 팬 지 사 이

"나는 생각한다, 고로 나는 존재한다." 17세기 철학자 겸 수학자인 르네 데카르트Rene Descartes는 이렇게 선언했다. "동물은 말을 할 수 없기 때문에 생각할 수 없다. 이것은 그들에게 영혼이 없다는 증거다"라는 사고 과정 끝에 내린 결론이었다. 이후 우리는 '그들 아니면 우리'라는 데카르트의 이분법적 사고의 그늘 아래 살고 있다. 특히 사회과학 분야만큼 그의 영향력이 크게 미치는 곳도 없을 것이다. 사회과학 분야에서는 인간과 다른 동물들 사이에 큰 차이가 존재하기 때문에 인간의 행동을 연구하기 위해 동물을 모델로 삼는 것은 적합하지 않다고 주장한다. 그들이 야만적인 짐승과 인간을 가장 극명하게 구분하는 특징으로 내세우는 것이 바로 언어와 문화다.

문화가 뭐길래

물론 그들의 주장은 전적으로 언어와 문화라는 두 가지 현상의 특수성에 근거한다. 때로 이것은 짐승도 이런 고상한 조건을 추구할지 모른다는 건방진 주장으로부터 인간의 명예를 지키고자 하는 희극적인 노력으로 나타나기도 한다. 인간이 아닌 다른 동물에게 언어나 문화가 있음을 증명하려는 모든 시도는 항상 용어를 다시 정의하여 골대의 위치를 바꿔버리는 반대 주장에 부닥쳤다. 예를 들어 '도구를 사용하는 인간'이라는 용어는 다른 동물도 도구를 사용한다는 사실이 밝혀지면서 '도구를 만드는 인간'으로 바뀌었다.

무엇이 우리 인간의 문화를 이토록 방어적으로 만드는 것일까? 반세기 전, 미국의 인류학자 알프레드 클뢰버Alfred Kroeber와 클라이드 클락혼Clyde Kluckhohn은 다양한 문헌을 조사하여 현재 인류학자들과 사회과학자들이 서로 다른 의미로 사용하고 있는 40여 개의 정의를 찾아냈다. 이 정의는 크게 세 가지 유형으로 나뉜다. 사람들의 마음속에 있는 개념들로 이루어진 문화(사회규범, 의식의 패턴, 신앙 등), 인간 정신의 산물로 이루어진 문화(도구, 그릇, 장식물, 의복 같은 소위 물질문화), 언어와 언어의 산물로 이루어진 문화(일상적인 의미에서 셰익스피어와 밥 말리에 이르는 모든 고급문화)이다. 물론 마지막 유형은 인간의 독특한 조건, 즉 언어로 우리를 이끌기 때문에 여기서 다시 한 번 골대의 이동이 일어난다.

몇 가지 순환 논리를 제외하면 (가령, 언어를 사용하는 것은 인간뿐이다. 따라서 문화는 인간의 전유물이다. 문화는 곧 언어이기 때문이다) 이 정의는 인간의 독특한 행동양식에 관한 질문을 떠올리게 한다. 동물의 마음은 정말 텅 비었을까? 세상에 대한 어떠한 신념도 담고 있지 않을까? 침팬지가 견과류를 깰 때 이용하는 해머와 모루는 그들에게 물질문화가 있다는 증거일까 아닐까?

케임브리지대학교의 빌 맥그루Bill McGrew는 인간의 특이성과 관련하여 인공물로서의 문화학파를 강력하게 비난했다. 그는 자신의 책 《침팬지 물질문화Chimpanzee Material Culture》에서 침팬지가 사용하는 도구가 왜 인간이 만든 것과 달리 도구로 인정받지 못하는지 설명하면서 인공물로서의 문화학파에 도전장을 던졌다. 30년에 걸쳐 이루어진 아프리카 현장 조사 끝에 그는 무언가를 찾을 때 사용하는 해머에서부터 해면 채집을 위한 낚시 도구까지 침팬지들이 사용하는 수많은 자연 도구와 인공 도구들을 발견했다. 그는 이 도구들을 박물관에 전시할 때 인간과 유인원 중 누가 만든 도구인지 표시하지 않으면 아무도 누가 만들었는지 알아채지 못할 거라고 말했다. 침팬지가 만든 도구와 기술이 발달하기 전 인간이 만든 도구의 차이점은 두 가지뿐이다. 침팬지는 저장을 위한 용기와 사냥을 위한 덫을 만들지 않는다는 것이다.

동물에게도 문화가 있다는 주장을 할 때 자주 언급하는 대표적인 사례가 두 가지 있다. 첫 번째는 푸른박새가 한때 영국에서 사용했던, 우유의 마분지 뚜껑을 제거하는 방법을 터득한 일이다. 1940년대 영국 남부 가정집 안뜰을 안방처럼 누비던 푸른박새들 사이에 우유병 입구를 막아놓은 마분지 뚜껑을 비틀어서 우유 위쪽에 덮인 크림을 먹는 방법이 퍼졌다. 두 번째는 일본에서 '이모Imo'라는 이름의 젊은 암컷 짧은꼬리원숭이가 고구마의 흙을 씻어 먹으면서 그 습성이 같은 무리 원숭이들에게 퍼진 일이다.

하지만 이 두 가지 사례는 지난 몇 년간 심리학자들에게 맹비난의 대상이 되었다. 자료를 여러 번 신중히 검토해본 결과 문화적으로 학습된 행동의 경우, 두 사례에서 모두 전이의 속도가 상당히 더뎠다. 고구마를 씻어 먹는 이모의 습관이 무리 사이에 퍼지는 데는 수십 년이 걸렸다. 그것도 오직 이모보다 어린 원숭이들만 그녀의 행동을 따라했다. 나이 든 개는 새로운 묘기를 배우지 못한다. 일반적으로 동물들 사이에 나타나는 새로운 행동 방식은 아주 단순한 과정을 거쳐 확산되는 것으로 보인다. 즉, 관찰자의 관심은 스승의 행동에 따라 해당 문제로 쏠린다. 스승의 행동을 관찰한 관찰자는 반복적인 시도와 실패 과정을 거쳐 스스로 문제 해결 방식을 터득한다. 반대로 인간은 스승이 관찰자에게 문제의 특성과 해답을 가르쳐준다. 아니면 관찰자가 단순히 스승의 행동을 따라한다. 이것이 인간의 문화와 동물의 문화를 확실히 구분 짓는 특징이다.

이러한 관찰을 통해 독일 라이프치히 소재 막스플랑크 진화인류학연구소Max Plank Institute for Evolutionary Anthropology의 마이크 토마셀로Mike Tomasello 같은 심리학자들은 인간의 관점에서 보았을 때 진정한 의미의 문화를 형성한 동물이 있을지 의구심을 품었다. 하지만 성급한 결론을 내리기 전에 우리는 우리가 던진 질문의 의미를 깊이 되새겨 봐야 한다. 토마셀로는 문화 전파 메커니즘에 관심이 있었다. 맥그루 같은 영장류 동물학자들은 동물의 행동에 관심이 있었다. 문화의 기능적 정의에 따르면 침팬지에게는 문화가 있다. 하지만 토마셀로가 지적한 바와 같이, 그들이 우리와 같은 방식으로 문화를 습득하는지에 대해서는 의구심이 든다. 여기서 한 가지 돌파구는 '문화적 역량(영장류는 특별한 생태적 관련성이 없는 무작위적이고 다양한 행동을 개발할 수 있다. 이는 어쩌다 모자를 거꾸로 쓰는 것과 비슷하다)'을 따로 떼어 생각하는 것이다. 우리 인간에게는 다른 동물에게는 없는 문화적 잠재력이 있다. 문화적 잠재력이 있기에 우리는 과거의 업적을 바탕으로 새로운 시도를 했다. 그리고 그것이 있었기에 과학이, 그리고 문화적 활동이 어떻게 진화했는지에 대한 아이작 뉴턴의 '거시적인' 관점이 탄생할 수 있었다.

동물의 언어

인간의 문화가 언어에 깊이 뿌리내리고 있는 것은 분명하다. 우리는 묘사하고 가르치고 기도문을 읊기 위해 언어를 사용한다. 하지만 데카르트가 지적했듯 동물은 언어를 사용하지 못한다. 그렇다고 그들이 어리석다는 의미는 아니다. 개는 짖고 원숭이는 꺅꺅거린다. 이것이 그들이 느끼는 감정의 직접적인 표현이라는 관점이 일반적인 통념이다. 개가 짖는 것은 그들이 일정 수준의 흥분 상태에 도달하면 성도(성대에서 입술 또는 콧구멍에 이르는 통로—옮긴이)가 그런 소리를 만들어내기 때문이다. 인간도 비명이나 앓는 소리처럼 그와 비슷한 소리를 낼 수 있다. 하지만 개들 역시 임의적이기는 하지만 의미가 내포된 임의의 소리를 낸다. 우리는 꿀벌이 자기 동료에게 꿀이 있는 곳의 방향이나 거리를 알려주기 위해 사용하는 8자 춤의 의미를 이해하지 못한다. 그 춤은 특정한 상황에서 특정한 용도로만 사용되기 때문이다. 그들은 이 춤을 안부를 묻거나 위로를 하기 위해 사용하지 않는다.

　하지만 최근 연구 결과를 보면 원숭이와 유인원만은 동물에 대한 우리의 통념에서 제외시켜야 하는 것 아닌가라는 생각이 든다. 펜실베이니아대학교의 도로시 체니Dorothy Cheney와 로버트 세이파스Robert Seyfarth

는 케냐의 암보셀리국립공원에서 야생 벨벳원숭이들을 대상으로 일련의 독특한 실험을 했다. 그들은 숨겨놓은 스피커를 통해 벨벳원숭이들에게 같은 집단 내 동료의 소리를 들려주었다. 실험 결과 그들은 동료의 행동을 보지 않고 소리만 듣고도 특정 행동을 한다는 사실을 알아냈다. 이것은 곧 벨벳원숭이가 발성으로 중요한 정보를 전달한다는 의미였다. 이들은 발성을 달리하여 적의 종류를 동료들에게 알렸다. 가령, 표범을 목격하면 짖는 듯한 소리를 내고, 독수리가 나타나면 킬킬거리는 듯한 소리를 내며, 뱀이 나타나면 높게 지저귀는 듯한 소리를 냈다. 또한 벨벳원숭이들은 끙끙 앓는 소리만 듣고도 다른 벨벳원숭이가 이제 막 무슨 짓을 하려고 한다는 의미인지 아니면 포식 동물이 다른 동료에게 접근 중이라는 것을 알리는 것인지를 알아냈다. 체니와 세이파스는 최근 보츠나와Botswana에서 실시한 연구를 통해 개코원숭이는 자기가 공격했던 동료를 진정시키기 위해 사과의 의미로 앓는 소리를 사용한다는 사실을 증명했다. 이 모든 것이 한때 우리가 만능으로 쓰인다고 생각했던 앓는 소리의 의미들이다.

동물의 발성에는 우리가 생각했던 것보다 훨씬 많은 의미가 담겨 있다. 중국어를 모르는 사람이 중국인의 연설을 들으면 마치 무의미한 소음처럼 들리지만 정작 그 안에는 훨씬 복잡한 내용이 들어 있는 것과 비슷한 이치다. 다른 종의 언어를 이해하는 데 우리는 아직 초보자에 불과하다.

21장에서 자세히 살펴보겠지만, 언어 훈련을 받은 침팬지의 성취도는 좀 더 인상 깊다. 가령 12마리의 침팬지, 고릴라, 오랑우탄이 다양한 인공언어 사용법을 훈련하고 있다고 해보자. 이들 중 가장 성취도가 높은 것은 침팬지다. 침팬지가 사람의 지시에 따르거나 질문에 대답하는 수준은 어린아이들의 인지 수준과 비슷하다. 그리고 놀랍게도 침팬지가 달성한 과업의 대부분이 영어를 사용해 대화하는 법을 터득했던 아프리카 회색앵무 알렉스와 거의 같은 수준이다.

나는 생각한다. 고로……?

하지만 동물에게는 한 가지 결정적인 장애물이 있다. 좀 더 고차원적인 형태의 문화, 가령 종교의식, 문학, 과학 등과 관련된 능력은 독립적인 관점에서 넓은 세상을 보기 위해 스스로 한 걸음 나아가는 능력이다. 이러한 능력을 갖추려면 "무슨 일이 일어난 거야?"만이 아니라 "왜 일이 그렇게 된 거지?"라는 질문을 던질 수 있어야 한다. 동물은 세상을 보이는 그대로 받아들인다. 오직 인간만이 개인의 한정된 관심에서 벗어나 보이는 그대로의 세계가 아닌 다른 세계를 상상할 수 있다. 그리고 이 능력을 갖추어야만 비로소 "왜?"라는 질문을 던질 수 있다.

사회적 맥락에서 봤을 때, 세상이 존재하는 방식을 한 걸음 떨어져서 볼 수 있는 이 능력은 곧 '마음이론의 보유'와 같은 말이다. 이 능력은 다른 사람의 신념을 이해하는 능력과 그 지식을 바탕으로 상대방을 이용하고 조종하는 방법을 뒷받침한다. 우리가 태어날 때부터 이 능력을 가지고 태어나는 것은 아니다. 네 살 정도가 되어야 비로소 이 능력을 갖춘다. 하지만 가령 자폐아처럼 평생 이 능력을 얻지 못하는 사람도 있다. 이 능력을 갖추기 전의 아이는 정교한 거짓말이나 상상력을 발휘한 연극을 하지 못한다. 우리에게 이 능력이 없었다면 상상력의 산물인 문학, 과학, 종교 등은 애초에 생겨나지도 못했을 것이다.

분명 이 정도로 고양된 정신 상태에 도달할 수 있는 동물은 없다. 물론 원숭이가 속임수를 쓰기는 하지만 그 수준은 기껏해야 세 살 난 아이 정도다. 또 동료를 이용하거나 그들의 행동을 읽을 수는 있지만 상대방의 생각이 자기와 다를 수 있다는 것은 이해하지 못한다. 물론 14장에서 살펴보았던 영장류는 예외다.

중요한 것은 문화가 다른 생물로부터 인간을 구분하는 표지라는 끊임없는 주장이 무엇보다 포괄적인 우월주의의 냄새를 풍긴다는 것이다. 물론 인간의 문화에는 다른 종에게서는 찾아볼 수 없는 특성이 있다. 예를 들어 언어에는 인간에게서만 나타나는 몇 가지 특성이 있다. 하지만 현실에서 중요한 것은 연속체continuum다. 그리고 여기에 부분적인 문제가 있을지 모른다. 인간은 연속선상에서 생각하는 것을 매우 어려워하고, '그들과 우리'처럼 단순하게 이분법적으로 생각하는 것을 더 좋아한다. 우리는 언어나 문화가 독립적인 현상이 아니며 적어도 우리와 비슷한 동물은 우리와 그 과정을 공유한다는 것을 깨달아야 한다.

어째서 셰익스피어를 천재라고 하는가?

그런데 오직 인간에게만 있는 능력이 있다. 바로 가공의 세계를 만들어내는 능력이다. 동물은 이야기를 이해하지 못한다. 단지 단어를 이해하는 데 필요한 언어가 없기 때문만이 아니다. 가공의 세계 자체를 이해하지 못하기 때문이다. 그들에게 언어가 있다 해도 이야기를 가상이 아닌 사실로 받아들일 것이다. 그리고 이야기 속 상상의 세계가 현실에 존재하지 않는다는 사실에 혼란스러워할 것이다.

윌리엄 셰익스피어William Shakespear가 책상에 앉아 《오셀로Othello》를 집필하고 있는 모습을 상상해보자. 오셀로에는 세 명의 핵심 인물이 등장한다. 오셀로와 이아고 그리고 불행한 운명의 데스데모나. 셰익스피어는 이아고가 오셀로에게 데스데모나가 다른 사람과 사랑에 빠졌다고 믿게 하려는 음모를 꾸미고 있다는 사실을 관중이 믿도록 해야 했다. 따라서 무대 위에 세 사람의 마음 상태가 공존하게 했다. 게다가 이야기를 더 그럴듯하게 전개하기 위해 데스데모나의 욕망의 대상인 카시오까지 등장시켰다. 만약 데스데모나가 단순히 카시오에 대한 환상만 품고 있었다면 오셀로의 걱정은 한층 줄어들었을 것이다. 물론 그녀를 놀릴 수는 있었겠지만 이아고가 귀띔해 준 이야기들을 확인하려 들지는 않았을 것이다. 오셀로의 의심과 질투심이 점점 심해지고 결국 데스데모나가 남편의 손에 목숨을 잃는 것은 카시오라는 등장인물이 존재해야만 가능한 일이다. 따라서 이야기를 더 그럴듯하게 꾸미려면 무대 위에서 반드시 네 사람의 마음을 보여주거나 암시해야 한다.

여기서 끝이 아니다. 셰익스피어는 관중이 연극을 보는 동안 그것을 진짜라고 믿게 만들어야 했다. 그렇게 하지 못하면 연극이 실패로 돌아가기 때문이다. 따라서 그는 관중의 심리 상태까지 고려했다. 그리고 마지막으로 이 모든 것을 머릿속으로 상상했다.

엘리자베스 여왕 시대의 런던, 셰익스피어는 눅눅한 어느 월요일 깃펜을 들고 양피지 앞에 앉아 상상했던 대로 글을 쓰려고 한다. 그는 (최소한) 6차 지향성을 능수능란하게 다뤄야 한다. "셰익스피어의 **의도**는 데스데모나가 카시오를 **사랑**하고, 카시오도 데스데모나를 **사랑**한다고 오셀로가 **믿도록** 이아고가 **계략을 꾸미고 있다**는 사실을 관중이 **믿게** 하는 것이다."

쉬운 일이 아니다. 평범한 성인이 감당할 수 있는 것보다 한 단계 높은 지향성을 다뤄야 하기 때문이다. 하지만 중요한 것은 그가 관중이 그들의 한계에 도달할 수 있도록 유도했다는 사실이다. 관중은 5차 지향성까지 도달해야 한다. 이것은 셰익스피어가 그들보다 한 등급 높은 차원에서 글을 썼기에 가능한 일이다. 그가 성공적인 극작가가 될 수 있었던 것도 이러한 능력 덕분이다.

하지만 지금 우리가 생각해봐야 할 문제는 오직 인간만 이렇게 행동할 수 있다는 것이다. 기껏해야 2차 지향성이 한계인 침팬지는 절대 책상 앞에 앉아서 《오셀로》 같은 희곡을 쓸 수 없다. 만약 책상 앞에 앉아서 수백만 년 동안 자판을 두드린 끝에 이에 성공했다 해도 이는 순전히 우연일 뿐이다. 유인원은 인물의 행동을 의도하지 못하고, 이야기의 흐름을 따라가는 관중의 능력을 숙고하지도 못한다. 유인원은 이아고가 오셀로에게 무언가를 말하려고 한다는 것은 인식할 수 있어도("나는 이아고가 ……하려고 하는 것 같아"), 이아고가 어떻게 오셀로를 자기 의도대로 생각하게 만드는지는 결코 이해할 수 없다. 여기에는 유인원에게는 불가능한 3차 지향성이 필요하기 때문이다.

우리가 문학을 향유하고 심지어 모닥불 주변에서 이야기를 나누며 상상의 나래를 펼치는 것은 오늘날 남아 있는 모든 동물 종의 통찰력을 뛰어넘는 능력 덕분이다. 어쩌면 유인원은 상대방의 생각을 가정하고 간단한 이야기를 만들 수 있을지 모른다. 하지만 그 이야기는 한 인물의 독백 형식밖에 될 수 없다. 오직 성인이 된 인간만이 인간의 문화에서 연상되는 유형의 문학을 의도적으로 만들어낼 수 있다. 다시 말해 3차 혹은 4차 지향성으로 이야기를 만들 수 있다(8세에서 11세 정도 아이들 수준). 하지만 이 정도로는 성인이 읽기에 부족한 면이 많다.

중요한 것은 위대한 이야기꾼이라면 자신의 청중을 그들의 한계인 5차 지향성까지 도달하게 만들 수 있어야 한다는 사실이다. 이것은 곧 위대한 이야기꾼이라면 적어도 6차 지향성 수준에서 글을 써야 한다는 의미다. 그런데 이것은 대다수 사람의 능력을 벗어나는 일이다. 그래서 셰익스피어가 진정한 천재인 것이다.

현 명 해 져 라 …… !
더 오 래 살 지 니

물론 본질적으로 인간을 인간일 수 있도록, 지금까지 생존한 생명체들 중 가장 성공적인 종이 될 수 있도록 한 것은 인간의 지적 능력이다. 엄밀히 말해 과거에 축적된 지식을 기반으로 구축된 문제를 충분히 생각하는 능력이 없었다면 우리는 지구의 모든 대륙을 지배할 수 없었을 것이며, 중국의 만리장성을 세울 수 없었을 것이다. 또한 라듐을 발견하지 못했을 것이고, 바흐의 칸타타와 모차르트의 오페라를 들을 수 없었을 것이며, 달에 착륙하지 못했을 것이고, 인터넷을 발명하지 못했을 것이다. 사실 영리한 덕에 우리는 뜻밖의 많은 결실을 맺었다. 그러니 이를 무시할 수는 없다. IQ는 당신에게 유익하다.

IQ가 수명을 좌우한다
혹시 1921년 스코틀랜드에서 태어나지 않았는가? 만약 그렇다면 IQ

라는 말만 들어도 1932년 6월 1일 수요일이 떠오를 것이다. 이날이 특별히 극적인 사건이 발생한 날은 아니었다. 거대한 축구경기장에서 결승전이 벌어져 관중들을 열광하게 하지도 않았고, 때아닌 여름 폭풍이 몰려와 서쪽에 있는 섬들을 휩쓸고 지나간 것도 아니며, 포스교Forth Bridge가 붕괴한 날도 아니었다. 사실 이날은 그냥 꽤 평범한 날이었다. 하지만 당신이 특별한 행사에 참여한 날이었다. 당신은 집을 나서서 평상시처럼 학교에 간 것이 아니라 지적 능력 검사를 받기 위해 휑한 강당으로 갔다. 어쩌면 더 중요한 삶의 기억들에 가려 이때 기억이 잘 나지 않을 수도 있다. 하지만 잠시 기억을 되살려 보면 그날 어떤 실험에 참여했다는 사실이 떠오를 것이다. 당신은 당신과 똑같이 1921년에 태어난, 스코틀랜드 전역에서 온 아이들과 함께 검사를 받기 위해 자리에 앉아 있었다. 스코틀랜드 학생들의 학업 능력에 대한 완벽하고 특별한 기록이 남는 순간이었다.

아마 당신은 당신이 그날 시험지를 붙들고 씨름한 노력이 과거의 일로 묻히지 않고 지금까지 언급된다는 사실을 알면 기분이 좋아질 것이다. 이 검사 기록은 학자들에게 금광이 되었다. 그리고 여기서 IQ와 건강, 죽음의 연관성이 발견되었다. 사실 당신이 지금 이 글을 읽고 있다면 이것은 당신이 1921년에 태어난 아이들 중 가장 영리한 아이들 축에 속한다는 것을 의미한다. 우리는 오랫동안 지적 능력, 건강, 사망률에 서로 연관성이 있다는 사실을 알고 있었다. 하지만 그 연관성은 사회적 박탈과 교육 기회를 거친 간접적인 것으로 간주되어왔다. 지금은 에든버러대학교의 이안 디어리Ian Dearie가 이끈 연구를 통해 11세때의 IQ와 85세에 생일잔치를 열 수 있는 확률 간의 좀 더 직접적인 연결고리를 찾았다.

이를 증명하는 것은 쉬운 일이 아니었다. 디어리와 그의 동료들은 1932년 실험에 참여했던 사람들의 신상 기록과 사망 기록을 추적하여 그때까지 살아 있는 사람과 이미 사망한 사람으로 분류했다. 2800명의 에든버러 거주자들을 대상으로 이루어진 초기 연구에서 IQ가 70세까지 살아남을 수 있는 확률에 영향을 미친다는 증거를 찾아냈다. 하지만 이 자료로 사회적 박탈이 사망률에 미치는 영향을 구분하는 것은 불가능했다. 이때 누군가 1970년대에 1932년 페이즐리와 렌프루에서 실시한 두 번째 IQ 테스트에 참여했던 아이들을 대상으로 추적 연구를 진행했다는 사실을 기억해냈다. 이 추적 연구는 건강, 고용, 빈곤 수위에 초점을 맞춘 것이었다. 디어리는 페이즐리, 렌프루 연구로부터 1932년에 모라이 하우스 IQ 테스트를 치르고 1970년대에 중간 건강 검진을 받고 국가 기록을 통해 25년의 삶을 추적할 수 있는 남성 549명과 여성 373명을 파악했다. IQ는 인구 전체 평균 100을 국가 기준으로 하며, 전체 국민 중 약 3분의 2는 IQ가 85에서 115 사이이다. 이안 디어리가 1932년 모라이 하우스 연구 자료를 조사한 결과 '사회·경제적 계층'과 '빈곤' 변수를 통제했을 때 11세 때 측정한 IQ 점수가 1점 낮을수록 77세 전에 사망할 가능성이 1퍼센트 상승했다. 즉, IQ가 '정상' 범위, 예를 들어 IQ=85인 사람이 77세까지 살 가능성은 IQ가 100인 사람보다 15퍼센트 낮다.

IQ와 수명의 연관성은 부유한 가정에 비해 하위 사회·경제적 집단에서 훨씬 두드러지게 나타났다. 이는 경제적 어려움이 건강에 미치는 악영향을 반영한 결과다. 하지만 이것은 사회, 교육, 경제적 측면에서의 소외가 어느 정도 영향을 미치기는 하지만 IQ와 사망률을 연결하는 유일한 요소는 아니라는 것을 분명하게 보여준다. 근본적인 이유는 우리 몸 안에 있는 장기의 건강 상태일 가능성이 훨씬 크다.

가장 그럴듯한 설명은 IQ가 초기 발달 요소의 지표이거나 IQ로 '장기의 상태organic integrity'를 측정할 수 있다는 것이다. 예를 들어, 태아가 자궁에서 한 경험은 성인기 때 동맥 관련 질병을 유발할 가능성이 있고, 심장병으로 사망할 가능성 및 심장 발작 확률에 영향을 미친다. 자궁에서의 경험을 일부 반영하는 신생아의 몸무게도 이와 같은 위험과 관련이 있다. 또 태어날 때 몸무게가 적으면 IQ 및 학습능력이 떨어진다.

지적인 바람둥이

〈뷰티플 마인드〉라는 영화는 수학에서 내쉬평형을 발견하고 1994년 경제학에서 노벨상을 수상한 존 내쉬John Nash라는 천재를 기리기 위하여 만든 영화다. 그는 천재였지만 정신적으로 고통을 받았다. 하지만 '뷰티플 마인드'라는 제목은 아름다운 정신 뒤에 아름다운 몸이 숨어 있는지는 알려주지 못했다. 영화에서 내쉬를 연기한 러셀 크로우Russell Crowe를 말하는 것이 아니다. 사실, 내가 학창 시절에 알던 공부벌레들이 모두 바보 같거나 못생겼거나 지저분한 것은 아니었다. 육체적으로도 아름답고 스포츠에도 능한 친구들도 여럿 있었다.

단순히 경험만이 아니라 이를 뒷받침할 만한 근거가 발견되었다. 에든버러대학교의 심리학자 팀 베이츠Tim Bates는 250명의 사람들을 대상으로 연구를 실시하여 IQ와 육체적 대칭(손가락, 손, 귀 길이의 좌우 대칭)에 작지만 중요한 상호 연결점이 있다는 사실을 밝혀냈다. 대칭은 아름다움을 구성하는 요소 중 하나다. 따라서 아름다운 사람이 더 지적이라는 것은 사실인 듯하다. 비록 생물학적 요소를 비롯해 다른 수많은 요소가 개인의 성과에 영향을 미치기는 하지만 말이다.

이와 관련한 결과들이 있다. 키가 큰 사람들은 사회·경제적 측면에서 더 성공적일 뿐 아니라 IQ도 더 높다. 실제로 월스트리트와 영국 금융업계에서는 같은 업무를 하더라도 키가 큰 사람이 돈을 더 많이 버는 것으로 나타났다. 최근 여러 연구를 통해 IQ와 개인적인 성공 사이의 관련성이 입증되었다. 어느 연구에서는 미국 베이비붐 세대에 태어난 사람들을 장기간 관찰했다. 연구 대상은 1957년부터 1964년 사이에 태어난 사람들이었다. 즉, 제2차 세계대전 직후부터 출생률 상승이 멈춘 시점 사이에 태어난 사람들을 대상으로 했다. 이 연구에 따르면 IQ가 1점 높을수록 234~616달러의 소득이 더 발생했다. 하지만 이 정도는 총 자산에 크게 영향을 미칠 만한 액수는 아니다. 다른 연구도 유사한 결과를 얻었지만 부모의 사회·경제적 조건이 미치는 효과도 발견했다. 만약 부모를 고를 수 있다면 우리에게는 큰 이익일 것이다. 하지만 그럴 수 없다 해도 똑똑하기만 하다면 혼자 힘으로도 성공할 수 있다.

설상가상으로 아름다운 사람들이 돈을 더 많이 벌 뿐 아니라 번식 능력도 뛰어나다는 사실도 입증되었다. 몇 해 전 브로츠와프대학교의 복슬로우 파블로스키Boguslaw Pawlowski와 나는 폴란드의 방대한 의료 데이터베이스를 이용해 키가 큰 남성이 결혼할 확률이 더 높을 뿐 아니라 자식도 더 많이 낳을 가능성이 높다는 사실을 증명했다. 진화론적으로 설명하자면 키가 큰 사람이 키가 작은 사람보다 훨씬 더 체력이 좋다. 뉴캐슬대학교의 다니엘 네틀도 실험 대상자들을 아기 때부터 성인이 되어서까지 관찰한 결과 유사한 결론을 얻었다. 그가 연구를 진행했을 때 실험 대상자들은 대부분 50대였고, 모두 자식이 있었다.

우리는 이 실험 결과가 단순히 키 큰 남성이 좀 더 매력적이기 때문에 짝도 더 쉽게 구하고 아이도 더 쉽게 얻을 수 있기 때문이라고 생각했다. 하지만 아름다운 사람이 번식 능력도 더 뛰어다는 사실이 입증되었다. 런던 킹스대학교의 로스 아덴Ros Arden과 그의 동료들은 미국 군사들을 대상으로 실시한 조사에서 신체의 대칭이 정자 수 및 정자의 운동성과 관련이 있다는 사실을 밝혀냈다. 아름다운 사람들이 번식력도 더 뛰어나다니 인생은 참 불공평하다.

건강한 육체에 건전한 정신을

1960년대 옥스퍼드대학교에서는 학장이 면접을 보러 들어온 학생에게 공을 던져 뛰어난 학생들을 평가했다고 한다. 공을 놓치는 것은 안 좋은 징조고, 쓰레기통으로 드롭킥을 날리면 곧장 장학생이 되었다. 이런 방식이 거만한 대학들을 불편하게 만들었던 것은 당연하다.

하지만 학업성취도 면에서 옥스퍼드대학교는 전통적인 방식으로 학생들을 뽑은 학교에 비해 절대 뒤지지 않았다. 만약 옥스퍼드의 학생 선발 방식을 비판했던 사람들이 1970년대 발표된 교육성과에 관한 장기적인 연구 결과를 본다면 꿀 먹은 벙어리가 될 것이다. 이 연구 결과에 따르면 성취도가 높은 인재는 전형적인 천재가 아니라 다방면에서 뛰어난 사람이라고 한다. 이들은 운동에서부터 시험 성적에 이르기까지 모든 면에서 뛰어났고, 사회에서도 예외가 아니었다. 이 놀라운 사실에는 "성공이 성공을 낳는다"라는 진리가 어느 정도 반영된 듯 보인다. 하지만 나는 오래 전 저명한 교육학자가 남긴 "건강한 육체에 건강한 정신이 깃든다"라는 격언에 뭔가 숨은 의미가 있지 않을까 궁금했다. 운동을 잘하는 사람이 정신적으로 천재라는 말이 아니다. 다만 운동을 많이 하는 것이 지적으로 성장할 수 있는 중요한 요인을 제공한다는 것이다. 이는 단순히 오늘날 내분비학에서 가장 논란이 되고 있는 내인성 아편제에 관한 문제일 수도 있다.

내인성 아편제, 즉 엔도르핀은 우리 몸이 스스로 만들어내는 진통제다. 엔도르핀은 뇌가 스트레스를 받을 때마다 뇌에서 다량 분비되어 조직 손상의 고통을 완충시키는 역할을 한다. 이 시스템은 원래 육체가 손상되더라도 계속하여 정상적으로 기능할 수 있도록 개발된 것이다. 이 시스템이 없으면 상처를 입어도 포식자로부터 달아나기가 어렵다. 하지만 육체적 고통을 없애주는 진통제가 지적인 활동과 무슨 상관이 있다는 것일까? 이 질문의 해답은 지적 노력에서 찾을 수 있다.

수 세기에 걸쳐 노력에 관한 묘한 이야기들이 끊이지 않았다. 천재들은 어떤 노력도 하지 않고 그들의 업적을 달성한다는 이야기였다. 이런 이야기가 퍼진 데에는 르네 데카르트에게 부분적인 책임이 있다. 그는 문화 애호가들의 생활 방식에 커다란 영향을 미쳤고 하루의 대부분을 침대에 누워 천재적인 작업을 하면서 보냈다. 토머스 에드워드 로렌스Thomas Edward Lawrence 역시 별다른 노력 없이 옥스퍼드대학교를 수석으로 졸업했다. 대학 시절 그가 강의를 들은 것은 열두 번 정도가 다였다. 하지만 나는 이런 주장들이 거의 100퍼센트 허풍이라고 생각한다. 그들은 무대 뒤에서 하는 엄청난 노력을 숨긴 것이다. 중세 십자군 성들에 대한 로렌스의 해박한 지식은 신성한 영감으로 얻을 수 있는 성질의 것이 아니다. 그리고 데카르트 역시 아침마다 침대에서 게으름을 부리는 대신 엄청난 노력을 했을 것이다. 사실 그가 하는 모든 행동은 훌륭한 수학자들이라면 당연히 해야 하는 행동과 다를 바 없다. 한마디로 잠재의식을 통해 난해한 문제를 해결하기 위해 노력했던 것이다.

다시 엔도르핀 이야기로 돌아가 보자. 엔도르핀은 육체 및 정신적 피로로 쌓인 고통과 스트레스, 열심히 문헌을 파고들어 다른 수학자가 내놓은 수학 증명식을 이해하려고 애쓰지만 번번이 증명에 실패하면서 오는 불쾌감, 눈의 피로, 두통, 긴장감에 대항하는 완충제 역할을 한다. 운 좋게 자연적으로 엔도르핀 수치가 높은 사람들은 이 모든 문제를 잘 헤쳐나가며, 중도에 포기하는 많은 이를 뒤로 하고 끝까지 자기 일에 매진할 수 있다.

엔도르핀 수치를 높이는 한 가지 방법은 주기적으로 운동을 열심히 하는 것이다. 물론 운동이 모든 사람을 천재로 만든다는 이야기는 아니다. 당연히 일정 수준의 지적 능력, 예를 들어 (IQ 테스트 항목에 포함되는) 기억력과 빠른 분석력 등이 뒷받침되어야 한다. 다만 내가 하고 싶은 말은 우리가 IQ를 평가하는 여러 하위 항목에서 무엇보다 중요한 '인내'를 빠트렸을지 모른다는 것이다. 아무리 머리가 좋은 사람도 노력하는 능력을 갖추지 않는 한 성공할 수 없다.

여기서 몇 가지 흥미로운 질문이 제기된다. 강의에서 행렬 대수를 증명하기 전에 10분 동안 다 같이 체조를 해보는 것은 어떨까? 습지를 돌아다니며 많은 시간을 보내는 생물학자들은 책상머리에 앉아 연구해야 하는 동료들, 가령 영문학자들에 비해 얼마나 많은 이점을 가지고 있는가? 지적인 스트레스가 많은 일을 해야 하는 직원을 뽑을 때에는 두뇌의 엔도르핀 수치를 자격 요건으로 삼아야 하지 않을까? 선견지명이 있는 고용주라면 직원이 운동을 하는지 안 하는지에 좀 더 관심을 기울여야 하지 않을까? 만약 다음에 당신이 다른 사람에게 밀려 정말 원하던 일자리를 놓친다면 그들의 이력을 살펴볼 것이 아니라 근사한 옷 아래 감춰진 근육을 잘 살펴봐야 할 것이다.

아이들의 교육 방식에도 이러한 연구 결과를 반영해야 한다. 신체적인 운동은 아이들에게 권장하는 활동 목록에서 점차 제외되고 있다. 이것은 평등에 관한 잘못된 이해, 즉 운동경기를 하면 필연적으로 이기는 사람이 생기기 때문에 그것이 오히려 불평등을 초래한다는 묘한 논리와 학부모에게 고소를 당할까 봐 몸을 사리는 학교와 지역위원회에 부분적인 책임이 있다. 운동과 학습 사이에 어떤 관계가 존재한다면 아이들의 교육에서 운동을 배제시키는 것은 현명한 선택이 아니다. 몇몇 사람들의 무지와 탐욕으로 모든 사람이 고통받을 수 있기 때문이다. 중요한 것은 우리가 위험을 받아들이는 태도와 사고가 났을 때 화를 삭이고 남을 탓하지 않는 법을 배우는 것이다. 삶은 위험으로 가득하다. 무언가 잘못될 때마다 남을 탓하면 스포츠를 통해 얻을 수 있는 수많은 이점을 감사히 받아들일 수 없다. 그런 태도는 편협함의 증거일 뿐이고 장기적으로 보면 아이들에게도 해롭다.

무엇을 위한 교육인가

여러 가지 이점에도 불구하고 단순히 똑똑한 것만으로는 부족하다. 아인슈타인의 IQ에 맞먹는 IQ를 가지고 있다는 것은 지금까지 알려진 최고 성능의 컴퓨터를 장착하고 있는 것이나 다름없다. 생각만 해도 가슴 설레는 일이지만 그런 컴퓨터도 소프트웨어가 없으면 무용지물이다. 핵심은 교육이다. 지식과 기술로 포장되지 않은 순수한 IQ는 당신을 성공으로 이끌 수 없다. 뉴턴의 유명한 격언처럼, 교육은 우리를 거인의 어깨 위에 올라탈 수 있게 해준다. 지식, 특히 과학적 지식은 축적이 가능하다.

과학과 종교 사이에 벌어진 논쟁들을 생각해봤을 때, 교육 분야에서 가장 성공적인 실험 중 하나가 교회, 이 경우 스코틀랜드 칼뱅파 장로교도들의 지시로 행해졌다는 사실은 매우 역설적이다. 19세기 초반에 이르러 스코틀랜드의 모든 소작농(여성 포함)이 성경을 읽을 수 있게 된 것은 그들의 지시로 개발된 세계 최고 수준의 교육 시스템 덕분이었다. 18세기 말경 스코틀랜드인들은 인구의 약 70퍼센트가 글을 읽고 쓸 줄 알았다. 당시 영국과 웨일스의 식자율은 50퍼센트 정도에 불과했고 유럽의 다른 지역은 그보다도 훨씬 낮았다.

19세기 중반에 이르러 스코틀랜드의 대학 진학률은 영국과 웨일스의 10배에 달했다. 영국에서 고등교육은 여전히 상류층의 전유물이었지만 스코틀랜드의 교육 시스템은 평등했다. 소작농의 아들에게도 목사나 지주의 아이들과 똑같은 교육의 기회가 주어졌다. 교육은 스코틀랜드에서 더 나은 삶으로 나아가는 비행기 티켓이 되었다. 물론 세계 무대로 진출해 세상을 통치하고 탐험하고 산업화하여 스코틀랜드 제국이나 다름없는 곳으로 만든 주역들은 대부분 식자층이었지만 말이다.

부정적인 측면도 있었다. 교육은 스코틀랜드 하일랜드 지역과 여러 섬에서 급격한 인구 감소를 야기했다. 그래도 최소한 서민들에게 교육은 가난을 벗어나고, 고향의 황량한 삶보다 조금 더 풍족한 미래를 얻을 수 있는 수단이었기 때문에 좋은 것으로 여겼다.

교육을 통해 얻을 수 있는 밝은 미래에 대한 열망은 한 가지 중요한 결과를 낳았다. 지적인 흥미와 호기심이 사회의 저변을 형성했다는 것이다. 로버트 번스(Robert Burns, 영국의 시인—옮긴이)의 아버지는 자식을 위해 열성적으로 교육을 추구했다. 그의 이런 노력이 없었다면 오늘날 문학 세계는 훨씬 더 황폐했을 것이다. 같은 맥락의 노력이 철학자 데이비드 흄David Hume과 경제학자 애덤 스미스Adam Smith, 그리고 교육을 통해 하층민을 벗어난 그의 친구들이 전 세계에 영향을 미친 훌륭한 글들을 양산했던 18세기 후반의 에든버러 계몽주의를 낳았다. 또 이러한 노력은 19세기와 20세기 초 과학, 공업 그리고 문학에 중요한 공헌을 했다. 알렉산더 플레밍Alexander Fleming, 월터 스콧Walte Scott, 증기기관차를 발명하고 철제 교량을 설계한 조지 스티븐슨George Stephenson 등이 대표적인 예다.

그러나 지금 우리는 약간 목적의식을 잃었다. 교육 그 자체로는 더이상 가치를 지니지 않는 것처럼 보이고, 도전정신을 부추기고 흥분시키며 호기심을 자극하는 역할을 하지 못하는 듯하다. 나는 이 질문의 답을 알지 못한다. 하지만 짧은 시간 안에 그 답을 찾지 못하면 커다란 문제에 직면할 것이라는 점만은 분명히 안다. 영국 대학에서 과학 수업을 신청하는 학생들의 수가 지난 10년간 꾸준히 감소했다. 몇 년 전

나는 화학과 생물 수업을 듣는 학생 수를 조사했다. 그 결과 학생 수 감소 비율이 너무 빠른 속도로 진행되어 앞으로 이 상태가 계속된다면 2030년에는 화학과 생물 수업을 아무도 듣지 않을 것이라는 예측이 나왔다.

하지만 내가 진정으로 우려하는 일은 이것이다. 교육은 해당 분야의 신비한 지식을 기술적으로 훈련하는 것이 아니다. 교육은 생각하고 평가하고, 증거를 나열하고, 치우침 없이 객관적으로 문제에 접근하는 방법을 가르쳐주는 것이다. 이러한 기술은 은행 매니저, 정치인, 기자, 공무원을 막론하고 누구에게나 일상적으로 필요한 기술이다. 하지만 이러한 기술을 교육시키려면 먼저 사람들에게 지적인 호기심을 품게 만들어야 한다. 우리는 초등학교에서 대학교까지 진학하는 동안 흥미 와 질문에 대한 감각을 일깨워야 한다. 이를 간과하면 미래를 망치고 말 것이다.

16장

과학 속의 **예술**,
예술 속의 **과학**

다재다능한 과학자들

몇 년 전, BBC가 실시한 갤럽 조사에 따르면 영국인 중 80퍼센트가 과학이 중요하다고 생각했다. 상당히 고무적인 말이다. 하지만 거꾸로 생각해보면 나머지 20퍼센트는 과학 활동에 편견을 가지고 있다는 의미이기도 하다. 이 수치는 다른 많은 여론조사 결과와 일치한다. 일반적으로 여론조사에 참여한 사람들 중 5~25퍼센트의 사람들이 과학에 관하여 부정적인 태도를 보였다.

이 의심 많은 토마들(Doubting Thomas, 예수의 열두 제자 중 한 명인 토마가 예수의 부활을 의심해 "내 눈으로 직접 보기 전에는 믿지 않겠다"라고 한 데서 유래함-옮긴이)은 대체 누구인가? 그들이 정말 문제인가? 솔직히 말하면 나는 그들이 큰 문제라고 생각한다. 그들의 사회적 지위는 우리 미래에 단순히 그들의 수적 비중보다 훨씬 큰 영향을 미칠 수 있다.

과학을 폄하하는 사람들은 대부분 양질의 교육을 받은 전문직 종사자들이다. 일반적으로 인문학자들이 대다수이며, 교수나 교사, 예술가, 문학가도 많다. 가장 우려되는 점은 그들 중에 정치가들도 있다는 것이다. 그들은 과학자들이 반문화적이고 삶의 사소한 것들에 둔감하다는 관점에서 과학에 적대적이다. 과학에 비해 예술이 충분한 지원을 받지 못하는 것이 그들의 관점을 뒷받침한다. 우리 문화유산이 과학이 구축한 기계 문화 밑으로 가라앉고 있다는 것이다.

그러나 그들의 생각은 빅토리안 시대 사람들이 과학자들을 바라보던 편견에 불과하다. 광기 어린 프랑켄슈타인 박사가 자기 목숨을 바쳐서라도 세계를 지배하려 하고 지킬 박사가 악한 이중성을 보이는 모습들 말이다. 관심의 범위가 음악과 시에서부터 천문학과 물리학에 이르고, 천재적인 실험뿐 아니라 섬세한 소네트로 업적과 명성을 쌓았던 르네상스인들은 어디로 사라진 것일까?

한 가지 분명한 것은 인문학자들에게서 더 이상 르네상스인들의 모습을 찾아볼 수 없다는 사실이다. 숨은 재능을 가진 과학자들은 놀라울 정도로 많다. 전형적인 과학자로 꼽히는 아인슈타인을 예로 들어보자. 그는 수많은 수학자들과 마찬가지로 훌륭한 음악가였다. 그는 바이올린을 연주했는데, 물론 예후디 메뉴인Yehudi Menuhin 수준은 아니었지만 유명 오케스트라와 협연도 여러 번 했다. 이 정도로 만족하지 못하겠다고? 그렇다면 알렉산더 보로딘Alexander Borodin은 어떤가? 그는 19세기 러시아에서 당시 가장 혁신적인 작곡가였지만 생활비를 벌기 위해 평생 화학을 가르쳤다.

화학자 이야기가 나왔으니 러시아 천재 알렉산더 솔제니친Alexander

Solzhenitsyn을 얘기하지 않을 수 없다. 솔제니친은 로스토프대학교에서 수학으로 학위를 딴 뒤 그를 유명인으로 만들어준 소설을 쓰기 전까지 학교에서 물리와 화학을 가르쳤다. 동유럽뿐 아니라 영국에도 이러한 예는 무수히 많다. 스노Charles Percy Snow는 케임브리지대학교에서 연구 물리학자로 일한 뒤 영국 정부에서 과학 고문을 지냈지만 1940년대와 1950년대에 소설가로 큰 명성을 떨쳤다.

뛰어난 과학자로서 문화와 예술 영역에서 활발하게 활동한 사람들을 찾기 위해 꼭 먼 과거까지 거슬러 올라가야 하는 것은 아니다. 천문학자 패트릭 무어Patrick Moore가 자작곡을 연주하는 실로폰 연주자였다는 것은 잘 알려진 사실이다.

문학 분야에서는 두 권의 전기물로 성공한 뒤 여러 유명한 책을 쓴 동물학자 존 트레헌John Treherne이 있다. (전기물 중 하나는 미국의 유명한 갱스터 보니Bonnie와 클라이드Clyde의 전기다.) 그의 마지막 작품 《위험한 영역 Dangerous Precincts》은 1920년대에 발생했던 교회의 흥미로운 스캔들에 관한 역사적 연구였다. 《파인만 씨, 농담도 잘하시네!You're joking, Mr. Feynman》 등으로 세간의 인기를 모은 재치있는 이야기꾼 리처드 파인만Richard Feynman은 노벨 물리학상을 수상한 바 있다. 수많은 SF소설을 남긴 아이작 아시모프Isaac Asimov나 아서 클라크Arther Charles Clark도 빼놓을 수 없다. 생식생물학자reproductive biologist 로버트 윈스턴Robert Winston도 있다. 그는 얼마 동안 과학 분야에 종사한 뒤 무대 감독으로 전향하여 1969년 에든버러 축제(매년 여름에 개최되는 국제 음악·연극제)에서 감독상을 수상했다.

내 주변에도 정기적으로 예술과 관련된 일을 하는 과학자가 적어도 일곱 명은 된다. 두 명은 오케스트라에서 연주를 하고, 한 명은 바이올린 합주, 다른 한 명은 마드리갈 앙상블madrigal ensemble 단원으로 활동하면서 지역 재즈밴드에서 클라리넷도 연주한다. 나머지 세 명은 예술이나 그림으로 돈을 번다. 셋 중 한 명은 전문적으로 활동하고 있다. 그리고 이들 모두 과학자이면서 다른 활동도 병행한다.

하지만 가장 큰 영예는 물리학자에게 돌아가야 할 것이다. 1987년 클리블랜드오케스트라는 주 지휘자 크리스토프 폰 도흐나니Christoph von Dohnányi의 지휘로 미국 미니멀리스트 작곡가 필립 글래스Philp Glass의 신작을 세계 최초로 선보였다. 《빛The light》이라는 제목의 이 작품은 정확히 100년 전 알베르트 마이컬슨Albert Michelson과 에드워드 몰리Edward Morley라는 두 소년의 업적을 기리기 위해 작곡된 것이었다. 오늘날 모든 물리학도에게 '마이컬슨 몰리 실험'으로 알려진 이 실험은 우주가 천체를 관통하는 에테르와 빛의 이동 같은 현상들로 가득하다는 것을 증명했다. 이로써 20년 뒤 아인슈타인의 상대성이론을 위한 토대를 마련했다. 과학 그 자체가 예술이 될 때 과학이 속물이라는 편견은 사라질 것이다.

나에게 르네상스인들은 여전히 건재하다. 그들을 찾고 싶다고 해서 제일 먼저 인문학으로 발길을 돌려서는 안 될 것이다. 오히려 건너편 연구실 벤치로 가보는 것이 좋을 것이다.

과학자가 된 시인

우리는 시와 과학을 연관시키지 않는다. 하지만 나는 위대한 시인과 평범한 시인의 차이가 위대한 과학자와 평범한 과학자의 차이와 마찬가지로 예리한 관찰력과 모든 유형의 인간 문화를 지탱하는 내적 성찰 능력에 있다고 생각한다. 위대한 스코틀랜드 시인 로버트 번스를 예로 들어보자. 2009년에는 그의 탄생 250주년을 기념하는 축제가 열렸다. 그의 작품은 수많은 사람들, 특히 '비천한 농부'들에게 큰 사랑을 받았다. 그럼에도 불구하고 18세기 중반 그는 존 머독이라는 스승의 가르침 아래 기본적인 과학에 대한 교육을 받으면서도 대단한 지식을 쌓지 못했고, 머독이 보수가 좋은 일자리로 옮긴 다음 아들의 교육을 맡긴 《물리신학Physico-Theology》과 《천체신학Astro-Theology》의 저자 윌리엄 더햄William Derham에게서도 많은 것을 배우지 못했다.

사실 그는 당시 학식깨나 있다는 성직자들이 책만 파고들어 실용적인 지식과 상식이 부족한 점을 몹시 싫어했다. 그는 이렇게 회상했다.

당신이 학교에서 떠드는 그 허튼소리는 다 무엇인가?
뿔을 상징하는 당신의 라틴 이름은 껍데기에 불과한 것인가?
정직한 자연이 당신을 어리석게 창조했다면
문법이 무슨 소용이 있겠는가?
몸으로 부딪혀 배우지 않으려면
차라리 망치를 들어라.

즉, 적절한 직업을 찾거나 농사나 노역을 하라고 질타하고 있다. 반대로 스코틀랜드 계몽주의의 거장 경제학자 애덤 스미스와 철학자 토머스 레이드Thomas Reid의 미덕에 관해서는 이렇게 칭송했다.

철학가들이 싸우고 논쟁하여

그들의 논리적인 생각이 지칠 때까지

과학의 깊이가 진탕으로 빠질 때까지

그리스와 라틴어를 난도질했다.

지금 그들이 열변을 토하는 것들은

모두 부인과 직공들이 보고 느끼는 것이다!

모든 지적 노력 끝에 얻은 결실이 모든 부인이 알고 있는 민간 지식에서 얻은 것들이라는 말이다.

번스는 어쩌면 행성들로 이루어진 천체, 빛의 특성, 또는 쇠의 변질에 관하여 심각하게 고민하지 않았을 수도 있다. 하지만 그는 우리에게 인간의 심리에 관한 정확한 관찰 결과를 남겨주었다. 그의 시 〈이에게To a Louse〉까지 들먹일 필요도 없다. 그의 환상적인 설화시 〈샌터의 탬Tam O'Shanter〉을 보면 지금까지 쓴 모든 글 중에서 가장 통찰력 있는 두 구절을 발견할 것이다. 이 시의 도입부는 탬이 친구들과 선술집에 앉아 그날 번 변변찮은 돈을 술값으로 탕진하며 '술을 한잔 걸치고' 집으로 돌아온 장면으로 시작한다.

……뿌루퉁한 우리 부인을(탬의 부인) 앉히고,

그녀의 눈썹을 마치 몰려드는 폭풍처럼 모이게 하며

그녀의 화를 따스하게 돌본다.

여기서 번스의 관찰이 과학으로 변한다.

여자가 불평하게 두지 마라.

변덕스러운 남자는 방랑하는 기질이 있으니.

저 멀리 자연을 보라.

위대한 자연의 법칙이 변한다.

이는 현대 진화생물학의 초석 중 하나다. 포유류 수컷은 일부다처제의 경향을 타고난다. 하지만 양육에 도움을 줄 때에만 일부일처제의 습성이 나타나기 때문에 일부일처제는 매우 찾아보기 힘들다. 포유류는 95퍼센트가 일부다처제를 따른다.

번스는 인간이 이 흔치 않은 예외에 속한다는 사실을 알고 아마 불행했을 것이다. 인간에게 양육은 단순히 젖을 먹이는 것에서 끝나지 않고 자식을 사회화하고 가족의 부를 상속하기까지 남성의 역할이 요구된다. 물론 인간의 일부일처제는 백조나 그 밖의 조류들이 하는 것처럼 영원불변한 것은 아니다. 포유류와 달리 조류는 90퍼센트가 일부일처제의 습성을 따른다. 번스도 이에 관한 글을 남겼다.

그녀의 개똥지빠귀 새끼들이 앉아 있는 곳에

그녀의 충실한 남편이 그녀의 고통을 나눈다……

그러나 현대 분자유전학 연구 결과 일부일처제의 습성을 따르는 새들도 매우 흔하게 다른 새와 짝짓기한다는 것이 밝혀졌다. 사실 한 번에 뱃속에 품은 알들이 각기 다른 수컷과 짝짓기하여 수정된다는 것은 불가능한 일이다. 학자들은 암컷이 각기 다른 수컷에서 얻은 정자들을 보관하여 알을 낳을 준비가 되었을 때 이를 선택적으로 사용해 알을 수정시킬 수 있다는 사실을 밝혀냈다.

번스의 관찰이 놀라운 이유는 지난 10년 만에 그것이 명시적인 사실이라고 증명되었기 때문이다. 그중 하나는 우리가 한 번에 한정된 수의 우정 관계를 유지할 수 있다는 것이다(3장 참조). 이것은 〈J. 라프라이크에게 보내는 편지Epistle to J. Lapraik〉에 잘 나타나 있다.

지금 너에게는 이미 친구가 충분할지 모르지만
진정한 친구라 할 만한 사람은 거의 없을 거야.
하지만 네 친구 목록이 꽉 찼다면
거기에 나를 포함시켜 달라고 하지는 않겠어.

두 번째 문장은 조금 놀랍다. 우리는 겨우 최근 10년 전에 이르러서야 인간과 다른 동물의 결정적인 차이가 경험 세계를 객관적으로 바라보고 그것이 미래에 어떻게 변할지 질문하는 능력이라는 결론을 내렸다. 동물은 결코 이 세계가 어떻게 달라졌으며 어떻게 지금의 상태가 되었는지 궁금해할 수 없고 경험을 토대로 생각을 전개해나갈 수도 없다. 과학과 문학을 모두 가능하게 하는 질문 두 개가 있다. 〈생쥐에게 To a Mouse〉의 마지막 구절에 모든 것이 담겨 있다.

나에 비하면 당신은 축복받은 것입니다.
현재는 오직 그대만을 건드렸습니다.
하지만 오! 내 눈길을 뒤로 돌립니다.

오, 앞날이 창창한 그대여

앞으로 '나아가는 당신'을 나는 볼 수 없습니다.

나는 추측하고 두려워합니다!

쥐는 세계를 있는 그대로 받아들인다. 하지만 우리는 현재에 과거를 반영하고 미래를 예측한다. 그리고 분노와 두려움의 시간을 보낸다. 내가 할 말은 여기까지다.

쓰레기통 속의 라틴어

일부 학교에서 교과과정에 라틴어와 그리스어를 계속 포함시키자 꽤 오랫동안 비난이 쏟아졌다. 과학에 관한 글에서 이런 이야기를 한다는 것이 이상해 보일 수도 있다. 하지만 라틴어를 잘한다고 자부하는 몇 안 되는 과학자 중 한 명으로서 나는 라틴어를 변호해야 할 책임을 느낀다.

언어로써의 라틴어에 대해 본질적인 관심을 가져야 한다고 할 생각은 없다. 물론 라틴 문학이 우리가 사용하는 언어를 훨씬 다채롭게 하고 유럽 문화에도 커다란 기여를 한 것이 사실이지만, 그렇다고 라틴어로 이루어진 문학이 서양에서 가장 강력하고 오랫동안 지속된 문화를 제공했다고 설득하려는 의도는 없다. 또한 우리가 사용하는 어휘중 상당수가 라틴어에 뿌리를 두고 있다는 사실을 지적하며 이 '죽은' 언어가 오늘날의 언어를 이해하는 데 도움이 된다고 주장하려는 것도 아니다.

대신 나는 저명한 역사가이자 이야기꾼이며 옥스퍼드 모들린칼리지의 특별연구원 테일러Alan John Percivale Taylor에 관한 이야기를 하려고 한다. 그는 내가 다니던 초등학교의 한 시상식에서 '정말' 유용한 지식을 배우고 싶다면 수업 시간에 배운 것들을 무시하라고 말해 사람들을 놀라게 했다. 그리고 그는 자기가 지금까지 배운 것 중 가장 도움이 되었던 것이 터키 술탄의 이름을 모조리 외운 것이라고 덧붙였다.

나는 터키의 역대 술탄의 이름을 배운 적이 없다. 하지만 여덟 살인가 아홉 살 때 1066년 이후 영국의 모든 왕과 여왕의 이름이 들어 있는 시를 외워야 했다. 모르는 사람들을 위해서 그 시를 여기에 적어보겠다. 사실 시는 매우 간단하다.

윌리, 윌리, 해리, 스테(Ste : 스테판)

해리, 딕, 존, 해리 3세,

1, 2, 3세 네드(에드워드 1, 2, 3세), 리처드 2세,

헨리 4세, 5세, 6세, 그리고 누구?

에드워드 4세, 5세, 악한 딕(리처드 3세)

헨리 7세, 8세, 그리고 젊은 네드(에드워드 6세)

메리, 베시, 허영심 많은 제임스(제임스 1세)

찰리, 찰리, 또다시 제임스

윌리엄과 메리, 안나 글로리아

네 명의 조지(조지 1, 2, 3, 4세), 윌리엄과 빅토리아

이 시를 외운 뒤 나는 영국의 정치 역사에 관한 논쟁에서 한 번도 진적이 없다. 하지만 내 지적 성장에서 가장 많이 덕을 본 것은 이를 통

해 내 기억력이 훈련되었다는 점이다.

우리는 해야 할 일 중 상당 부분을 기억에 의존한다. 단순한 지각 능력으로는 과학을 발전시킬 수 없다. 다른 분야와 마찬가지로 과학은 해박한 지식의 성패에 따라 발전한다. 해박한 지식이란 기억력을 좀 점잖게 표현한 것이다. 다른 모든 유형의 지식과 마찬가지로 과학은 각기 다른 대상과 사건을 새로운 방식으로 연결하는 능력이 뒷받침되어야만 진보할 수 있다. 세상에서 실제 존재하는 방식을 세세한 부분까지 기억하는 능력이 없으면 아무리 뛰어난 지각 능력을 가지고 있더라도 참신한 생각을 떠올릴 수 없다. 이미 알려진 사실들을 기억하지 못한 채, 과거의 사실들과 전혀 무관한 새로운 생각을 창조하는 것은 제아무리 천재라도 불가능하다. 심지어 수학자들도 주어진 문제를 풀때 어떤 방법이 가장 적절한지 알아내기 위해 기억에 의존한다.

최근 신경해부학 분야에서 이루어진 발전이 이와 관련이 있는 것처럼 보인다. 뇌의 발달에 관한 요즘 관점은 뇌의 신경들이 무작위로 광범위하게 연결되어 있다가 유년 시절 초기에 자연도태와 유사한 과정을 거쳐 사라진다는 것이다. 이때 잘 사용하지 않는 연결들은 사라지고 자주 사용하는 연결들은 더 효율적이고 강력해진다.

나는 기계적인 기억 학습이 기억력 발달에 중요한 역할을 하고, 기억력의 대부분이 어릴 때 이와 같은 신경 강화 과정을 거쳐 결정된다고 생각한다. 결국 아이들에게 동요를 가르치는 것이 쓸데없는 일이 아니라는 것이다. 동요의 리듬성은 아이들의 이해를 돕고 이야기는 흥미를 돋우어 이해하려는 노력을 즐거운 일로 바꾼다.

다시 라틴어 이야기로 돌아가 보자. 전통적으로 기억력 학습법은 언어의 규칙동사와 불규칙동사, 복잡한 문법 체계에서는 매우 중요한 영역이다. 라틴어는 정신 훈련의 기반으로서 동요나 대부분의 다른 언어와 비교했을 때 매우 뛰어난 정확성과 체계적인 구조를 가지고 있다. (로마가 몰락한 지 한참 뒤에도 관료들을 매혹시킨 특성이다.) 라틴어를 배우는 것은 기억력 훈련에만 도움을 주는 것이 아니라 과학자로서 우리의 모든 행동을 뒷받침하는 사고방식 훈련에도 도움을 준다. 라틴어는 유연성이 뛰어나고 정해진 구조가 없으며 어휘가 풍부한 문학적인 언어로 영어와 정반대의 특성을 지녔다.

뜻도 모른 채 단순히 지식을 암기하던 빅토리아 시대의 기계적인 학습으로 돌아가자는 말이 아니다. 다만 기계적인 학습이 지적 능력 개발에 도움을 준다는 말을 하고 싶을 뿐이다. 교과과정을 좀 더 흥미롭고 적절하게 구성하기 위해 새로운 학습 방식을 추구한다 해도 기계적인 암기력 학습이 그 교과과정에 제공하는 실질적인 기능을 간과해서는 안 된다. 겉만 보고 내린 판단은 틀릴 때가 많다.

17장

인간은 번식한다.
고로 진화한다

자연선택이라는 다윈의 세계에서 번식은 진화의 동력이다. 번식에서 성공은 종의 유전자 풀에 자신의 생물학적 흔적을 남기는 것을 의미한다. 성공 여부는 전적으로 번식 능력이 있는 자손을 낳느냐에 달려 있다. 쉽게 말해 할아버지 또는 할머니가 되는 것이 진화의 최종 목적이다. 하지만 어느 세대든 자손을 낳는다는 것은 구애와 좋은 배우자 선택으로 시작되는 기나긴 번식 과정의 끝일 뿐이다. 다윈은 우리가 어떤 선택을 하는지 어깨 너머로 훔쳐보고 있다.

전통사회에서 남성은 어리고 자식을 잘 낳을 것 같은 배우자를 찾았다. 반면 여성은 부와 지위를 갖춘 배우자를 찾았다. 18, 19세기 독일 소작농들의 결혼 풍속을 생각해보자. 4장에서 언급했던 크룸호른의 교구 기록부를 연구한 에카르트 볼란트는 나이가 비슷한 사람들 중 더 부유하거나 혹은 땅을 소유한 농부들이 땅을 소유하지 못한 농부들에 비해 더 많이 젊은 신부를 맞이한다는 사실을 알아냈다. 더욱이 하층 여성들이 사회적 지위를 높일 수 있는 기회를 얻고자 노력했다는 점은 분명했다.

여성이 자기가 속한 사회 계층보다 상위 계층에 속한 남편을 맞이했을 때 얻는 혜택은 매우 컸다. 상위 계층에 속한 남성의 부인은 하위 계층 여성들에 비해 살아남는 아이를 낳을 확률이 세 배 이상 컸다. 이는 출생률이 높기 때문이 아니라 유아 생존율이 높기 때문이다. 승격혼(높은 사회 계층의 남성과 결혼하는 것)의 이익은 거대했다. 물론 모든 여성이 승격혼에 성공할 수는 없다. 결국 하층 여성들은 자신의 손실을 줄이고 자기가 속한 계층에서 최선을 다하는 수밖에 없다. 제인 오스틴의 《오만과 편견Pride and Prejudice》에 이런 예가 나온다. 혼기를 넘긴 자매들이 다아시Darcy를 놓고 경쟁하다 결국 자신의 짝이 아니라고 판단했을 때 그들은 교구의 부목사를 배우자로 선택했다.

연인을 찾습니다

요즘엔 많은 사람이 '연인을 찾습니다'라는 신문 광고란에서 배우자를 물색한다. 그 광고란을 보면 사람들이 어떤 조건을 갖춘 짝을 찾는지 확인할 수 있다. 조건을 열거하여 배우자를 선택하는 입찰이 시작되고, 성공하면 장기적인 만남이나 결혼 등으로 끝나는 긴 협상 과정으로 전환된다.

핀레이 맥도널드Finlay MacDonald가 쓴 《크로우디와 크림Crowdie and Cream》은 전쟁 와중에 서아일랜드에서 보낸 유년기를 회상한 자전 소설이다. 이 소설을 재미있게 읽은 독자라면 늙은 헥토르가 부인을 구하는 문제를 놓고 매우 고심했던 장면을 기억할 것이다. 그의 고민거리는 단순히 부인을 구하는 것이 아니라 외딴 섬 생활에 적합한 여성을 찾는 것이었다. 세상 물정에 빠삭한 열한 살 핀레이의 말처럼, 그의 해결책은 자기 홍보를 하는 것이었다. 그는 핀레이의 조언에 따라 세심한 곳까지 주의를 기울여 작성한 홍보 글을 〈스토노웨이 가젯 Stornoway Gazette〉에 실었다.

은퇴한 어부가 결혼(matrumony, 원 글에서 일부러 틀린 맞춤법을 사용함)을 원하며 소작 경험이 있는 여성을 찾습니다.

솔직하고 직설적인 홍보 글이었다. 열한 살짜리 아이에 걸맞는 맞춤법 실수도 보였다. 그러나 이 글은 효과가 있었다. 심지어 누구를 고를지 고민을 해야 할 지경이었다. 세 사람에게나 연락이 왔기 때문이다. 핀레이는 헥토르에게 맞춤법을 가장 잘 아는 여성을 선택하라고 조언했다. 나중에 "그녀가 괜찮은 여자 같다"는 말도 덧붙였다. 운이었는지 직감이었는지는 몰라도 핀레이의 판단은 옳았고 헥토르는 캐트리오나와 노년을 행복하게 보냈다.

자기 홍보는 오늘날까지도 사랑받는 이성 찾기 수단이다. 자기 홍보는 다년간 쌓은 삶의 경험 덕택에 이성의 관심을 끄는 몇 가지 일반 규칙은 잘 알지만 실제로 어떤 사람을 만날지는 전혀 모르는 사람들의 일종의 일반 경쟁 입찰이라고 생각하면 된다. 이때 중요한 것은 헥토르처럼 들어온 제안들 중에서 선택할 수 있는 유리한 입장을 고수하기 위해 틀 안에 머무는 것이다.

사람들은 대개 이 게임의 암묵적 규칙을 따른다. 여성은 어릴수록 좋은 신랑감을 만나기가 쉽다. 또 나이는 많지만 부유한 남성이 가난한 동년배에 비해 스무 살짜리 모델과 결혼할 확률이 훨씬 높다. 그런데 이러한 선호의 근본적인 원인은 무엇이며, 어느 정도까지 배우자 물색에 영향을 미치는 걸까?

먼저 선호도를 살펴보자. 미국 템피의 애리조나주립대학교의 심리학자 더글라스 켄릭Duglas Kenrick과 리처드 키프Richard Keefe는 미국, 네덜란드, 인도에서 1000개 이상의 '연인을 찾습니다' 기고란을 조사했다. 사실 이들의 연구 결과는 우리의 예상과 일치한다. 독신 남성은 나이가 많을수록 자기보다 훨씬 어린 여성을 찾았다. 대개는 임신 가능성이 가장 높은 나이대, 즉 20대 후반의 여성을 선호했다. 이와는 반대로 독신 여성은 자기보다 세 살에서 다섯 살가량 나이가 많은 남성을 선호하고, 나이가 많을수록 여성은 비슷한 또래의 남성을 선호했다. 이것이 필연적으로 독신자들이 짝을 찾기 힘든 이유다. 즉, 남성은 어린 여성을 원하지만 여성은 같은 또래 남성을 원하기 때문이다.

사람들은 대부분 현실에서 어느 정도 타협을 한다. 아무것도 얻지 못하는 것보다 두 번째 대안을 선택하는 것이 낫기 때문이다. 하지만 배우자 선택에서 여성은 남성에 비해 상대적인 이점을 가지고 있다. 현실에서 남성의 특성들은 선택의 폭이 넓어서 여성이 선호하는 한 가지 특성을 포기하고 다른 특성을 선택하는 것이 크게 힘들지 않기 때문이다. 나이가 많은 남성은 남들보다 나은 특성을 선전해야만 젊은 여성을 얻을 수 있다. 남들보다 나은 특성이란 대개 재력을 의미한다.

그것도 엄청난 재력. (재력은 명성으로 대체할 수도 있다.)

이러한 상황은 나이 많은 여성에게 특히 곤란한 문제다. 남자들의 최우선 관심사는 젊은 여성이기 때문이다. 나이든 여성은 자기가 불리한 조건을 가지고 있다는 사실을 알기 때문에 많은 조건을 바라지 않는다. 아무것도 못 얻는 것보다 조금이라도 얻는 것이 낫다고 생각하기 때문이다. 캐트리오나는 자기 나이를 정직하게 밝혔다. 그리고 50세 노처녀의 외로움으로 헥토르를 공략했다. 그리고 한편으로는 헥토르가 놀릴 것에 대비해 대책도 마련해놓았다. 그녀는 선택의 폭이 매우 좁다는 현실을 잘 알고 있었지만 그럼에도 불구하고 헥토르를 시험했다.

나이든 여성들은 가끔 기고란에 나이를 숨기기도 한다. 20대 여성과 똑같이 행동하고 특히 나이를 밝힌 여성들에 비해 훨씬 많은 요구를 한다. 더욱 중요한 것은 나이를 숨기면 입찰에 더 오래 머물러 더 많은 후보 가운데 짝을 고를 수 있는 유리한 상황을 만들 수 있다는 점이다. 단 그들의 약점은 자기와 비슷한 나이 또래 배우자를 선호한다는 사실을 드러낸다는 것이다. 따라서 기고란에 나이를 밝히지 않은 여성이 있다면, 그녀의 나이는 거의 틀림없이 그녀가 찾는 배우자 나이에서 다섯 살을 뺀 나이대일 것이다.

하지만 나이는 한 가지 기준에 불과하다. 기고란에 실린 글을 보고 외모와 재력을 판단할 수 있을까? 이 의문을 풀기 위해 이스트앵글리아대학의 데이비드 웨인포스와 나는 미국 신문 네 종류에 실렸던 홍보 글 900여 개를 골라 분석했다. 그 결과 남성은 여성에 비해 젊거나(남성은 42퍼센트, 여성은 25퍼센트) 육체적으로 매력적인 배우자(남성 44퍼센트, 여성 22퍼센트)를 많이 찾았다. 아마 놀라운 결과는 아닐 것이다. 하지만 남성은 자신의 외모를 소극적으로 설명했다. 여성 중 50퍼센트는 '곡선미가 있다', '예쁘다', '아름답다' 같은 어휘로 자신의 외모를 설명한 반면 남성 중 '잘생겼다', '남성미가 넘친다', '운동선수 뺨친다' 같은 어휘로 자기를 표현한 사람은 34퍼센트에 그쳤다.

돈과 명예는 또 다른 이야기다. 이와 관련하여 요구 사항이 많은 쪽은 여성이었다. 여성은 배우자 조건을 제시할 때 ' '대졸자', '집 소유자', '전문 직종'이라는 표현을 남성에 비해 네 배나 많이 사용했다. 이 단어들은 모두 재력이나 부를 나타내는 표지다. 반대로 남성은 여성에 비해 이러한 표현을 쓰는 것을 불편해하고, 재력에 관한 이야기를 할 때 훨씬 모호한 표현을 사용했다. 런던에 사는 남성들은 부유한 지역에 살면 거주지를 밝히지만 그렇지 않으면 절대 밝히지 않았다.

물론 남성과 여성의 문화가 같을 수는 없고 성별에 따른 차이도 지역마다 다를 수밖에 없다. 하지만 일반적인 경향성이 매우 확고하다는 사실에 우리는 놀랐다. 예를 들어 나는 사라 맥귀니스Sarah McGuiness와 함께 런던에서 발행되는 두 잡지에 실린 600개의 광고 글을 살펴보았다. 그 결과 이 광고 글들은 미국 광고에서 확인했던 경향과 거의 비슷했다. 여성 중 68퍼센트가 자신의 육체적 매력을 암시했고 남성은 51퍼센트만 자신의 육체적 매력을 암시했다.

다른 종류의 조사 결과에서 밝혀진 사실과 일치하는 점도 있었다. 인간 '짝짓기 게임' 분야의 저명한 심리학자 데이비드 버스David Buss는 1989년에 호주, 잠비아, 중국, 미국 등을 비롯해 총 37개국에서 1만

명 이상의 사람들을 대상으로 배우자 선호도를 조사했다. 연구 결과 문화적 차이와는 상관없이 일반적으로 여성은 남성에 비해 사교 범위와 성격을 기준으로 배우자를 더 까다롭게 골랐다. 또한 여성은 지위와 수입 잠재력을 중요한 배우자 조건으로 삼은 반면 남성은 젊음과 신체 조건을 중요한 조건으로 평가했다.

짝짓기 게임

이와 같은 결론은 진화론의 관점에서 예상한 결과와 대부분 일치했다. 생물학적 번식 과정은 여성의 행동과 남성의 행동에 상당히 다른 영향을 미친다. 따라서 짝짓기 시장에서 남성과 여성이 서로 다른 이성의 특성에 집중할 것이라고 예측할 수 있다. 포유류는 임신기간과 수유기간이 길다. 이는 암컷이 일단 임신을 하면 수컷은 번식에 직접적인 관여를 할 수 없다는 의미다. 인간도 포유류이기 때문에 남성과 여성은 배우자에 대한 희망 사항이 다를 수밖에 없다. 만약 인간의 번식 습성이 조류나 어류와 비슷했다면 지금과 매우 다른 상황이 전개되었을 것이다.

하지만 우리가 포유류라는 사실에는 변함이 없다. 따라서 우리의 배우자 선택 패턴을 결정짓는 것은 포유류의 생태다. 그러므로 번식 성공도를 최대로 끌어올리고자 하는 포유류 수컷이 선택할 수 있는 유일한 대안은 가능한 한 많은 수의 난자를 수정시키는 것이다. 인간에게 이것은 젊은 여성을 찾거나 아니면 동시에 가능한 한 많은 여성과 결혼하는 것을 의미한다. 한편 여성은 아이의 발달에 직접적으로 영향을 미치는 입장에 있다. 이는 곧 여성이 양육과 양육에 도움이 될 만한 자원을 가지고 있는 남성을 중요하게 생각하기 쉽다는 의미다. 여성들의 광고에서는 재력, 사회적 지위, 직업, 그 밖의 재력을 대체할 수 있는 모든 특징이 중요한 기준이다. 하지만 여성은 남성의 지속적인 헌신과 사회적 기술을 암시하는 단서에도 커다란 비중을 둔다. 남성은 광고 글을 작성할 때 이와 같은 요소를 은근히 드러낸다. 물론 여성은 그런 암시를 파악할 줄 알아야 한다. 가령 'GSOH(good sense of humour, 뛰어난 유머 감각)' 같은 현대적 신호는 배우자를 항상 즐겁게 하는 사회적 기술을 의미한다.

남성이 여성의 신체적 조건에 많은 비중을 두는 이유는 무엇일까? 다시 한 번 말하지만 생물학에서는 이것을 나이와 건강, 그리고 궁극적으로 번식력을 암시하기 때문이라고 주장한다. 여성의 몸매를 예로 들어보자. 일반적으로 남성들은 대체적으로 허리 대 엉덩이 비율이 낮은 여성을 선호한다. 여러 연구 결과가 이러한 사실을 뒷받침한다. 텍사스대학교의 심리학자 디벤드라 싱Devendra Singh은 18세에서 85세에 이르는 195명의 남성들에게 다양한 여성의 몸매를 보여준 뒤 가장 매력적인 몸매부터 가장 덜 매력적인 몸매까지 순위를 매겨달라고 요청했다. 남성들은 뚱뚱하거나 마른 여성에 비하여 평균적인 몸무게의 여성을 선호한다고 대답했지만, 허리와 둔부의 비율이 낮은 여성을 가장 매력적이라고 평가했다. 특히 0.7의 비율을 매력적이라고 대답했다. (20대 건강한 여성의 허리와 둔부 비율은 0.67에서 0.8 사이다.) 30년 동안 〈플레이보이〉 표지를 장식한 모델들의 몸매가 이와 같은 것도 다 이유가 있다.

이성에 대한 선호는 유행에 따라 변하는 것이 아니다. 일반적으로 허리와 둔부의 비율이 낮은 여성이 높은 여성에 비해 번식력이 높다. 이들은 사춘기에 접어드는 시기가 빠르고, 기혼여성을 대상으로 연구한 결과 임신도 훨씬 쉽게 한다. 이를 정확하게 설명할 수 있는 이유는 아직 알려지지 않았지만, 1980년대 미국 생식생물학자 로즈 프리시Rose Frisch가 처음 발견한 '프리시효과Frisch effect'와 연관이 있다. 프리시효과란 여성은 체지방 양과 총 몸무게가 적정 비율에 이르렀을 때에만 배란을 한다는 것이다. 큰 허벅지와 둔부는 여성의 몸매를 모래시계 형태로 만든다. 이는 허벅지와 둔부에 자연적으로 지방이 축적되어 있기 때문이다. 빅토리아 시대에 잘록한 허리와 펑퍼짐한 엉덩이를 선호했던 것은 이러한 종류의 신호들을 과장하기 위해서였을 수도 있다.

이와 마찬가지로 우리가 아름다운 얼굴이라고 생각하는 특징은 남성과 여성의 각기 다른 번식 전략에 근원을 두고 있을 수도 있다. 세인트앤드루스대학교의 신경심리학자 데이비드 페레트David Perrett와 그의 연구진으로부터 이를 뒷받침하는 직접적인 증거가 나왔다. 그는 '선호하는 얼굴' 특징을 각각 다르게 합성한 사진을 실험 참가자들에게 보여준 후 사람들이 가장 매력적으로 생각하는 특징을 알아냈다.

여성은 남성에게서 성적 성숙도를 나타내는 강한 턱 선, 두드러진 턱과 큰 눈, 작은 코와 같은 특징을 매력적이라고 생각했다. 남성은 여성의 큰 눈동자, 큰 눈, 높은 광대뼈, 작은 턱과 윗입술, 큰 입과 같은 특징을 매력적이라고 생각했다. 이러한 특징 대부분이 여성의 젊음, 즉 높은 번식력을 상징하는 것일 수 있다. 남성은 또한 부드럽고 윤기

나는 머릿결과 매끄러운 피부에도 매력을 느낀다. 이 두 가지 특징은 화장품 산업이 집중하는 분야다. 이들은 모두 높은 에스트로겐 수치, 즉 젊음과 번식력을 상징하는 특징이다.

더욱 놀라운 것은 서로 다른 문화를 가진 다양한 인종들이 느끼는 아름다움의 특성이 대동소이하다는 사실이다. 켄터키 주 루이스빌대학교의 심리학자 마이클 커닝햄Michael Cunningham은 각기 다른 인종의 사람들에게 다양한 인종의 얼굴을 보여준 뒤 매력도를 측정했다. 실험 결과 아름다운 얼굴을 구성하는 요소 대부분이 문화를 초월하여 일치했다. 특히 여성에게서 나타나는 아이 같은 특징과 남성의 성숙도를 나타내는 징후에 대한 선호가 그랬다. 데이비드 페레트와 그의 동료들도 유럽인, 일본인, 줄루족을 대상으로 얼굴 매력에 관한 유사한 연구를 진행하여 비슷한 결론을 얻었다. 미의 기준이 주관적이라는 말은 틀렸을 수도 있다.

불완전한 세계

우리같이 평범한 사람들에게 전성기 때 리처드 기어가 발하던 터프한 매력이나 위노나 라이더의 투명한 눈빛과 요염함을 가진다는 것은 감히 꿈도 꾸지 못할 일이다. 더 나쁜 소식은 평생에 아주 짧은 순간만 '적절한' 나이로 살 수 있다는 것이다. 그렇다면 우리같이 평범하게 생긴 사람들은 어떻게 짝을 찾아야 할까? 이것이 걱정스럽다면 진화론이 들려주는 사실에 귀를 기울일 필요가 있다. 진화론에 따르면 우리는 최선의 선택을 위해 전략을 바꿔야 한다. 즉, 기대를 낮추고 흥정을 해야 한다. 이것이 제인 오스틴이 알려주는 교훈이다.

'연인을 찾습니다' 기고란에서 벌어지는 것이 바로 이런 일들이다. 데이비드 웨인포스와 나는 미국의 이런 홍보 글에 관한 연구를 통해 사람들이 자기 조건에 맞게 흥정한다는 사실을 발견했다. 나이가 많은 여성, 즉 생식력이 부족한 여성은 젊은 여성에 비해 미래의 배우자에게 요구하는 특성이 적었다. 같은 맥락에서 동년배 여성 중 육체적으로 더 뛰어난 여성이 다른 여성에 비해 요구 사항이 많았다. 만약 자신의 시장가치가 높다고 생각한다면 그 가치에 걸맞은 대가를 시장에 요구하는 것은 당연하다.

남성 역시 자기가 가지고 있는 조건을 고려해 요구 조건을 조정했다. 여성과 다른 점이 있다면 사회적 지위나 재력이 외모를 대신한다는 점이다. 동년배 남성들 중 홍보 글에서 사회적 신분이나 재력을 암시한 사람이 다른 이들에 비해 미래 배우자에게 훨씬 많은 것을 요구했다. 예를 들어 이런 남성은 아이가 있는 여성을 선호하지 않았다. 그리고 여성과 반대로 남성은 나이가 많을수록 미래 배우자에게 더 많은 것을 요구했다. 이는 남성이 나이가 들수록 짝짓기 시장에서 가치가 높아진다는 것을 의미한다. 하지만 위기는 중년이다. 50대 중반이 지나면 남성은 자신의 요구를 낮추었다. 앞으로 살날이 얼마나 남았는지 확신할 수 없다는 깨달음을 얻어서일 수도 있다.

자신의 조건에 대한 이러한 민감성은 일반적인 남녀 관계에도 영향을 미친다. 버지니아대학교의 심리학자 제임스 펜베이커James Pennebaker는 독신자들이 모이는 술집에서 술에 취하지 않은 여성과 남성에게 다른 손님들의 매력을 1점에서 10점까지 평가해달라고 요청했다. 폐점 시간이 가까워 혼자 집으로 돌아갈 확률이 높아지자 사람들은 이성 손님들의 매력도를 훨씬 높이 평가하기 시작했다. 12시에 측정한 이성 고객의 매력도는 9시에 측정한 이성 고객의 매력도에 비해 평균 20퍼센트 높았다. 이와 반대로 동성 고객의 매력도는 시간에 따라 크게 변하지 않았다. 이러한 결과는 가장 아름답지 않은 여성이 제일 먼저 짝을 만나 술집을 떠났을 가능성은 거의 없기 때문에, 혼자 술집 문을 나설 확률이 높아질수록 사람들이 섹스 파트너에 대한 기준을 낮췄다고밖에 생각할 수 없다.

새로운 사람과 새 출발하려는 사람들에게 아이는 커다란 걸림돌이다. 에카르트 볼란트는 18세기부터 19세기 사이 크룸호른에 살았던 주민들을 조사하여 첫 번째 결혼에서 아이를 얻은 젊은 소작농 과부가 아이가 죽었을 때 재혼할 수 있는 확률이 17퍼센트 높아진 사실을 관찰했다. 우리도 미국의 '연인을 찾습니다' 기고란 조사에서 이와 유사한 경향을 발견했다. 첫 번째 결혼에서 아이를 낳은 여성은 아이를 낳지 않은 여성에 비해 요구 조건이 현저히 낮았다. 동년배 여성들 중 아이가 없는 여성은 아이가 있는 여성에 비해 요구 사항이 두 배나 많았다. 부양할 아이가 있는 여성들은 요구 조건을 많이 제시할 수 없다.

현실을 알라

사람들 대부분은 짝짓기 시장에서 자기가 가진 교섭력에 매우 민감하다. 1980년대 초 당시 랭커스터대학교에 재직 중이던 심리학자 스티브 덕Steve Duck은 남성 실험 대상자에게 설문지를 작성해달라고 요청했다. 남성 실험 대상자가 설문지를 작성하는 동안 그 방에 표면상 같은 실험에 참여하는 젊은 여성이 나타난다. 사실 이 여성은 실험자 중 한 명으로 다양한 의상을 입고 다양한 목적의 행동을 하도록 정해져 있었다. 덕은 이 연구를 통해 남성은 상대 여성의 사회 유형(social style, 사람을 네 가지 부류, 즉 표출형, 우호형, 분석형, 주도형으로 구분한 것-옮긴이)이 자신과 비슷하다고 인식했을 때 그 여성과 대화를 나누고 싶어 한다는 사실을 알아냈다. 물론 자기가 얻을 수 있을 정도로만 요구하고 가진 것에 비해 무리한 흥정을 하지 않으려고 노력한다는 사실도 확인했다. 번식 경쟁은 냉정하다. 당신이 이 경쟁에서 얻는 것은 당신의 선택만으로 결정되는 것이 아니라는 것이다. 당신을 선택한 상대방으로부터도 영향을 받는다.

프로츠와프대학교의 보그슬로 파블로프스키Boguslaw Pawlowski와 나는 영국의 '연인을 찾습니다' 기고란에서 현실 감각을 조사했다. 우리는 성별에 따른 단순한 선택 지수를 계산했다. 이성이 선호하는 특정 나이대를 같은 나이대에 속한 개인의 수로 나누었다. 그 값이 1보다 크면 선호도가 높은 것이고 1보다 작으면 낮은 것이다. 그리고 우리는 이것을 홍보 글에 제시된 요구 사항과 연결시켜 보았다. 남성과 여성 모두 이 값이 클수록 배우자에 대한 요구 사항이 더 많았다. 단 40대 후반 남성 집단만은 예외였다. 이들은 교섭력을 너무 과신하여 자기가 가지고 있는 매력과 상관없이 훨씬 많은 조건을 내걸었다. 50대에 이르러서야 겨우 현실을 깨닫고 요구 사항을 급격히 수정한다. 남성들에게도 학습 능력은 있는 것 같다.

이러한 연구 결과는 짝짓기 시장에서 현실 감각이 얼마나 중요한 역할을 하는지 보여준다. 사회적 기준으로 자기보다 훨씬 좋은 조건을 갖춘 사람과 연애를 하기 위해 자원을 투자하는 것은 쓸데없는 일이라는 것이다. 삶의 모래밭에서 우리는 짝짓기 시장에서 어디쯤 자리를 잡아야 하고 자신의 기대치를 어떻게 바꾸어야 하는지 배운다. 꿈에서는 위노나 라이더나 리처드 기어를 만날 수 있다. 하지만 현실은 다르다. 사람들이 자신의 꿈을 버리고 최후에는 그냥 자기가 가진 것에 안주하는 선택을 하는 이유가 바로 이 현실 때문이다. 중매결혼이 보편적인 사회를 제외하고, 사람들은 통계상 단순히 사회·문화적 배경만 같은 사람이 아니라 외모 수준도 자기와 비슷한 사람과 결혼할 확률이 높다.

경험은 배우자 선택에서 특히 중요한 역할을 한다. 이것은 미국 '연인을 찾습니다' 기고란에서 발견한 한 가지 놀라운 현상, 즉 여성 기고자가 커플의 유대감 및 가족 환경의 특성을 추구하는 빈도를 설명해 줄지 모른다. 커플의 유대감 및 가족 환경의 특성은 일반적으로 '사랑하는', '따뜻한', '유머감각이 뛰어난', '가족애', '신사적인', '기댈 수 있는' 같은 어휘들로 나타났다. 미국은 여성 기고자들 중 약 45퍼센트가 미래 배우자에게 이러한 특성 중 적어도 하나를 요구하는 반면, 남성 기고자들은 겨우 22퍼센트만이 이러한 특성을 요구했다. 남성은 여성에 비해 이러한 특성을 자랑하지 않았다. 이것은 남성이 여성의 생각의 변화를 파악하지 못했다는 의미다.

이것은 아마도 남성과 여성이 바라는 특성에 내재된 문화지체 현상을 반영하는 듯하다. 세계 각지의 전통사회에서는 재력이 성공적인 자녀 양육에 가장 큰 영향을 미치는 요소다. 따라서 전통사회의 여성들은 남편감을 고를 때 부나 아니면 적어도 미래에 부를 축적할 수 있는 잠재력을 중요한 기준으로 삼는다. 하지만 지난 세기에 발생한 산업혁명은 두 가지 중요한 측면에서 자식을 양육하는 여성의 능력에 큰 영향을 미쳤다. 첫째, 현저히 개선된 의료기술 덕분에 과거나 산업화되지 않은 사회에 비해 아이들의 사망률이 크게 낮아졌다. 둘째, 산업화된 국가들의 경제력 향상으로 빈부격차가 양육 환경에 미치는 영향이 줄어들었다. 또한 이제는 여성 스스로 돈을 벌 수 있기 때문에 양육에 드는 비용과 자원을 마련하기 위해 남성에게 의존할 필요가 없어졌다. 여성에게 재력이 더 이상 중요치 않아지면서 양육 환경의 다른 요소, 특히 사회적 요소들이 자녀 양육에 더 많은 영향을 미친다. 이런 맥락에서 '연인을 찾습니다'의 여성 기고자 45퍼센트가 '자상하고 함께 나눌 수 있는' 짝을 요구한 것이다. 하지만 만약 서양 여성들의 선호도가 바뀌었다면, 미국 '연인을 찾습니다' 자료는 남성들이 아직 그 변화를 감지하지 못했다는 사실을 보여준다. 여성들은 자상하고 함께 나눌 수 있는 배우자를 찾고 있지만 남성들은 여전히 남자다움과 재력만 자신의 가치로 내세우고 있다.

물론 광고는 매우 과장된 면이 있는 산업이고, 연인을 찾는 일도 다를 바 없다. 사실 '연인을 찾습니다'를 보고 연락을 해본 사람들이 토로하는 가장 일반적인 불만은 광고를 낸 사람이 자신의 묘사와 전혀 달랐다는 점이다. 나는 사람들이 대부분 짝짓기 시장에서 자신의 실질적인 가치를 잘 파악하고 있으며, 광고 글에서 묘사한 자기 모습보다 실제 자기 모습에 적합한 특성을 장래의 배우자에게 요구한다고 생각한다.

만약 '연인을 찾습니다' 기고란에 도전해볼 생각이 있다면 기고자가 글로 표현한 자기 자신의 모습이 아니라 배우자에게 원하는 특성에 집중하는 것이 좋을 것이다. 그것이 글을 쓴 사람의 진정한 모습을 훨씬 더 잘 나타내기 때문이다. 그렇지 않다면 여기에 글을 싣는 것은 도박이나 마찬가지다.

18장

당신의 냄새를
맡고 싶어

　1838년 7월, 청년 다윈은 의자에 앉아 사촌 엠마 웨지우드(Emma Wedgwood, 그녀는 유명한 시인 가족의 일원이었다)와 결혼했을 때의 장단점 목록을 작성했다. 하지만 그의 이런 노력은 시간낭비였다. 그녀가 그를 수락하거나 거절하는 것은 결혼의 장단점이 아니라 생물학에 기반한 것이기 때문이다. 다행히 운 좋게도 다윈은 이를 인지하지 못했지만, 진화는 기대 이상으로 행동에 중요한 역할을 담당하는 다양한 화학 반응을 우리 몸에 일으켰다. 우리는 인간의 놀라운 두뇌가 선천적인 특성을 극복하게 한다고 믿는다. 하지만 타고난 특성은 어둠 속에서 다시 한 번 모습을 드러내 우리의 손목을 철썩 치며 과거를 돌아보라고 경고의 메시지를 보낸다.
　키스를 예로 들어보자. 물론 원숭이와 유인원은 특히 몸단장을 할 때 서로의 코를 비빈다. 하지만 우리처럼 입으로 키스하는 종은 없다. 키스가 인류 문화의 보편적인 현상이 아니라고 주장하는 사람들이 간혹 있지만 분명 키스는 광범위하게 이루어진다. 과연 키스란 무엇일까?

다정한 키스?

프로이트와 그의 추종자들은 키스에 대해 어린아이로 퇴행하는 것을 의미하며 어머니의 젖을 빨면서 느꼈던 기쁨에 대한 아련한 기억으로 행하는 것이라고 주장했다. 이 주장은 성인들이 하는 키스의 근원을 설명하기에는 충분하다. 하지만 젖을 빠는 것과 키스에는 여러 가지 차이점이 있다. 사실 키스가 단지 젖을 빨던 기억으로 퇴행하는 것이라면 그냥 젖을 빨면 된다. 어떤 사람들은 키스를 동물과 몇 종의 조류들이 구애를 하기 위해 서로에게 먹이를 먹이는 습성이 변형된 것이라고 주장한다. 하지만 그 행위는 일반적으로 수컷이 암컷에게 하는 행위다. 수컷은 게워내거나 물고 온 먹이를 주둥이를 이용해 암컷에게 전달한다. 이때 암컷은 수컷이 가져온 선물의 크기로 수컷을 평가한다. 이 행위는 논리적이며, 인간이 사랑하는 연인에게 큼직한 다이아몬드 반지나 밍크코트를 선물하는 것과 비슷하다. 하지만 먹이와 상관없이 동물들이 이런 행위를 하는 것은 잘 이해되지 않는다. 우리는 상황에 따라 초콜릿이나 꽃 등의 적절한 물건을 이성에게 전달하며 그들과 똑같이 행동한다. 사실 남성이나 여성 모두 똑같은 열정을 가지고 키스를 하지만 구애의 선물은 일방통행이다.

　키스의 목적은 장래 배우자의 유전적 구성을 시험하는 것이다. 인간의 면역 시스템은 우리를 개별적으로 정의하며, 면역 시스템은 주로 주조직적합성복합체MHC, Major Histocompatibility Complex라고 알려진 작은 유전자 집합으로 결정된다. MHC 유전자는 꽃가루에서부터 바이러스나 박테리아까지 우리 몸이 인지하고 퇴치할 수 있는 이물질의 범주를 결정한다. 특히 이 유전자 집합은 돌연변이를 유발하는 경향이 있어서 끊임없이 변이를 일으키며 우리 몸에 기생해 살면서 목숨을 위협하는 미시세계의 위협에 적응할 수 있게 한다. MHC 유전자는 체취도 통제한다. 우리 몸에서 나는 자연스러운 체취는 면역 반응과 매우 밀접한 관련이 있다.

여러 연구 결과 인간은 상호 보완 관계의 MHC 유전자를 가진 사람과 성행위하는 것을 선호하는 경향이 있다는 사실이 밝혀졌다. 이러한 연구 결과는 매우 당연한 것이다. 만약 당신이 당신과 똑같은 면역 반응을 보이는 이성과 성행위를 한다면 당신의 아이는 제한된 면역 시스템을 가지고 태어날 것이다. 반면 당신의 면역 시스템을 보완해줄 사람과 성행위를 하면 당신의 아이는 다양한 질병에 대항할 수 있는 광범위한 면역성을 갖고 태어난다.

그렇다면 면역 반응을 보완해줄 배우자는 어떻게 찾아야 할까? 체취가 한 가지 단서다. 사실 체취는 상당히 개인적이다. 좋아하는 향수가 사람마다 다른 것도 이 때문이다. 좋아하는 향수는 우리가 가진 자연적인 체취와 직접적으로 연관되어 있다. 즉, 우리는 자신의 자연적인 체취를 강화해줄 향을 선호한다. 잘 알지 못하는 사람에게 선물할 향수를 고르기가 어려운 이유도 이 때문이다. 하지만 체취는 감출 수 있다. 물론 지방시에서 나온 신제품 향수로 감출 수도 있다. 그런데 우리가 진화의 역사 대부분의 시간을 보내며 축적한 먼지와 박테리아로도 체취를 감출 수 있다.

침은 우리 몸이 만들어내는 화학물질로 가득하다. 심지어 주요 이뇨단백질MUPs, major urinary protein로 알려진 단백질 집합도 포함되어 있다. 물론 듣기 좋은 말은 아니다. 하지만 놀라기 전에 그것을 처음 발견한 곳이 설치류의 소변이었다는 점을 기억하라. 이뇨단백질이라는 이름은 여기서 유래했다. 이 단백질은 동물의 개체인식 및 텃세행동과 깊은 관련이 있다. 리버풀대학교의 제인 허스트Jane Hurst와 그녀의 동료들은 암컷 쥐가 MUPs의 차이로 수컷을 구별한다는 사실을 밝혀냈다. MUPs가 소변에서 검출되는 이유는 동물에게는 소변이 자기 영역을 표시하는 전형적인 방법이기 때문이다. 이 단백질은 몸에서 분비되는 모든 체액에서 발견될 가능성이 높다.

어쩌면 당신은 다음에 누군가와 키스를 하면서 키스가 면역 반응을 보완해줄 적절한 배우자를 찾는 과정이며 MUPs가 성공을 향한 뿌리임을 떠올리며 잠시 키스를 멈출지도 모른다. 하지만 곧 정신없이 스치는 의식을 접어둔 채 무의식에 몸을 맡기고 자연스러운 수순을 거치는 것이 옳다는 생각이 들 것이다. 진화는 그런 쓸데없는 생각을 하느라 짝짓기를 망쳐버리라고 수백만 년 동안 완벽한 배우자 선택 메커니즘을 다듬어온 것이 아니다.

코를 비비는 에스키모

에스키모인들은 아는 사람을 만나면 손을 흔드는 대신 서로 코를 비빈다. 사실 이것은 최초로 에스키모인을 만났던 유럽 탐험대가 약간 과장해서 만들어낸 이야기다. 실제로 에스키모인들은 상대방 얼굴 반대편에 코를 대고 깊게 숨을 쉰다. 이런 행동을 에스키모인만 하는 것은 아니다. 뉴질랜드의 마오리족도 서로를 만나면 홍이hongi라는 전통 인사법에 따라 코를 비빈다. 하지만 이들의 행동도 코를 비비는 것이라기보다 주인과 손님의 만남을 상징적으로 표현하기 위해 서로 상대방의 코를 가볍게 누르는 것이다.

사실상 이런 모든 행위는 상대방의 냄새를 맡는 것과 관련이 있다. 냄새는 당신이 누구인지 가장 잘 알려주는 표식이다. 시각이 지배하는 세상에서 우리는 냄새가 얼마나 중요한지 곧잘 잊곤 한다. 실제로 우리는 우리가 인식하는 것 이상으로 냄새에 많이 의존한다. 특히 배우자를 선택할 때 냄새의 역할이 크다. 1960년대에 몇몇 학자가 안드로스테논(adnrostenone, 남성호르몬으로 알려진 테스토스테론의 자연적 부산물인 스테로이드의 일종으로 면도 후 로션을 바르지 않은 남성에게서 나는 머스크 향이 난다)을 남자 화장실과 여자 화장실 변기 몇 곳에 뿌린 후 그 결과를 관찰했다. 관찰 결과 남성들은 '안드로스테논'이 뿌려진 변기를 피했다. 변기에 앉았다가도 재빨리 나와 다른 칸으로 옮겼다. 하지만 반대로 여성들은 '안드로스테논'이 뿌려진 변기를 선호했다.

리버풀대학교의 탬신 색스턴Tamsin Saxton과 그녀의 동료들은 이 실험을 약간 개선하여 안드로스타디에논(androstadienone, 스테로이드에 속하는 다른 물질)을 스피드미팅에 나가는 여성의 윗입술에 바르게 했다. 스피드미팅은 넓은 공간에 마련된 테이블에 여성이 앉아 있고 5분마다 다른 남성이 자리를 옮겨가며 짧게 대화를 나누는 방식으로 진행된다. 모든 이성과의 만남이 끝나면 참가자들은 각자 다시 만나고 싶은 사람의 이름을 적어 진행자에게 주고, 진행자는 서로 만나고 싶어 하는 사람들을 연결시켜 준다. 남성과 여성이 각각 12명 이상의 이성을 짧게 만나고 가장 인상 깊었던 사람을 선택하는 이 미팅이야말로 실험에 완벽한 장소였다.

이 실험에서 안드로스타디에논의 냄새는 클로브 오일 향으로 가렸다. 또한 클로브 오일을 사용한 결과 다른 냄새도 통제할 수 있었다. 이런 식으로 여성 참가자 중 3분의 1이 안드로스타디에논을 첨가한 클로브 오일을 사용했고, 다른 3분의 1은 클로브 오일만 사용했으며, 나머지 3분의 1은 물만 사용했다. 실험자들은 이런 식으로 클로브 오일의 영향을 통제했다.

결과는 놀라웠다. 안드로스타디에논을 사용한 여성들은 안드로스타디에논을 사용하지 않은 두 그룹 여성들에 비해 남성들에게 더욱 매력적이라는 평가를 받았을 뿐만 아니라 다시 만나고 싶다는 요청도 훨씬 많이 받았다. 아무래도 안드로스타디에논이 남성 뇌의 메커니즘에 작용하여 여성을 현실보다 더 달콤한 모습으로 바라보게 하는 것 아닐까?

용기 있는 자가 미인을 얻는다

모든 노력이 수포로 돌아갔을 때 실패를 만회할 한 가지 방법이 있다. 바로 영웅이 되는 것이다. 몇 년 전, 당시 나의 제자였던 수 켈리Sue Kelly는 여성들에게 다양한 남성의 사진을 보여주며 친구, 배우자, 또는 하룻밤 상대로 누가 적합한지 이 남성들의 매력을 평가해달라고 요청했다. 사진에 찍힌 남성들 중에는 지루할 정도로 평범한 사람, 좋은 직업을 가진 사람, 모험을 즐기는 사람 등이 있었다. 실험 결과 여성들은 배려심 많은 이타주의자를 좋은 배우자감으로 선택한 반면 모험심이 강한 남성을 가장 좋은 하룻밤 상대로 선택했다. 단순히 훨씬 매력적이라고 평가한 것이다.

메인대학교의 윌리엄 파딩William Farthing이 실시한 배우자로서 남성의 매력을 평가하는 연구에서도 비슷한 결과가 나왔다. 여성들은 위험을 무릅쓰되 영웅 기질이 있는 남성을 단순히 위험만 무릅쓰는 남성보다 선호했다. 물론 두 경우 모두에서 중간 정도로 위험을 감수하는 남성이 높은 수준의 위험을 감수하는 사람보다 좋은 평가를 받기는 했다. 즉, 이 연구 결과들을 보면 위험을 감수하는 모습이 훌륭한 매력이긴 하지만 그것도 지나치면 좋지 않다는 것이다.

그렇다면 남성이 여성에 비해 위험을 더 많이 감수할까? 이 질문에 대한 일반적인 대답은 "그렇다"이다. 분주한 도시의 중앙 환승역 앞 횡단보도에서 실시한 연구 결과가 이를 뒷받침한다. 일반적으로 남성은 여성에 비해 높은 위험을 감수한다. 즉, 남성이 여성에 비해 빨간불이 켜지고 차가 횡단보도 가까이 달려오는 상황에서도 길을 건널 확률이 더 높다. 한 가지 흥미로운 사실은 남성이 이런 행동을 할 확률은 지켜보는 여성이 없을 때보다 있을 때가 훨씬 높다는 것이다. 남성들의 이러한 행동은 여성들이 위험을 감수하는 남성의 행동에 매력을 느낀다는 사실을 알고 있다는 증거다. 남성들은 여성이 배우자 선택을 할 때 어떤 행동에 영향을 받는지 매우 잘 파악하고 있다.

수 켈리는 자신의 연구에서 남성들이 여성의 선호도를 알고 있는지 파악하고자 했다. 그래서 그녀는 전 실험에서 사용한 남성들의 상반신 사진을 남성들에게 보여주고 여성의 관점에서 매력도를 평가해 달라고 요청했다. 여성들의 선호도를 과장한 면이 없지는 않았지만 그들의 평가는 꽤 정확했다.

최근 실제 영웅적 행위들을 진화론적 관점에서 평가하는 연구들이 이루어졌다. 한 연구에서는 긴급 상황에서 큰 용기를 보여준 민간인에게 수여하는 카네기 메달 기록을 조사했다. 이 상은 그야말로 다른 사람의 목숨을 구하기 위해 망설임 없이 급류로 뛰어든 사람에게 주어지는 것이다. 연구자들은 여기서 매우 놀라운 몇 가지 패턴을 발견했다. 남성은 자기와 무관한 여성을 구할 확률이 가장 높으며 여성은 자기와 관련이 있는 아이를 구할 가능성이 가장 높다는 것이다. 즉, 여성의 영웅적 행동은 자식에 대한 투자와 관련이 있고, 남성의 영웅적 행동은 짝짓기 기회와 관련이 있다.

나의 또 다른 제자였던 미나 리온Minna Lyons은 다른 사람을 구하는 영웅적 행동과 관련하여 최근 영국 신문에 실린 기사들을 대량 분석했다. 대부분이 남성에 관한 기사였지만, 신분에 따른 흥미로운 경향을 알 수 있었다. 즉, 부유층 사람들은 영웅적 행동을 적게 한 반면 기사의 주인공들은 대부분 사회·경제적으로 낮은 계층에 속했다. 리온은 이 결과를 바탕으로 일단 영웅으로 인식되면 짝짓기 시장에서 더 많은 것을 얻을 수 있다고 주장했다.

나는 북아메리카의 샤이엔 인디언cheyenne indian들 사이에서 이와 유사한 경향을 발견했다. 샤이엔 부족에는 족장이 두 명이다. 자기 신분을 자식에게 물려줄 수 있는 평화 족장은 전쟁에 참여하지 않고 일찍 결혼한다. 반면 전쟁 족장은 결혼을 피하고 전쟁에서 전사들을 이끈다. 전쟁 족장은 전쟁에서 패배하기보다 차라리 전쟁터에서 죽음을 맞이하기를 원한다. 물론 이 족장도 결혼할 수 있다. 다만 무기를 명예롭게 내려놓을 수 있을 정도로 오래 살아야 가능한 일이다.

19세기 후반의 지리학적 기록을 살펴보면 평화의 족장 가족들은 절대 전투 족장이 되지 않았다는 사실을 확인할 수 있다. 사실 전투 족장은 대부분 고아이거나 낮은 계급 부족민의 아들이었다. 원래대로라면 사회적 계급상 이들이 부인을 맞을 가능성은 매우 희박했다. 하지만 성공적인 전쟁 족장이 되면, 즉 전쟁 족장 자리에서 명예롭게 물러나 정상적인 사회에 다시 복귀할 정도로 오래 살아남으면, 그것이 여성들에게 매력으로 작용했다. 이들은 평균적으로 평화의 족장에 비해 결혼생활이 훨씬 짧았음에도 불구하고 훨씬 많은 자손을 낳았다.

비교적 평화로운 오늘날 영국에서도 위험을 감수하는 남성이 번식에 더욱 성공적이라는 주장은 이런 면에서 타당하다. 리버풀대학교에서 나의 제자였던 지젤 파트리지Giselle Partridge는 위험을 감수하는 남성의 성향에 대한 집중적인 여론조사를 실시하여 그 결과를 그들의 자식 수와 비교했다. 파트리지는 직업(예를 들어 소방관과 관리자 비교)과 행동에 관한 설문지(예를 들어 과속 경험이나 위험한 여가 활동을 하는지 등의 질문)를 통하여 위험 감수치를 측정했다. 연구 결과 높은 수준의 위험을 감수하는 사람들이 낮은 수준의 위험을 감수하는 사람들에 비해 자식의 수가 훨씬 많았다. 아직 이를 정확히 설명할 수는 없지만 (높은 위험을 감수하는 사람들이 임신에 대비하지 않은 성행위를 즐기는 경향이 높아서인가? 아니면 단순히 그들이 여성들에게 더욱 매력적으로 보여서인가?) 위험을 감수하는 남성이 다음 세대에 더 많이 기여하는 것은 사실이다.

256

19장

검은 머리가
파뿌리 될 때까지?

몇 해 전, 나의 동료이자 현재 캘리포니아대학교에 재직 중인 샌디 하코트Sandy Harcourt가 한 마리의 암컷과 짝짓기를 하는 영장류는 여러 암컷과 짝짓기를 하는 영장류에 비해 체중 대비 고환의 크기가 훨씬 작다는 사실을 밝혀냈다. 진화생물학자의 관점에서 이것은 당연해 보인다. 짝짓기 상대가 여러 명인 번식 시스템에서 수컷은 자기와 짝짓기를 하는 암컷이 짝짓기 당시 배란 중인지 확인할 길이 없다. 이런 경우 암컷의 임신 확률을 최대화하는 가장 좋은 방법은 암컷의 자궁에 정자를 최대한 많이 남기는 것이다. 그렇게 하면 그 암컷과 전에 짝짓기를 했거나 배란기가 끝나기 전 짝짓기를 할 수 있는 다른 수컷들의 정자를 무력화할 수 있다. 이 작전에 성공하려면 정자를 충분히 생산할 수 있는 큰 고환이 있어야 한다. 당황스러운 사실은 인간이 두 집단, 즉 일부일처와 일부다처의 중간에 위치한다는 사실이다. 인간의 본성은 일부일처제의 습성을 따르는 걸까 아니면 일부다처제를 따르는 걸까?

아내의 외도에 대처하는 두 가지 방법

기독교는 '죽음이 우리를 갈라놓을 때까지'라는 구절로 사람들에게 인간이 일부일처제 습성을 따르는 종이라는 생각을 각인시켰다. 그런데 어째서 영국 부부 중 3분의 1 이상, 그리고 미국 부부 중 절반 이상이 파경을 맞는 걸까? 그리고 어째서 호적에 오른 아이들 중 15퍼센트가 호적상 아버지의 생물학적 자손이 아닌 걸까? 어떤 이들은 이러한 현상을 가족 가치의 붕괴, 사회적 분열, 현대적 질병 등과 함께 이 시대를 나타내는 지표로 보기도 한다. 그런데 최근 생물학자들이 이 문제에 관한 새로운 접근법을 제시했다. 그들은 일부일처제가 고정불변의 본능이 아니라는 사실을 입증했다. 이들의 연구 결과에 따르면 부부 사이에 정절을 지키기로 유명한 동물들도 적절한 상황에서는 외도를 했다.

예를 들어 남아메리카의 마모셋원숭이와 타마린원숭이를 살펴보자. 이 두 종의 원숭이들은 야생에서 일반적으로 일부일처의 습성을 따르며, 이들 종의 수컷은 새끼 양육에 중요한 비중을 차지했다. 하지만 일부 수컷은 여러 마리의 암컷과 짝짓기를 하며 일부다처의 습성을 따른다. 이들의 '이혼율'은 한 해 약 25퍼센트에서 33퍼센트 정도에 이른다. 이러한 급격한 행동의 변화는 암컷의 사망률이 높아져 수컷의 수가 늘어날 때 나타난다. 암컷의 수가 적어지면 짝을 찾지 못한 수컷들이 '둥지 도우미' 역할을 수행하며 다른 새끼의 양육이라도 기꺼이 도

우려고 한다. 그런데 이런 조력자의 등장은 배우자 수컷이 배우자 암컷을 버리고 다른 암컷을 찾을 확률을 높인다. 배우자 암컷이 다시 임신할 수 있을 때까지 기다리는 것보다 다른 암컷을 찾는 것이 자식을 하나라도 더 얻을 확률이 높기 때문이다. 따라서 조력자는 배우자 암컷이 다음 번 발정기가 되었을 때 그녀와 짝짓기할 수 있는 기회를 얻는다. 이때 암컷은 배우자 수컷의 행동에 크게 신경을 쓰지 않는다. 양육에 도움을 받을 수만 있다면 도움을 주는 수컷이 누구인지는 중요치 않기 때문이다.

이런 유형의 전략을 구사할 만큼 능력이 있는 수컷들은 일부일처의 습성을 따를 때보다 두 배 이상 자손을 많이 얻을 수 있다. 암컷은 그들의 행동에 관심을 보이지 않지만 조력자는 불리한 상황에서 최선의 결과를 얻기 위해 노력한다. 즉, 유연한 행동 패턴은 수컷이 집단 내 부족한 암컷들을 최대한 이용하여 번식 성공률을 높일 수 있게 한다. 이 경우 새로운 행동은 상황의 변화에 따른 반응이다. 하지만 외적인 변화가 없더라도 좀 더 유연한 접근법을 취하는 것이 일부일처제에 유리하다. 이처럼 동물의 세계는 외도, 속임수, 심지어 이혼으로 가득하다는 사실이 밝혀졌다. 나는 이것을 일부일처제의 딜레마라고 부른다.

포유류에게는 상대적으로 일부일처제가 희귀하다. 일부일처의 습성을 가진 포유류는 약 5퍼센트에 불과하다. 이 중 영장류와 갯과 동물들이 다른 포유류에 비해 일부일처를 선호한다. 그런데 일부일처제가 일종의 규칙인 집단이 있다. 조류는 적어도 짝짓기 계절에는 90퍼센트가량이 일부일처의 습성을 따른다. 겉으로 보았을 때 조류의 세계가 진정한 결혼의 은총을 받은 듯하다. 하지만 약 10년 전 새로운 DNA

지문분석법이 개발되면서 일부일처의 습성을 따른다고 여겼던 암컷 새가 낳은 알 중 최대 다섯 개의 알이 통상적인 배우자와 짝짓기로 낳은 알이 아니라는 사실이 밝혀졌다. 수많은 수컷 새들이 새끼들에게 먹이를 물어다 주기 위해 분주히 날아다녔던 것이다.

도대체 어떻게 된 일일까? 일부일처제의 원동력을 협력이라고 보았던 행동생태학자들은 짝짓기 전략에 대한 자신들의 관점을 바꾸어야만 했다. 그들은 동전 뒷면을 살피기 시작했다. 협력은 필연적으로 부당하게 이용당할 위험을 수반한다. 일부일처의 습성을 따르는 수컷은 자신이 배우자가 낳은 새끼들의 생물학적 아버지가 맞는지 확신할 수 없다. 모든 협력 시스템에서 일부일처제는 언제나 친구들에게 일을 떠맡기는 무임승차 전략을 구사하는 개체들이 생겨날 위험이 따른다. 무임승차 전략을 쓰는 개체들은 이런 식으로 대가를 지불하지 않고 온갖 이득을 얻는다. 일부일처제의 딜레마란 가족 곁에 머물며 바람난 아내의 남편 노릇을 할 것인지 아니면 생물학적 자식을 잃을 위험을 감수하고 가족을 버릴 것인지 (자기가 떠날 경우 암컷 혼자 새끼를 돌볼 수 없으므로) 선택해야 하는 상황을 말한다.

수컷은 두 가지 모두 한다. 진화론적으로 표현하자면, 다른 수컷의 새끼를 돌보느라 에너지를 낭비하지 않을 방법을 찾으면서 다른 암컷들과 짝짓기하려는 음흉한 전략을 개발한다는 의미다. DNA 분석으로 암컷이 다른 수컷과 짝짓기를 했다는 사실을 밝혀낸 후 연구자들은 진정한 의미의 짝짓기 경쟁과 바람난 아내의 남편 노릇을 하지 않기 위한 전략에 관심을 갖기 시작했다. 가장 유명한 예는 몸집이 작고 별다른 특징이 없는 영국의 바위종다리일 것이다. 케임브리지대학교의 닉

데이비스Nick Davies와 그의 동료들은 DNA 지문분석법을 이용해 수컷 바위종다리가 진짜 생물학적 자식의 수와 비례하여 먹이를 가져오기 위해 노력의 크기를 조정한다는 사실을 밝혀냈다. 어떻게 이런 놀라운 일이 일어난 것일까? 수컷은 암컷이 임신 기간 동안 자기 눈앞에서 사라졌던 시간을 측정하여 새끼의 수에 적용했다. 이 간단한 방법으로 암컷이 옆집에 사는 수컷과 즐거운 시간을 보냈을 확률을 측정한 것이다.

인간도 혼외 관계에 의심이 많은 동물이다. 이것은 이혼한 남편이 생물학적으로 자기 자식이 아닌 아이들에게 양육비를 지불하지 않기 위해 DNA 검사를 의뢰하는 빈도수를 보면 잘 알 수 있다. 이들의 행동은 정당화될 수 있을지 모른다. 몇 해 전, 맨체스터대학교의 로빈 베이커Robin Baker와 바크 벨리스Mark Bellis는 영국에서 임신한 여성 중 약 10~13퍼센트는 배우자의 아이를 가진 것이 아니라는 사실을 알아냈다. 이들의 분석은 둘 이상의 남성과 같은 기간에 성관계를 한 빈도수, 즉 배란기에 배우자와 성관계를 맺고 5일 이내에 다른 남자와 성관계를 맺은 빈도수에 관한 자가 보고서를 토대로 이루어졌다.

일부 문화에서는 자기 아내를 외부인의 출입이 금지되어 부정의 기회가 거의 없는 하렘에 격리시키거나 종교적인 이유 때문이라는 명목으로 특색 없는 옷을 입도록 강요한다. 이런 행동은 일종의 배우자 보호 행위이며, 다른 수많은 동물에게서 관찰되는 행동과 다르지 않다. 자유로운 관계를 선호하는 사회에서는 남성이나 여성 모두 적어도 무의식적으로는 자식의 생물학적 아버지가 누구인지 문제될 수 있다는 사실을 깨닫고 있다. 8장에서 손자가 딸의 남편을 닮았다고 강조하는 외조부모의 태도에 초점을 맞춘 것도 이런 이유 때문이다. 그런 행동은 마치 남편에게 그 아이가 친자식임을 납득시키고 아이에게 투자하게 만들려는 시도처럼 보인다.

하지만 진화비용evolutionary cost과 다른 남자의 자식을 키우는 이익을 세밀하게 분석한 결과 남자가 아내의 외도에 격한 반응을 보일 필요가 없다는 사실이 입증되었다. 비록 자기와 무관한 아이를 양육할 위험이 있기는 하지만 배우자가 낳은 아이들을 모두 자기 자식처럼 키우는 것으로 배우자와 만족스러운 관계를 유지할 수 있다면 남편은 아내의 거의 모든 번식과정에 참여할 수 있다. 지나친 의심은 오히려 자신에게 해가 되고 배우자가 다른 남성에게 가버릴 이유를 제공할 수도 있다. 어쩌면 다른 남성의 아이를 양육하는 것은 자기 자식을 낳기 위해 일부 남성들이 치러야 할 대가일 수도 있다. 이런 면에서 프로이트는 심리적 억압의 이점을 과소평가한 것일지 모른다.

일부일처제의 위기

일부일처 습성을 따르는 수컷이 둥지와 멀리 떨어진 곳에서 무엇을 하면서 시간을 보내는지는 쉽게 알 수 있다. 그러나 손바닥도 마주쳐야 소리가 나는 법. 암컷이 배우자 이외의 수컷과 짝짓기하는 행위로 얻는 이득은 무엇일까? 현재 진화학에서는 두 가지 가능성에 초점을 맞추고 있다. 하나는 양다리 걸치기다. 암컷은 새끼들에게 투자할 수 있는 수컷을 이상적인 배우자로 여긴다. 여기서 투자란 인간이라면 두툼한 지갑, 참새라면 넓은 양육 영역 같은 것이다. 동시에 암컷은 좋은 유전자를 보유한 수컷과도 짝짓기를 하고 싶어 한다. 좋은 유전자를 보유했는지 여부는 공작새라면 수컷의 꼬리를 보면 알 수 있고 인간이라면 남자 얼굴의 대칭을 보고 판단할 수 있다. 하지만 일반적으로 암컷은 하나의 특성을 얻기 위해 다른 특성을 포기할 수밖에 없다. 세상은 불완전하고 모든 면에서 훌륭한 특성을 갖춘 수컷은 거의 없기 때문이다. 그리고 그런 특성을 갖춘 수컷은 얼마 안 가 그와 어울리는 암컷이 차지할 것이다. 따라서 암컷은 자기에게 많은 것을 베풀어줄 수 있는 수컷과 짝짓기를 하고 대부분의 임신을 허락하지만 더 나은 특성을 보유한 수컷들을 위한 자리도 남겨놓는다.

암컷이 다른 수컷과 짝짓기하는 데 보이는 관심을 설명하는 또 다른 가능성은 암컷의 그런 행동이 배우자 수컷의 관심을 불러일으킨다는 것이다. 스톡홀름대학교의 망누스 엔퀴스트Magnus Enquist와 그의 동료들은 간단한 수학 모델을 사용하여 암컷이 다른 수컷을 경쟁시키는 동시에 배우자 수컷이 다른 암컷과 짝짓기하는 것을 방지한다는 사실을 알아냈다. 하지만 이들의 연구 결과를 확신하기에는 근거가 너무 빈약하다. 마틴 데일리와 마고 윌슨Margo Wilson은 전 세계에서 수집한 자료를 조사하여 인간이 배우자를 살해하는 사건의 대부분이 실제 부정행위를 했거나 부정행위를 의심한 것에서 비롯되었다는 사실을 알아냈다. 배우자가 자기를 버리지 못하게 하기 위해 상대방을 공격하는 것은 남자나 여자나 똑같지만, 남자들은 가끔 도를 넘을 때가 있다.

성적 질투심은 많은 종이 부부관계를 유지하는 첫 번째 방어수단이다. 일부일처 습성을 따르는 수많은 남아메리카 원숭이들 중 티티원숭이 암컷은 잘 모르는 암컷이 접근하면 매우 경계한다. 나는 현장 조사를 통해 일부일처 습성을 따르는 아프리카 영양들에게서도 이와 유사한 패턴을 발견했다.

스웨덴 룬드대학교의 마리아 샌델Maria Sandell은 유럽 찌르레기를 대상으로 이와 관련한 연구를 실시했다. 샌델은 찌르레기 한 쌍이 낳은 알들의 산란기 동안 낯선 암컷을 그들의 둥지 근처 작은 우리에 넣었다. 두 번째 암컷을 얻을 기회가 생긴 수컷은 낯선 암컷에게 관심을 보였지만 암컷들은 서로 적대감을 드러냈다. 좀 더 흥미로운 사실은 산란기 동안 수컷과 일부일처 관계를 유지한 암컷이 상대 암컷에게 적대감을 더 강하게 드러낼 가능성이 훨씬 높다는 것이다.

그럼에도 불구하고 눈앞의 번식 기회를 잡는 데 좀 더 개방적인 태도를 취하는 것이 진화상으로는 더 이득이다. 따라서 이미 맺고 있는 협력 관계가 새롭고 더 나은 관계로 인해 깨지더라도 너무 놀랄 필요 없다. 학자들은 평생 한 마리 배우자와 살아간다고 알려진 백조 같은 조류에게서도 '이혼'이 흔한 일이라는 사실을 알아냈다. 수많은 종 사이에 이런 일은 매우 흔하다. 현재 코넬대학교에 재직 중인 앙드레 동트André Dhondt는 벨기에에 서식하는 박새의 절반 이상이 이혼한다는 사실을 알아냈다. 또한 암컷이 이혼을 부추기는 경우가 많으며, 이혼에 성공하면 결국 더 많은 새끼를 낳아 이득을 본다는 사실도 증명했다.

조류는 일반적으로 번식에 실패했을 때 가장 많이 이혼한다. 인간도 마찬가지로, 아이를 낳지 못하는 것은 무슬림을 비롯하여 모든 사람에게 가장 흔한 이혼 사유 중 하나다. (이슬람경전에 따르면, 여성이 아이를 갖지 못하면 이혼하고 다시 그녀의 집으로 돌려보낼 수 있다. 불임 원인이 남편이 아닌 부인이면 죽음으로 속죄해야 하는 경우도 있다.) 조류들이 이혼하는 이

유도 인간 못지않게 매우 다양하다. 리노 소재 네바다대학교의 루이스 오링Lewis Oring은 북아메리카에 서식하는 물떼새를 연구하는 동안 '가정 파괴범'을 관찰했다. '가정 파괴범'이란 한 쌍의 부부 관계에 끼어들어 자기와 같은 성별의 배우자를 몰아내고 그 자리를 대신 차지하는 개체를 말한다. 글래스고대학교의 밥 퍼니스Bob Furness는 도둑갈매기들 사이에서 비슷한 행동을 관찰했다. 도둑갈매기는 한 쌍의 부부 중 한쪽을 몰아내려는 시도를 하다가 상대방을 죽음으로까지 내몰기도 했다.

이 모든 사실을 종합해볼 때 우리가 배울 수 있는 한 가지 교훈은 모든 종에 획일적으로 적용할 수 있는 간단한 법칙 따위는 존재하지 않는다는 것이다. 이 교훈은 생물학에도 적용된다. 보편적으로 적용할 수 있는 몇 가지 일반 원칙이 있기는 하지만 일부일처, 이혼, 일부다처 등의 패턴은 종마다 다르고, 종 내에서조차 일관성이 없다. 현지의 생태, 지리학적 조건 등에 따라 이 원칙들에 반응하는 방식이 다르기 때문이다. 인간을 비롯하여 상대적으로 뇌가 큰 동물은 시시각각 변하는 환경 안에서 최대의 이익을 얻기 위해 자기 행동을 조정한다. 즉, 커다란 뇌를 가진 동물은 다른 대안을 선택하여 행동전략을 바꿀 수 있다. 인간과 마찬가지로 동물은 누구와 함께 지내고 그 관계를 얼마나 오래 지속할 것인지 선택을 한다. 이 결정은 지금 배우자 곁에 머무는 것, 파트너를 계속 바꾸는 것, 교묘하게 게임을 해나가는 것 중 어떤 선택이 가장 큰 이익을 가져다주는지에 영향을 받는다.

인간은 다른 일부일처제 종들과 같은 유형의 굴레에 속박되어 있다. 수컷은 배우자가 낳은 새끼를 독점하고 싶어 한다. 하지만 동시에 그는 신중하게 행동해야 한다. 번식이란 결국 협력 게임이지 강제할 수 있는 것이 아니기 때문이다. 지나치게 공격적인 단속 전략은 암컷이 질려 떠나버리는 원인을 제공할 수도 있다. 예를 들어 캘리포니아 처크왈러 도마뱀의 경우, 지나치게 공격적인 수컷은 상대적으로 짝짓기 할 수 있는 가능성이 낮다. 겁먹은 암컷이 수컷의 영역에서 달아나 버리기 때문이다. 미시건대학교의 바바라 스머츠Barbara Smuts는 지나치게 공격적인 수컷 개코원숭이들도 처크왈러 도마뱀과 똑같은 고통을 받는다는 사실을 알아냈다. 암컷은 사회적 기술이 뛰어난 수컷을 선호한다.

그의 DNA를 확인해

미디어를 통해 일부일처 습성을 유발하는 옥시토신, 일명 '사랑호르몬'이 알려지면서 사람들 사이에 상당한 반향이 일었다. 사실 옥시토신은 여성에게만 영향을 미친다. 남성은 옥시토신과 유사하지만 다른 종류의 신경호르몬 바소프레신이 일부일처 습성을 활성화하는 것으로 알려져 있다. 바소프레신은 일부일처 습성을 따르는 수컷의 행동을 조절하는 데 중요한 역할을 한다. 이 호르몬이 수컷 설치류 동물들의 뇌로 흘러 들어가면 암컷과 새끼들에 대해 참을성이 많아지고 양육에 좀 더 적극적으로 관여하며 덜 공격적으로 변한다. 학자들은 이러한 연구 결과를 접하자 바소프레신이 사람에게도 유사한 효과를 내는지 궁금했다. 인간이 일부일처제를 따르는 종인지 아니면 일부다처제를 따르는 종인지 결정하기 힘든 상황을 고려했을 때 문제는 모든 남성의 바소프레신 수치가 높아야 하는 것이 아니었다. 그보다는 많은 여성과 성관계를 갖고 싶어 하는 남성들 사이에 바소프레신과 관련하여 어떤 차이가 있는지가 문제의 초점이었다.

스톡홀름 카로린스카연구소의 하시 발룸Hasse Walum과 그녀의 동료들은 552명의 스웨덴 쌍둥이들을 대상으로 바소프레신 수용체 유전자와 남성의 결혼안정성 사이의 관계를 조사했다. 그리고 바소프레신 수용체에 명령을 전달하는 뇌 영역의 유전자 수도 확인했다. 연구 결과 이들은 특별한 유전자 자리인 RS$_3$가 배우자 사이의 유대 관계 척도를 기준으로 측정한 남성의 헌신도 점수에 따라 크게 달라진다는 사실을 알아냈다. 그리고 그 자리에서 발생하는 11개의 각기 다른 유전자 변형들 중 하나의 특별한 변이 유전자, 즉 '대립유전자 334'만이 가장 강력한 효과를 나타냈다.

대립유전자 334를 하나 혹은 두 개(양친 중 한 명이나 둘 모두에게서 물려받음)를 가지고 있는 사람은 배우자 사이의 유대 관계 척도에서 나머지 10개의 대립유전자 중 두 개의 대립유전자를 가진 사람에 비하여 낮은 점수를 받았다. 이들은 연인과 결혼할 확률보다 동거할 확률이 높다. 즉, 관계에 덜 헌신적이라는 의미다. 대립유전자 334를 두 개 가지고 있는 남성들 중 33퍼센트는 작년에 결혼에 대한 압박을 경험했다고 보고했다. 이와 같은 대답을 한 비율은 대립유전자 334를 하나만 가지고 있는 남성은 16퍼센트, 하나도 가지고 있지 않은 남성은 15퍼센트였다. 이 연구의 관찰 대상자에 포함된 모든 남성은 적어도 5년 이상 안정적인 관계를 유지하고 있었으며 자식이 적어도 한 명 이상이었다.

관찰 대상자들 중 두 개의 대립유전자 334를 가진 비율은 4퍼센트였으며 한 개를 가진 비율은 36퍼센트였다. 즉, 약 3분의 2 정도의 남성이 이 유전자를 가지고 있지 않았다. 따라서 이들은 헌신적이고 훌륭한 일부일처제 배우자 후보가 될 자격이 충분했다. 비록 문제의 유전자를 두 개나 가지고 있는 못돼 먹은 남성들의 수는 매우 적지만 나머지 33퍼센트의 남성들도 위험해 보이기는 마찬가지다.

다니엘 페루시Daniel Perusse가 퀘벡에서 실시한 대규모 설문조사에서도 비슷한 결과가 나왔다. 그는 퀘벡에 거주하는 남성 중 3분의 1가량이 일상적으로 여러 명의 여성을 만나며, 나머지 3분의 2는 (적어도 안정적인 관계를 지속하는 동안은) 습관적으로 한 명의 여성을 만난다는 사실을 밝혀냈다. 퀘벡 연구에서 나는 (성관계 빈도수와 임신 가능성을 토대로 추정했을 때) 난잡한 남성들이 일부일처제를 고수하는 남성들보다 평생 더 많은 자식을 갖지만, 두 부류 남성들이 여성을 임신시키는 비율의 상대적인 차이는 총인구에서 그들이 차지하는 각각의 비율과 균형을 이룬다는 사실을 알아냈다. 이것은 일부일처제 대 일부다처제의 구도가 균형 잡힌 진화의 다형 현상이라는 것을 암시한다. 두 전략의 비율은 각각의 전략을 따르는 비용과 이익에 따라 세대 간에 걸쳐 균형을 이룬다.

이러한 사실을 근거로 바소프레신을 '일부일처제 남성 유전자'라고 정의하고 싶지만 그것은 사실이 아니기 때문에 포기할 수밖에 없다. 유전자는 이처럼 단순히 정의하기 어렵다. 행동은 유전자로 나타나는 결과라기보다 유전자에 내재된 특성으로 나타나는 결과일 때가 대부분이다. 이와 관련해 최근 에든버러대학교의 도미닉 존슨Dominic Johnson과 그의 동료들이 진행한 연구에서 밝혀진 바와 같이, RS$_3$ 유전자를 가지고 있는 남성들이 위협을 받으면 과격하게 반응하는 경향이 있다는 사실은 무척 흥미롭다. RS₃ 유전자는 좌절감같이 단순한 감정에도 자제력을 급속히 잃어버리게 하는 역할을 한다. 따라서 대립유전자 334를 가진 남성들은 유전적인 원인으로 바람기를 갖는 것이 아니라 단지 생각보다 행동이 앞선 결과다.

만약 여자가 임의로 남자를 선택한다면 신뢰할 수 있는 상대를 고를 확률은 60퍼센트다. 어쩌면 상대 남자에게 담배를 주고 그가 다 피운 담배를 받아들고 엉덩이를 흔들며 근처 유전자 연구소로 향하는 것이 더 좋은 방법일지 모른다. 담배에 묻은 타액에서 그의 DNA 샘플을 채취하여 RS₃ 유전자 자리에서 대립유전자 334의 존재 유무를 확인하는 것이다. 양성으로 판명된다면 좋은 소식은 아니겠지만, 그래도 이중 양성으로 판명되는 것보다는 나을 것이다.

20장

동 물 원에 갇 힌 인 간

1906년 뉴욕 브롱크스동물원은 아프리카 피그미족과 고릴라를 나란히 전시하여 많은 사람의 관심을 끌었다. 안타깝게도 동물원에 전시되었던 피그미족 오타 벵가Ota Benga는 동물원에서 풀려난 지 몇 년 뒤 버지니아에서 자살을 시도했다. 그는 미국에서 자신이 직면한 삶과 고향인 콩고로 돌아갈 길이 전혀 없다는 사실에 절망했다. 집으로 가는 뱃삯은 무일푼인 그가 감당하기에는 너무나 비쌌다. 오늘날 우리는 이 이야기를 무자비하게 짓밟힌 인간의 기본권, 인간의 경솔한 잔인성, 인종차별 사례로 여긴다.

인종과 상관없이 모든 사람에게 평등한 권리를 부여하고자 하는 오늘날 우리의 바람은 결국 인간은 모두 같은 '유형'에 속한다는 믿음을 반영한 것이다. 우리가 이런 믿음을 간직한 이유는 인종과 상관없이 모든 인간이 우리를 인간이게 하는 특정한 특성, 가령 도덕성을 유지할 수 있는 능력 등을 공유하고 있기 때문이다. 하지만 어떻게 하면 이 것을 다른 생명체에게도 적용할 수 있을까? 우리에게 이런 생각을 하 도록 만드는 것은 무엇일까? 그리고 어디까지를 한계로 해야 할까? 수세기 동안 철학자들은 이러한 의문으로 골머리를 싸맸다. 그런데 오 늘날 신경과학이 답을 찾을 수도 있다는 희망을 제시했다.

감정적인 도덕성

18세기 에든버러 계몽주의의 위대한 전형인 데이비드 흄David Hume은 도덕성이 감정이라고 주장했다. 즉, 다른 사람의 행동방식에 대한 우 리의 견해는 본능에 따라 결정된다는 것이다. 여기에 동정심과 공감이 특히 중요한 역할을 한다. 하지만 당시 흄과 쌍벽을 이루던 독일의 임 마누엘 칸트Immanuel Kant는 흄의 주장이 현실과 동떨어진 이야기라며 이의를 제기했다. 그는 인간의 도덕성을 여러 가지 대안의 장단점을 평가하면서 생겨난 합리적인 사고의 성과라고 생각했다.

19세기에는 칸트의 합리주의적 관점이 우세했다. 올바른 행동은 그 것이 무엇이든 대다수 사람에게 최상의 선을 실현시킨다고 주장했던 제러미 벤담Jeremy Bentham과 존 스튜어트 밀John Stuart Mill의 공리주의 덕이 컸다. 이 관점은 오늘날 대부분의 입법을 뒷받침한다. 후대 철학 자들 역시 이 두 관점의 이점에 관해 논쟁을 계속하고 있다.

하지만 최근 신경심리학의 발달로 이 두 관점이 상식으로 확고하게 자리 잡는 것처럼 보인다. 버지니아대학교의 조나단 해이트Jonathan Haidt와 그의 동료들은 도덕적 판단이 어떻게 이루어지는지 알아보기 위해 간단한 실험을 했다. 그들은 실험 대상자들에게 몇 사람이 행하는 도덕적으로 의심스러운 행동을 평가해달라고 요청했다. 이때 일부 실험 대상자들은 화장실이나 지저분한 책상 근처에 있게 했다. 또 다른 집단은 좀 더 양호한 환경에 있게 했다. 첫 번째 집단의 평가는 두 번째 집단의 평가보다 훨씬 가혹했다. 이러한 결과는 사람들의 평가가 감정 상태의 영향을 받는다는 사실을 보여준다.

도덕성 연구에 사용되었던 고전적인 딜레마 중 하나가 바로 '전차 문제trolley problem'다. 전차 문제란 다음과 같다. 당신은 열차 기사다. 지금 빠른 속도로 열차를 운전해 달려가고 있는 중이다. 그런데 저 앞에 열차가 다가오는 것도 모른 채 열심히 일하고 있는 남자 다섯 명이 보인다. 만약 당신이 그들을 피하기 위해 레버를 당기면 열차는 한 사람이 일하는 쪽으로 향할 것이다. 당신은 레버를 당길 것인가? 아마 대부분의 사람들은 "그렇다"고 대답할 것이다. 한 사람만 죽는 것이 다섯 명이 죽는 것보다 낫다고 생각하기 때문이다. 그리고 이 행동이 올바르다고 하는 것은 최대의 선을 최대화한다는 공리주의적 관점을 취한 칸트의 답안이다.

그런데 만약 당신이 열차를 운전하고 있는 대신 철로 위 다리에 서 있다고 가정해보자. 당신 옆에는 몸집이 거대한 남자가 서 있다. 덩치가 하도 커서 만약 그를 밀어 철로 위로 떨어트린다면 열차도 멈추고 다섯 명의 목숨도 구할 수 있다. 한 명을 희생하여 다섯 명의 목숨을 구하는 것이다. 하지만 사람들은 대부분 이렇게 행동하기를 꺼려한다. 한 명을 희생하여 다섯 명의 목숨을 구하는 사실에는 변함이 없는데도 말이다. 이런 경우 실험 대상자들은 어째서 마음을 바꿔먹었는지 제대로 설명하지 못한다.

이들이 마음을 바꾼 이유는 우연과 의도 사이의 미묘한 차이에 있다. 뇌졸중 환자들을 대상으로 연구한 결과 의도의 중요한 역할이 드러났다. 이 연구 결과에 따르면 전두엽에 손상을 입은 사람은 일반적으로 합리적인 대안을 선택하므로 옆에 있는 덩치 큰 남자를 아래로 밀어버릴 가능성이 크다. 전두엽은 의도적인 행동을 평가하는 곳이다. 의도의 중요성은 최근 하버드대학교의 마크 하우저Marc Hauser와 매사추세츠공과대학교MIT의 레베카 색스Rebecca Saxe가 증명했다. 이들은 실험 대상자들이 열차 문제 같은 도덕적 딜레마를 다룰 때 의도 판단 영역인 전두엽, 특히 오른쪽 귀 바로 뒷부분에 활발한 반응이 나타나는 것을 확인했다. 그런데 의도의 판단은 결정적으로 다른 사람과 공감하는 능력에 포함된다.

마지막 퍼즐 조각은 파사데나 소재의 캘리포니아공대 밍 쉬Ming Hsu와 그녀의 동료들이 맞췄다. 최근 신경이미지 연구에서 그들은 실험 대상자들에게 우간다의 기아 어린이들에게 음식을 전달할 때 생기는 도덕적 딜레마를 알려주고 공평성(불공정한 대우를 받았을 때 느끼는 감정적 반응)과 효율성 중 하나를 고르라고 요청했다. 연구 결과 실험 대상자의 견해가 효율성을 바탕으로 했을 때에는 뇌에서 보상과 관련한 부분, 특히 '피각put men'이라고 알려진 부분에 있는 신경이 활발하게 움직이고, 공평성을 바탕으로 했을 때에는 일반적인 폭력에 대한 감정적 반응을 관장하는 '뇌도insula' 같은 부분의 신경이 활발하게 활동한다는 사실을 알아냈다. 보다 중요한 사실은 각 영역의 신경 반응이 강렬할수록 실험 대상이 더 적절하게 행동했다는 점이다. 즉, 도덕성과 공리주의적 효율성 판단은 각기 다른 뇌 영역에서 이루어지며, 반드시 동시에 활성화할 필요는 없을지 모른다. 이런 면에서 보면 결국 흄이 옳았다.

희한한 종

하지만 도덕성이 단순히 동정심이나 공감의 반영이라면 우리에게 2차 이상의 지향성은 필요치 않다. "난 네가 뭔가 느낀다는 걸 이해해" 또는 "난 네가 그걸 문제라고 확신한다는 것을 이해해" 정도면 충분하다. 하지만 기본 원리로서 2차 지향성을 토대로 한 도덕성은 항상 불안정할 것이다. 이런 도덕성은 일반적으로 적절하다고 간주하는 행동에 대해 서로 의견이 합의에 이르지 못할 위험이 있다. 예를 들어 나는 도둑질이 문제될 게 없다고 생각한다고 가정해보자. 그래서 나는 당신이 가장 아끼는 물건을 훔쳤다. 당신은 당연히 당황하지만 나는 당신의 그런 감정에 공감할 수 없다. 내가 당신의 당황스러움을 인식하지 못해서가 아니다. 혹은 내가 당신과 똑같은 감정을 느낀다는 것이 어떤 의미인지 이해하지 못해서가 아니다. 단지 나는 우연히 도둑질이 전적으로 괜찮은 행동이라고 믿게 되었고 그래서 당신이 과민반응을 보인다고 생각하는 것뿐이다. 나의 물건을 훔치고 싶다면 훔쳐라. 물론 나는 내 재산을 지키려고 노력할 것이다. 하지만 나의 세계관은 재산은 손에 쥔 사람이 임자고, 실력 있는 사람이 승자라는 것이다.

만약 우리가 도덕성을 받아들이기를 바란다면 우리는 그것을 정당화할 수 있는 더 큰 힘을 가져야 한다. 민법의 힘은 집단 의사를 강요할 수 있다. 하지만 상위 도덕 원칙, 즉 신성불가침의 철학 원칙에 대한 믿음이나 더 높은 종교적 권위(가령, 신)에 대한 믿음도 같은 역할을 할 수 있다. 특히 후자는 매우 흥미롭다. 이 도덕 원칙의 인지적 구조를 분석해 보면 상당한 지향적 능력intentionality ability이 필요하다는 것을 알 수 있다. 종교적 체계가 이러한 힘을 갖추려면, 우리가 어떤 (가령 신이 개입해 우리가 원하는 것을 이루어주는 것 같은) 일이 일어나기를 바란다는 것을 이해하는 더 높은 존재가 있다고 당신이 가정한다는 것을 나는 믿어야 한다. 즉, 이 체계가 성공하려면 적어도 4차 이상의 지향성이 요구된다. 그리고 이것은 애초에 준비된 것이 몰고 올 온갖 파장을 충분히 고려할 수 있는 5차 지향성을 갖춘 사람이 있어야 한다는 의미다. 즉, 종교(그리고 우리가 이해한 도덕 체계)는 인간이 본래 다룰 수 있는 한계선상에 있는 사회적 인지 능력에 의존한다.

이 능력의 중요성은 원숭이, 유인원, 인간 사이에 사회적 인지 능력의 차이와 신경해부학적 차이를 연결해보면 명확히 알 수 있다. 인간은 5차 지향성을 행할 수 있고, 유인원은 2차 지향성을 행할 수 있으며, 원숭이는 1차 지향성에 머물러 있다는 데 모두 동의한다(유인원과 원숭이는 세계가 실제 경험과 다를 수 있다는 것을 상상조차 하지 못한다). 예를 들어 그들은 눈에 보이지는 않아도 우리의 감정을 알고 있고 우리 세계에 개입할 수 있는 영혼의 존재나 신들이 사는 세계는 상상조차 할 수 없다.

여기서 중요한 신경해부학적 퍼즐 조각이 등장한다. 만약 당신이 '선조피질(striate cortex, 뇌의 일차시각영역)의 양' 대비 '(인간을 포함한) 모든 영장류의 나머지 신피질의 양'을 나타낸 도표를 그린다면 둘의 관계가 선형이 아니라는 사실을 확인할 것이다. 유인원과 인간은 두뇌 크기로 짐작하는 것보다 선조피질의 양이 적다. 이것은 어쩌면 특정 시점 이후에는 선조피질의 양을 늘리는 것이 일차시각수용영역(주로 패턴 인식에 관여한다)에 큰 영향을 미치지 못해서이기 때문일 수도 있다. 대신 뇌의 부피(아니면 적어도 신피질의 양)가 커질수록 선조피질 앞쪽 영역에서 사용할 수 있는 신경의 수가 더 많아진다. 예를 들어, 이 영역은 시각정보처리 초기 단계에서 인지된 패턴에 의미를 부여하는 일을 담당한다. 물론 중요한 부분은 전두엽과 관련된 상위 관리 기능들이다. 실제로 뇌는 뒤에서 앞으로 진화했기 때문에 (예를 들어 영장류 진화 기간 동안 뇌 크기의 증가는 전두엽과 측두엽 부피 증가에 치우쳐 있었다) 일단 영장류의 뇌가 유인원 뇌보다 커지면 유인원에 비해 훨씬 많이 이용할 수 있는 것이 바로 향상된 사회 인지적 기능과 관련된 영역이다. 사실 이런 측면에서 볼 때 유인원의 두뇌 크기는 신경해부학적으로 중요한 경계에 놓여 있는 듯하다. 이 경계는 비선조피질non-striate cortex, 특히 전두엽의 부피가 불균형하게 커지는 시점이다.

인간 이외의 동물에게서 향상된 사회적 인지 능력(예를 들어 마음이론)이 바로 이 지점에서 발견되는 것은 결코 우연이 아니다. 원숭이, 유인원, 인간의 지향성 등급을 전두엽 부피와 관련해 그래프를 그려보면 완벽한 직선 그래프가 나온다. 이것 역시 우연으로 보이지는 않는다.

이제 우리는 왜 인간만이 도덕적 판단을 할 수 있는지 이해할 수 있는 시점에 도달했다. 오늘날 인간에게서 확인할 수 있는 신피질 크기의 급격한 증가는 더 높아진 약탈 수위에 대처하기 위해서든 아니면 유목 생활방식을 더 편하게 하기 위해서든 인간이 다른 영장류들보다 신피질을 더 넓게 진화시킬 필요가 있었다는 사실을 반영한다. 그런데 특정 지점을 넘어서면 커다란 신피질로 인한, 세계, 주로 사회에 관한 정보를 처리하고 조작하는 연산 능력은 자기 마음을 반추하는 능력까지 얻게 된다. 이전 장에서 언급했던 것처럼 유인원은 이 중요한 경계에 놓여 있다. 이 단계에서 계산 능력이 더 발달하면 진정한 의미의 반추 능력이 생겨 둘 ("네가 ……를 하고 싶어 한다고 내가 생각하도록 네가 의도했다고 나는 믿는다") 혹은 그 이상 ("앤드류가 ……를 하고 싶어 한다고 제임스가 생각하도록 네가 의도했다고 나는 믿는다") 개체들의 관계를 재귀적으로 처리할 수 있다. 종교 및 도덕 체계는 이 시점에서만 등장한다. 화석 기록에 따르면 전두엽의 부피 증가 측면에서 볼 때 인간이 이 시점에 도달한 것은 인류 역사의 후반기였을 가능성이 높다. 약 50만 년 전 구인류가 등장한 것과 관련이 있는 것이 거의 틀림없다. 여기에 관해서는 다음 장에서 더 자세히 살펴볼 것이다. 하지만 그 전에 다른 종들에게 도덕성이 나타날 가능성에 관하여 좀 더 살펴보기로 하자.

유인원이 도덕적일 수 있을까?

현재 남아 있는 포유류 가운데 우리와 가장 가까운 친척이 유인원이라는 것은 더 설명할 필요도 없다. 20년 전까지만 해도 유인원의 혈통이 두 집단으로 구성되어 있다는 것이 일반적인 시각이었다. 오늘날 인류와 인류의 조상, 그리고 네 종의 유인원(침팬지, 피그미침팬지, 오랑우탄, 고릴라)과 그들의 조상으로 나뉜다는 것이다. 하지만 현대 유전학 증거에 따르면 주로 신체 구조를 기준으로 한 이 분류법은 정확하지 않다. 물론 두 집단으로 이루어져 있다는 것은 사실이다. 하지만 이 두 집단은 아프리카 유인원(인간, 침팬지, 피그미침팬지, 고릴라)과 아시아 유인원(오랑우탄)이다. 외형적 특징은 피부 아래 숨은 진화적 관계들을 정확히 비춰주는 거울은 아닌 듯하다. 그렇다면 유인원, 아니면 적어도 아프리카 유인원들은 '도덕적 존재'라는 범주에 들어갈 수 있을까? 즉, 도덕적 관점을 갖거나 도덕적일 수 있을까?

우리가 모든 인간에게 똑같은 권리를 부여해야 한다고 확신하는 이유 중 하나는 공감 능력에서부터 언어에 이르기까지 모두 똑같은 인지 능력을 공유하고 있다는 사실 때문이다. 따라서 이 질문의 대답은 인간과 다른 유인원들이 이러한 특성을 공유하고 있는지 여부에 달려 있을 수도 있다.

그렇다면 유인원에게는 언어가 있는가? 알려진 바와 같이 1950년대에 유인원에게 언어를 가르치려고 했던 첫 번째 시도는 실패로 돌아갔다. 하지만 이것은 심리학자들이 인간과 같은 소리를 만들어내는 성대가 없는 종에게 영어를 가르치려고 했기 때문에 얻은 필연적인 결과다. 만약 음성으로 이루어진 언어가 아니라 수화를 가르쳤다면 성공 가능성이 훨씬 높았을 것이다. 현재 침팬지와 고릴라, 오랑우탄에게 미국에서 사용하는 수화인 ASLAmerican SignLanguage을 가르치는 연구가 진행되고 있다. 또 두 마리 정도의 꼬리없는원숭이와 침팬지에게는 자판을 두드려 만들어낼 수 있는 언어를 가르치고 있다.

이러한 시도 중 지금까지 가장 성공적인 동물은 꼬리없는원숭이 '칸지Kanzi'다. 칸지는 들려주는 문장을 이해하고 키보드를 사용하여 대답하는 능력을 선보여 학계의 전설이 되었다. 하지만 칸지를 비롯한 어떤 유인원도 우리가 가지고 있는 언어 감각을 보유하지는 않는다. 사실 이들의 언어 능력은 기껏해야 3~4세 아이 수준이다.

하지만 무엇보다 중요한 사실은 언어가 목적 달성을 위한 독창적인 수단일 뿐이라는 것이다. 언어는 한 개인이 다른 개인에게 지식을 전달하는 수단에 불과하다. 중요한 것은 언어의 바탕에 깔린 정신적 능력이다. 따라서 우리는 언어라는 도구의 도움을 받지 않고 정신을 탐구해야 하는 어려운 문제에 직면한 것이다.

그렇다면 인간을 인간일 수 있게 만드는 것은 무엇일까? 우리가 구하는 답은 마음을 이해하는 능력(마음이론)과 관련이 있다. 앞에서 살펴본 바와 같이 발달심리학자들의 최근 연구에 따르면 이 능력은 태어날 당시에는 없지만 네 살 무렵에 이르면 어느 순간 갑자기 발달된다. 이 능력이 생기기 전 아이들은 다른 사람들이 자기와 다른 믿음을 가지고 있다는 사실을 깨닫지 못한다. 예를 들어 이 시기 아이들은 자기가 누군가 병에 담긴 사탕을 먹었다는 사실을 알고 있으면 다른 사람들도 전부 그 사실을 알고 있다고 생각한다. 그러다 결국 네 살 정도가 되면 다른 사람들이 자기와 다른 생각을 할 수 있다는 사실을 깨닫는다.

마음이론의 존재 여부가 중요한 이유는 이것이 인간을 인간일 수 있게 하는 거의 모든 길을 열어주기 때문이다. 마음이론이 있었기에 우리는 문학작품을 창조하고 종교와 과학을 발전시킬 수 있었다. 또한 마음이론이 있었기에 선전을 하고, 정치적인 사람이 되고, 광고를 만들어 낼 수 있었다. 이 모든 것은 타인의 마음을 이해하고 그들의 행동을 변화시키기 위해 타인의 마음을 조정할 수 있는 능력이 요구되는 일이기 때문이다.

사실 우리는 언어를 떠받치고 있는 이 독특한 능력을 모든 인간이 공유하고 있는 것은 아니라는 사실을 잘 알고 있다. 자폐아들에게는 마음이론이 없다. 마음이론은 자폐의 특성을 구분 짓는 중요한 요소다. 그럼에도 불구하고 자폐아들은 어떤 면에서는 정상적으로 행동하고 때로는 상당히 뛰어난 특정 능력을 발휘하기도 한다. 영화 〈레인맨Rain Man〉에서 더스틴 호프만이 연기했던 주인공에게 숫자를 초인적으로 암기할 수 있는 능력이 있었다는 것을 기억하는가? 자폐증을 앓고 있는 사람들은 대개 사회적 관계를 조정할 줄 모른다. 사람들 사이에 이루어지는 사회적 상호작용의 미묘한 과정을 이해할 수 있을 만큼 다른 사람의 마음을 이해할 수 없기 때문이다.

여기서 실질적인 쟁점은 과연 인간에게만 이 독특한 능력이 있는가 하는 것이다. 집에서 기르는 개나 고양이가 가끔 영리한 행동을 하고 사람의 마음을 이해하는 듯 보이기는 해도 인간 이외의 종들 중에 다른 개체의 생각을 고려할 줄 아는 종이 있다는 증거는 없다. 유인원이 유일한 예외이기는 하지만 이들의 능력은 네 살짜리 아이 수준에 그친다.

하지만 이 사실 때문에 우리는 진퇴양난에 빠졌다. 인간의 도덕적 능력을 지탱하고 인간을 인간으로 만드는 마음이론 같은 특별한 인지 능력이 (비록 미숙하기는 하지만) 유인원에게도 있다는 의미이기 때문이다. 사실 모든 인간이 이런 인지능력을 공유하고 있는 것은 아니다. 앞에서 보았듯 자폐증 환자나 어린아이들, 그리고 심각한 정신질환자들은 이 능력이 부족하다. 하지만 유전학에 따르면 우리는 유인원이 아니라 이런 사람들과 더 많은 특성을 공유한다. 그렇다면 우리는 어떤 동물이 도덕적이고 어떤 동물이 그렇지 않은지 어떻게 구분해야 할까?

한 살짜리 아이가 인간이라는 것을 의심하는 사람이 없는 것처럼 자폐증을 앓는 사람도 인간이라는 사실을 의심하는 사람은 아무도 없다.

또한 이들에게도 인간의 모든 권리가 평등하게 주어져야 한다는 데 반박할 사람도 없을 것이다.

만약 우리가 이런 사람들도 인간임을 인정한다면, 우리와 다른 특성을 가지고 있기는 하지만 우리와 똑같은 인지능력을 보유한 종들을 어떻게 바라봐야 할지도 반드시 자문해봐야 한다.

한 가지 말해둬야 할 사실이 있다. 우리가 다른 종들의 이익도 돌봐야 할 의무감을 가져야 한다는 것이다. 그것이 다른 종들도 인간과 마찬가지로 도덕적 판단 능력이 있다는 의미는 아니다. 사실 중세 시대에 이와 비슷한 일이 있었다. 한 돼지가 주인을 살해한 죄로 재판을 받은 일이었다. 합법적인 절차를 거쳐 유죄를 선고받은 돼지는 극악한 죄를 지은 대가로 처형당했다. 이것을 이상한 일이라고 생각할 수도 있다. 하지만 이것은 우리가 얼마나 쉽게 다른 동물에게도 우리와 같은 능력이 있다고 생각하는지 보여주는 또 다른 사례일 뿐이다. 간단히 대답하자면 인간 이외의 종에게 도덕적 감각이 있다는 증거는 없다. 그렇게 본다면 도덕적 감각을 갖춘 생물은 우리 인간이 유일한지 모른다. 도덕적 감각을 갖추려면 2차 이상의 지향성이 요구되기 때문이다. 인간 이외의 종들은 그 이상의 지향성에 도달하려고 하지 않는다. 성숙기에 접어든 종교들이 이런 높은 수준의 지향성을 필요로 하고 도덕규범이 언제나 종교적 신념과 밀접하게 연관돼 있는 것은 결코 우연이 아닐 것이다. 그러니 이제 마지막으로 종교 이야기를 해보자.

21장

진 화 , 신 을 발 견 하 다

역사를 돌이켜 보면 빅토리아시대의 모든 사람이 찰스 다윈의 진화론에 동의한 것은 아니었다. 다윈의 진화론은 창조에 관한 성경의 가르침과 근본적으로 충돌하는 것이었으며 인간이 신의 피조물이라는 자부심에 흠집을 냈다. 현명하게도 다윈은 종교에 관한 생각을 드러내지 않았다. 진화생물학자들 역시 그의 뒤를 따라 이 문제를 사회학자와 인류학자에게 맡기고 가급적 신은 언급하지 않으면서 연구에만 몰두했다.

하지만 지난 몇 년 사이 마침내 신이 진화생물학 분야에 모습을 드러내 현미경 아래 섰다. 이제 와서 진화생물학자들이 신에게 관심을 돌린 이유는 정확히 알 수 없지만 진화론적으로 종교가 진정 혼란스러운 문제라는 생각이 점차 강해지기 시작했다는 것이 아마 결정적인 요인이었을 것이다. 예를 들어 종교는 사람들이 다시는 보지 않을 사람들을 배려하고, 특히 종교적 신념과 관련이 있는 공동체에 봉헌하게 만든다. 자아존중감이 있는 꼬리없는원숭이나 침팬지는 인간이 하는 것처럼 선하거나 악한 동료들, 혹은 정말 못생긴 동료들에게 머리를 조아리지 않는다.

우리는 믿는다

종교적 믿음은 정말 수수께끼다. 평상시에는 거의 모든 사람이 자기가 하는 주장의 진실 여부를 알기 위해 적어도 약간은 노력한다. 하지만 종교 문제만은 과학적으로 입증된 물리법칙과 모순되는 이야기라도 쉽게 믿는다. 인류학자 스콧 아트란Scott Atran과 파스칼 보이어Pascal Boyer는 연구를 통해 사람들이 물 위를 걷고, 죽은 사람을 살려내고, 벽을 뚫고 지나가고, 미래를 예측하고, 미래에도 영향을 미치는 초자연적인 존재에 관한 이야기를 믿는다는 것을 증명했다. 그러나 동시에 우리는 신이 평범한 인간의 감정을 느낄 것이라고 기대한다. 즉, 우리는 기적을 좋아하고, 그 기적을 일으키는 존재, 비현실성과 인간다움을 조화롭게 갖춘 존재를 좋아한다.

어째서 인간은 우리가 절대 증명할 수 없는 것들을 서슴없이 믿는 것일까? 철학적 상식의 위대한 본보기라 할 수 있는 칼 포퍼Karl Popper와 마찬가지로 사람들은 이 질문이 과학의 영역을 벗어난 문제라고 생각할지 모른다. 하지만 진화생물학자들이 이 편리한 가정을 반박하기 시작했다. 종교적 행위들이 인간들 사이에 보편적인 행동인 듯 보이고 그렇게 행동하는 데 큰 희생이 따른다는 점을 고려할 때, 이제 종교를 진화론 위의 거품쯤으로 인식하고 문제를 회피하기가 점차 어려워지고 있다. 겉으로 보기에 종교적 행위는 생물학자들의 신념과 모순된다. 환원주의자(reductionist, 전체 시스템을 이루고 있는 요소를 제대로 이해하기만 하면 전체 시스템의 운동을 완벽히 알 수 있다는 믿음을 가진 사람—옮긴이)들의 관점에서 보면 우리는 이기적 유전자를 후대에 전달하는 수단에 불과하다. 하지만 종교는 낯선 사람에게 자선을 베풀고 공동체의 이익을 위해 순종하며 심지어 순교 행위도 옳다고 가르친다.

진화생물학자들에게 가장 큰 난관은 종교가 기능적인 면에서 이점을 가지고 있을지 모른다는 점이다. 우리는 생물학적 특성이 진화했다면 그 특성의 이점이 무엇인지 알아내려 한다. 즉, 그 특성이 진화함으로써 생존에 얼마나 득이 되었고 다음 세대에 자기 유전자를 전달할 가능성이 얼마나 높아졌는지 알고 싶어 한다. 하지만 종교, 특히 프란체스코회의 자선이나 순교와 관련된 문제에서는 이러한 호기심이 뚜렷이 드러나지 않는다. 이처럼 뚜렷한 종교의 부적응성은 일부 진화심리학자들과 인지인류학자들이 종교를 어떤 기능도 없고, 단지 적응도를 최대로 끌어올리는 행동에 직접적으로 관여하는 인지 능력의 부산물일 뿐이라는 결론에 도달하게 했다.

종교가 보다 보편적인 목적을 달성하기 위해 진화한 인지 메커니즘에 기생하는 것은 사실이지만 그렇다고 종교적 행위가 생물학적으로 전혀 기능이 없다거나 적응성이 없다는 의미는 아니다. 엄청난 시간과 돈이 들어가는 행동에 아무 기능이 없다고 주장하는 것은 너무 순진한 생각이다. 다른 특성들의 부산물이라고 하더라도 이처럼 손실이 큰 행동이 진화할 가능성은 거의 없다. 인간은 그렇게 멍청하지 않다. 관련 분야에서 일하며 '종교는 적응성이 없다'는 관점을 취하는 사람들은 대개 진화생물학자가 아니라 인지과학자나 심리학자인 경우가 많다. 그래서 진화에 대한 그들의 이해에는 한계가 있다. 그들은 진화를 한 개체에게 돌아가는 즉각적인 이득 면에서만 생각한다. '내가 배우자를 선택하면 자손을 낳아 이득을 본다'는 식으로 단순하게 생각하는 것이다.

하지만 일반적으로 유인원, 특히 인간 같은 사회적 동물에게도 이런 식의 관점이 항상 통하는 것은 아니다. 우리에게는 다양한 층위의 선택 과정들이 무척 중요하다. 생존과 성공적인 번식에 관한 문제의 해결책 대부분이 사회적(이런 문제를 좀 더 성공적으로 해결하기 위해 우리 인간은 다른 개체와 협력한다)이고, 사회적인 해결책들은 중간 단계, 즉 공동체의 협력을 확인하는 단계를 거쳐야 하기 때문이다. 이 단계를 집단 선택과 혼동해서는 안 된다. 집단 선택은 진화생물학자들이 몹시 싫어하는 개념이자 용납할 수 없는 접근 금지 구역이다. 여기서는 집단의 이익이 가장 중요하다고 가정하기 때문이다. 정확히 말해 집단 선택은 집단의 기능을 통해 개인에게 돌아가는 이익을 관찰하는 것이다. 이 둘은 엄연히 다르다. 그리고 최근까지도 이 차이점이 함축하는 바는 크게 주목받지 못했다.

최근 들어 나를 비롯한 여러 진화생물학자들이 뚜렷한 이득을 만들어내는 종교에 몇 가지 중요한 특성이 있다는 사실을 깨닫기 시작했다. 우리는 그 특성이 무엇인지 알아보기 위해 종교의 근원지를 관찰하기 시작했고, 결국 "종교적 믿음이 어째서 이렇게 흔한가?", 그리고 "종교는 언제 생겨났는가?"라는 근본적인 두 가지 질문의 해답을 찾기에 이르렀다.

우리는 종교가 인간의 적응도를 높여주는 적어도 네 가지 방법을 발견했다. 첫째, 종교는 우주의 구조와 원리를 충분히 설명하여 영적인 세계의 중재, 즉 기도를 통해 우리가 우주를 통제할 수 있게 한다. 이것은 비록 과학에 흠집을 내기는 하지만 우리가 미래를 예측하고 좀 더 잘 통제할 수 있게 한다. 둘째, 종교는 우리가 삶을 좀 더 기쁘게 받아들이도록, 아니면 적어도 삶의 예측 불가능성을 겸허히 받아들이도록 한다. 마르크스는 종교를 민중의 아편이라고 불렀다. 셋째, 종교는 몇 가지 도덕규범을 제공하고 강조하여 사회 체제를 유지시키는 역할을 한다. 넷째, 종교는 공동체의식을 일깨워 준다.

첫 번째 개념, 즉 종교가 우주의 통제자 역할을 한다는 개념은 여러 종교 의식의 목적이 질병을 고치고, 미래를 예측하거나 거기에 영향을 미치는 데 있다는 사실로 미루어 어느 정도 타당성이 있다. 프로이트도 이 관점을 지지했다. 하지만 이 세상을 통제할 수 있다는 믿음은 실제로 세계를 통제할 수 있는 것과 다르다. 그리고 인간만큼 영리한 종이라면 세상을 통제할 수 있다는 믿음이 항상 통하는 것은 아니라는 사실을 재빨리 알아차릴 것이다. 따라서 이 주장은 근거가 있기는 하지만 종교를 믿고자 하는 인간의 의지를 설명하기에는 부족한 면이 있다. 사실 나는 이 이점이 인류의 조상들이 한 가지 이상의 이유로 종교를 진화시켰을 때 부산물로 나타났고, 인간이 세계에 대한 형이상학적 이론들을 이해할 수 있을 정도로 큰 뇌를 갖게 된 것은 그 이후의 일이라고 생각한다.

이보다는 마르크스의 아편이론이 좀 더 타당해 보인다. 실제로 종교는 우리 기분을 더 좋게 만들기 때문이다. 최근 진행된 여러 사회학 연구가 종교가 없는 사람들과 있는 사람들을 비교해 이를 증명했다. 즉, 적극적으로 종교 생활을 하는 사람들이 그렇지 않은 사람들에 비해 더 행복하고 더 오래 살았으며, 신체적 · 정신적 질병으로 고통받을 확률도 적고, 수술 같은 의학 치료에서도 훨씬 빠르게 회복했다. 물론 종교적이지 않은 사람들에게 이것은 나쁜 소식이다. 하지만 종교가 어떻게, 그리고 왜 사람의 기분을 좋게 하는지는 연구해볼 필요가 있다.

나머지 둘은 응집력이 강하고 협력적인 집단의 구성원으로서 개인이 얻는 이익과 관련이 있다. 도덕규범은 집단 구성원들이 한목소리를 내도록 하는 데 중요한 역할을 한다. 그럼에도 불구하고 오늘날 주류 종교들에서 설교하고 강조하는 몇 가지 공식화된 도덕규범은 종교적 신념의 기원에 대해서 많은 통찰을 제공하지 않는다. 또한 이 둘은 계층제적 구조를 띤 소위 교리를 철저히 지키는 종교의 발생 및 교회와 국가 간의 동맹과 관련이 있다. 종교를 연구하는 학자들 대부분은 초기 종교가 전통적인 소규모 사회에서 발견되는 샤머니즘 종교와 유사하다고 믿는다. 이러한 종교들은 비록 공통적으로 샤먼, 치료자, 여자 주술사 등 특별한 힘을 가지고 있다고 인정받는 소수의 개인들이 있기는 하지만 상당히 개별적인 편이다. 샤머니즘 종교들은 감정의 종교이지 이성의 종교가 아니다. 그리고 행동규범을 도입하기보다는 종교적 경험을 강조한다.

나는 종교의 진정한 이득, 그리고 공교롭게도 종교가 인간을 더 기분 좋고 건강하게 만드는 이유에 대한 설명이 네 번째 개념과 가장 연관이 깊다고 생각한다. 종교가 사회를 하나로 묶어주는 역할을 한다는 생각은 사실 현대사회학의 아버지라 할 수 있는 에밀 뒤르켐Emile

Durkheim이 처음 주장한 것이다. 하지만 그는 종교가 그런 역할을 할 수 있는 이유와 방법에 대해서는 설명하지 않았다. 1세기가 지나서야 우리는 해답의 실마리를 얻었다. 종교는 사회를 하나로 묶어준다. 엔도르핀 분비 촉진에 매우 효과적인 의식들을 사용하기 때문이다. 엔도르핀은 고통이 약하지만 꾸준히 지속될 때 분비된다. 뇌에 엔도르핀이 충분히 분비되면 적당한 황홀경을 경험한다.

종교 의식에 약간의 육체적 고통을 가하는 행위, 예를 들어 춤, 노래, 반복하여 되풀이하는 절 또는 무릎 꿇기나 연꽃 자세 같은 불편한 자세, 염주 돌리기, 스스로 채찍질하기 같은 행위를 포함하는 것도 이런 이유일 것이다. 물론 종교가 엔도르핀 분비를 촉진하는 유일한 방법은 아니다. 하지만 종교를 믿는 사람들이 행복한 모습을 자주 보이는 이유를 설명할 수는 있다. 게다가 엔도르핀은 면역 시스템도 조절한다. 종교를 믿는 사람들이 더 건강한 이유도 이 때문이다.

물론 종교 이외에도 엔도르핀 분비를 촉진하는 방법은 여러 가지다. 조깅, 근력 운동, 그 밖의 신체적 운동을 통해서도 엔도르핀이 분비될 때 느끼는 황홀감을 경험할 수 있다. 하지만 종교는 우리에게 그 이상의 것을 제공한다. 공동체의 소속감을 느낄 때 분비되는 엔도르핀은 그 효과가 훨씬 강력하다. 그리고 이런 상황에서는 특히 공동체의 다른 구성원들에게 상당히 긍정적인 감정을 갖는다. 말 그대로 같은 일을 혼자 할 때는 결코 생기지 않을 형제애와 단결심이 형성되는 것이다.

무임승차를 몰아내는 방법
앞에서 종교의 직접적인 이득이 무엇인지 설명했다. 하지만 한편으로는 왜 인간에게 종교가 필요한지 의문이 생긴다. 이 의문에 대한 답은 유인원의 본능적인 사회성에서 찾을 수 있다. 그러므로 3장에서 다루었던 '던바의 수'를 다시 한 번 생각해보자. 원숭이와 유인원은 협력을 통하여 집단 차원의 이익을 구하는 고도로 사회적인 세계에서 살고 있다. 사실 영장류 사회 집단은 대부분의 다른 종들과 달리 사회의 암묵적 계약이 존재한다. 때문에 개별 구성원들은 공동체를 유지하기 위하여 보다 즉각적인 개인의 요구를 포기해야 할 의무가 있다. 만약 이런 사회에서 개인적인 바람을 지나치게 요구하면 집단 내 다른 구성원들은 등을 돌릴 것이다. 이렇게 되면 포식자의 위협을 피할 수 없고 자원 방어같이 집단으로부터 얻는 이익도 함께 잃는다.

모든 사회 계약 시스템에 생길 수 있는 필연적인 문제는 '무임승차'다. 무임승차자들은 대가를 지불하지 않고 오직 사회가 제공하는 이익만 노린다. 영장류에게는 기회가 생기면 무임승차를 하려는 본능적인 경향에 대처할 강력한 예방책이 필요하다. 원숭이와 유인원 사회에 그 예방책 역할을 하는 것이 바로 '사회적 털 고르기'다. 이 행위는 구성원 상호 간에 신뢰를 쌓고 협동의 기반을 제공한다. 털 고르기가 정확히 어떤 작용을 하는지는 알 수 없다. 하지만 한 가지 분명한 사실은 거기에 엔도르핀이 중요한 역할을 한다는 것이다. 몸단장을 해주거나 받는 행위는 엔도르핀 분비를 촉진시킨다. 그것이 좋은 기분으로 이어지고 결국 구성원들을 하나로 묶어주는 행위에 참여할 동기를 부여한다.

하지만 털 고르기에도 문제가 있다. 털 고르기는 일대일로 이루어지는 행위이며 많은 시간이 들어간다. 우리는 진화의 특정 단계에 이르러 사회적 털 고르기가 효과적인 접착제 역할을 하기에는 너무 큰 집단에 살고 있다. 이런 거대 집단은 특히 무임승차자들에게 취약하다. 그래서 우리 조상들은 집단을 하나로 묶어줄 다른 대안을 생각해낼 필요가 있었다. 그리고 나는 아마 험담이 그 역할을 했을 것이라고 생각한다. 험담은 몸단장 같은 기능을 제공하지만 일대일이 아닌 작은 그룹으로 행할 수 있기 때문이다. 하지만 이런 대화 방식에는 엔도르핀 분비를 촉진시키는 육체적 접촉이 부족하다.

이 엔도르핀 부족을 보완할 수 있었던 것은 과연 무엇일까? 물론 초기에는 웃음과 음악이 그 역할을 했을 것이다. 하지만 인류 진화의 마지막 단계에 접어들어서는 종교가 매우 중요한 역할을 한 것으로 보인다. 종교는 털 고르기를 보완하여 인간의 사회적 진화 마지막 단계를 가능케 했던 삼중 메커니즘의 세 번째 다리 역할을 했던 것 같다.

그런데 만약 이 생각이 옳다면 종교는 매우 작은 범위의 현상으로 시작되었을 것이라는 점에 초점을 맞출 필요가 있다. 아마도 초기의 종교 의식은 오늘날 샤머니즘 같은 종교에서 볼 수 있는 무아지경의 춤 같은 요소를 포함했을 것이다. 예를 들어 남아프리카의 꽁산Kung San족은 공동체 내 개인 간의 갈등을 반복적인 음악과 춤으로 무아지경의 상태를 유도하여 해결한다. 이와 비슷한 정신 상태를 이끌어내기 위해 수많은 종교에서 찬송가를 부르거나 금식하는 방법을 사용한다. 머릿속에서 눈이 멀 정도로 강력한 빛의 폭발을 경험하면 영혼이 신과 하나가 되는 것처럼 보이고 정신이 육신을 떠나 마치 다른 세계를 경험하는 기분이 든다. 이런 행위가 집단적으로 이루어지면 온정과 사랑의 감정이 유발되어 집단을 하나로 묶어준다. 이런 행위가 우리 조상들에게 어떤 방식으로 도움을 주었는지는 쉽게 짐작할 수 있다. 집단의 결속력을 강화하고, 무임승차자를 예방하며, 생존율을 높여 번식에 성공할 가능성을 높였을 것이다.

신은 어디서 왔는가?

종교는 단순히 의식 절차에만 관련된 것이 아니다. 신학이라는 중요한 지적 요소도 가지고 있다. 나는 종교에 이 두 가지 요소가 모두 있는 이유는 엔도르핀을 토대로 한 의식 절차의 공동체 결속 효과가 오직 모든 구성원이 동시에 다 같이 행할 때에만 나타나기 때문이라고 생각한다. 그래서 신학이 필요하다. 신학은 우리가 종교 의식에 꾸준히 참여할 수 있도록 하는 채찍과 당근 역할을 한다. 하지만 신성한 존재의 본질, 그리고 그 존재와 우리의 관계를 생각할 수 있기 위해서 우리 조상들은 어떤 동물들보다 뛰어나고 섬세한 인지 능력을 진화시킬 필요가 있었다. 우리에게 오랜 기간 수수께끼로 남아 있던 의문, 즉 '종교가 처음으로 진화한 때는 언제인가?'라는 질문에 대한 통찰력을 제공하는 것이 바로 종교의 인지적 기반의 이런 특성이다.

　우리 조상들에게 항상 종교가 있었던 것은 아니지만 수많은 종교적 관습이 아주 오래 전부터 계속되어 왔다. '종교가 처음으로 진화한 때는 언제인가?'라는 질문이 오랜 세월 고고학자들의 관심을 사로잡았던 것도 이 때문이다. 하지만 낡아빠진 도기 조각만을 가지고 종교와 종교의식을 구분할 수는 없는 노릇이다. (과거에 이상적인 추측을 너무 많이 하여 깨달은 바가 많은) 신중한 고고학자들은 묘지에 묻혀 있던 유물들을 가지고 과거 종교의 모습을 밝혀냈다. 거기서 그들은 우리 조상의 내세에 대한 믿음도 얼핏 엿보았다.

일부 고고학자들은 약 20만 년 전 네안데르탈인의 매장 흔적을 찾았다고 주장했다. 하지만 그들이 시신을 고의적으로 매장한 동기는 명확하지 않았다. 만약 무덤에서 발굴된 유물을 고의적인 매장의 확실한 증거로 삼는다면, 약 2만 5000년 전까지는 고의적인 매장이 이루어지지 않았다는 의미다. 지금까지 발견된 무덤 중에서 가장 오래된 매장 흔적은 포르투갈에 위치한 어린아이의 무덤이다. 그리고 가장 유명한 것은 약 2만 2000년 전의 것으로 추정되는 러시아 블라디미르 외곽 숭기르Sungir에 위치한 두 아이의 무덤이다. 매장에는 정교한 신학이 반영되어 있다. 따라서 매장 풍습이 생겨나기 이전에 이미 덜 정교한 종교적 믿음이 발생했다고 보는 것이 옳다. 하지만 물질적 증거도 없이 우리가 이보다 더 과거의 상황을 실질적으로 관찰할 수 있을까?

사실 이 질문에 대한 통찰을 얻을 다른 방법이 있다. 종교적 믿음을 갖기 위해서 어떤 종류의 마음 상태가 필요한지 생각해보는 것이다. "나는 신이 ……를 원하신다고 믿는다"라는 말을 생각해보자. 이 문장을 이해하려면 마음이론이 필요하다. 하지만 종교를 세우려면 이 정도로는 어림도 없다.

3차 지향성을 갖춘 사람은 다음과 같은 문장을 만들 수 있다. "우리가 선한 의도를 가지고 행동하기를 신께서 원하신다고 나는 믿는다." 이 단계에 이르면 개인적인 종교를 가질 수 있다. 하지만 다른 사람을 내 관점에 동참하라고 설득해야 한다면 여기에 그 사람의 마음 상태도 더해 다음과 같이 말해야 한다. "우리가 선한 의도를 가지고 행동하기를 신께서 원하신다는 것을 네가 믿기를 나는 바란다." 이것이 4차 지향성이며, 이 수준에 이르면 사회적인 종교가 발생할 수 있다. 물론 지금도 당신은 내가 한 말의 진실을 받아들일 수 있다. 하지만 이 수준에서는 당신이 행동하게 만들지는 못한다. 5차 지향성, 즉 "우리가 선한 의도를 가지고 행동하기를 신께서 원한다는 것을 우리 모두 믿는다는 것을 네가 알기를 나는 바란다"에서 당신이 나의 주장의 유효성을 인정하면, 당신은 당신도 믿는다는 데 암묵적으로 동의한 것이다. 이제 우리는 내가 공동의 종교라고 부르는 종교를 갖게 되었다. 또한 특정 방식으로 행동하라는 의무를 지우고 심지어 강요하기까지 하는 영적인 존재를 불러낼 수 있게 되었다.

이렇듯 공동의 종교가 성립하려면 5차 지향성이 필요하다. 5차 지향성은 사람들 대부분이 겪는 지향성의 한계다. 나는 이것이 우연의 일치라고 생각하지 않는다. 도구를 만들고 복잡한 사회에서 마주치는 온갖 어려움을 극복하는 등 인간이 하는 거의 모든 행동은 2차 혹은 3차 지향성과 관련이 있다. 하지만 4차와 5차 지향성은 정신적으로 많은 대가를 지불해야 도달할 수 있는 수준이다. 진화는 검소하기 때문에 그런 대가를 치르려면 반드시 그럴듯한 이유가 있어야 한다. 내가 생각하는 가장 적절한 이유가 바로 종교다.

앞에서 살펴본 바와 같이 한 종이 도달할 수 있는 지향성 수준은 전두엽의 크기와 정비례한다. 이 관계를 이용하면 지금은 멸종하고 없는 인류의 조상이 도달한 지향성 수준을 짐작할 수 있다. 단 두뇌의 전체 부피를 측정할 수 있는 두개골 화석이 필요하다.

이 값들을 그래프로 옮기면 약 200만 년 전 호모에렉투스가 3차 지향성에 도달했을지 모른다는 사실을 확인할 수 있다. 따라서 그들은 세상에 대한 개인적인 믿음을 가질 수 있었을 것이다. 50만 년 전 나타난 구인류는 4차 지향성에 도달했던 것으로 짐작된다. 하지만 5차 지향성은 해부학적으로 현생인류의 진화가 거의 끝난 20만 년 전까지는 나타나지 않았던 것으로 보인다. 물론 모든 현생인류에게 이 특성이 스며들기에는 충분히 이른 시기지만 이것을 특수한 적응이라고 말하기에는 너무 늦은 시기다. 흥미롭게도 사회적 뇌의 상관관계를 현대 인류와 과거 모든 원시 인류 화석에 적용해보면, 이 중요한 두 시기, 즉 약 50만 년 전과 약 20만 년 전의 사회 집단의 크기가 약 120명에서 약 150명으로 비약적으로 증가한 시기와 일치한다.

마지막으로 한 가지 경고하고 싶은 것이 있다. 이 모든 것은 그 자체로 종교의 진실을 정당화하려는 것이 아니다. 단지 종교가 애초에 왜 진화했으며 왜 인류의 역사 속에서만 진화했는지 밝히려는 시도다. 엄밀히 말해서 나는 종교적 주장들이 어떠한 형태로든 진실일 가능성을 열어둔 것이라고 생각한다. 몇몇 사람들의 말처럼 신이 특정 시기에 자신의 모습을 드러내도록 선택했을 수도 있다. 물론 나는 이들의 주장을 믿지 않는다. 이들의 주장이 맞는다면 신은 왜 더 빨리 혹은 더 나중에 모습을 드러내지 않는 것인가? 그리고 어찌하여 우리 종에게만 모습을 드러내는가? 만약 종교에 정말로 초월적인 특별한 무언가가 있다면 그것이 그것을 이해할 수 있는 인간의 인지 능력이 진화한 시점과 우리가 집단 내에서 보이지 않는 한계를 발견한 시점에 나타났다는 것은 아주 이상한 우연의 일치인 듯하다.

종교적 주장의 진실 여부와 상관없이 종교는 적어도 개인적인 사회 영역에는 영향을 미치는 것 같다. 종교는 개인적으로도 이득을 준다. 하지만 종교의 진정한 가치는 결속력이 강한 집단을 형성하는 데 있다. 종교가 문제가 되는 것은 국가에 주도권을 내주었을 때와 규모가 너무 커졌을 때뿐이다. 종교가 이용하는 심리적 힘은 합리적인 사람을 고집불통 광신도로 뒤바꿔 놓을 정도로 강력하다. 종교의 이러한 심리적 메커니즘은 공동체의 나머지 사람들을 자기들에게 복종하게 만들고자 다양한 시도를 했던 정치 엘리트들을 위한 도구 역할도 했다.

결국 마르크스의 주장은 옳았던 것일까? 그가 남긴 유명한 말처럼 종교는 진정한 민중의 아편인 듯 보이니 말이다. 이 말은 생각보다 훨씬 정확하다. 하지만 마찬가지로 종교가 작은 규모의 사회를 하나로 묶는 데 결정적인 역할을 한다는 에밀 뒤르켐의 견해도 옳은 것 같다. 종교는 우리가 공동체의 길을 따르게 만드는 방향으로 진화했다. 그리고 그 과정에서 뇌가 분비하는 마약의 효과를 보려고 의식 절차라는 것을 생각해냈다. 노래와 기도를 통한 엔도르핀 분비는 일상생활의 고통을 이겨내는 데 도움을 준다. 그리고 전통적인 모든 소규모 집단 내에서 일체감을 느끼게 한다. 그러나 어느 때보다 종교가 맡은 바 소임을 잘할 때는 종교에 인지적 측면이 있을 때다. 종교의 인지적 측면은 우리가 의식 절차에서 행하는 것을 믿을 수 있게 한다. 결국 인간관계에 관한 풀리지 않는 수수께끼는 화학적 책략을 숨긴 행위에 있었다. 이러한 측면에서 볼 때 종교는 진화가 오늘날의 인간을 인간일 수 있게 하는 행동과 인지 능력의 조화를 이끌어내기 위해 연마한 전형적인 수많은 방법 중 하나일 뿐이다.

진화는 진정으로 위대하다. 그리고 진화를 뒷받침하는 과정을 인지한 것은 다윈의 천재성이었다.

KI 신서 3537

발칙한 진화론

1판 1쇄 인쇄 2011년 9월 26일
1판 1쇄 발행 2011년 10월 4일

지은이 로빈 던바 **옮긴이** 김정희
펴낸이 김영곤 **펴낸곳** (주)북이십일 21세기북스
출판컨텐츠사업부문장 정성진 **출판개발본부장** 김성수 **외서개발팀장** 심지혜
책임편집 서유미 **해외기획** 김준수 조민정 **표지디자인** 김진디자인 **본문디자인** 김성인
영업 · 마케팅본부장 최창규 **마케팅** 김현유 강서영 **영업** 이경희 박민형 정병철
출판등록 2000년 5월 6일 제10-1965호
주소 (우413-756) 경기도 파주시 교하읍 문발리 파주출판단지 518-3
대표전화 031-955-2100 **팩스** 031-955-2151 **홈페이지** www.book21.com
21세기북스 트위터 @21cbook **블로그** b.book21.com

ISBN 978-89-509-3293-0 03400